展鹏教育

潮哥破题系列

管综数学
30天突破

下册

突破

刘晨潮　主编

北京航空航天大学出版社
BEIHANG UNIVERSITY PRESS

图书在版编目（CIP）数据

管综数学 30 天突破. 下册 / 刘晨潮主编. -- 北京：
北京航空航天大学出版社，2023.12

ISBN 978-7-5124-4273-3

Ⅰ. ①管… Ⅱ. ①刘… Ⅲ. ①高等数学—研究生—入
学考试—自学参考资料 Ⅳ. ①O13

中国国家版本馆 CIP 数据核字（2024）第 013610 号

管综数学 30 天突破·下册

责任编辑：李　帆
责任印制：秦　赟
出版发行：北京航空航天大学出版社
地　　址：北京市海淀区学院路 37 号（100191）
电　　话：010-82317023（编辑部）　　　　010-82317024（发行部）
　　　　　010-82316936（邮购部）
网　　址：http://www.buaapress.com.cn
读者信箱：bhxszx@163.com
印　　刷：艺堂印刷（天津）有限公司
开　　本：787mm×1092mm　1/16
印　　张：29.75
字　　数：860 千字
版　　次：2023 年 12 月第 1 版
印　　次：2023 年 12 月第 1 次印刷
定　　价：138.80 元（全两册）

Contents 目录

扫码听课

第六章 数列

第一节 章节导读

一、考纲解读

管理类联考考试大纲中数列部分如下:

> 1.数列
>
> 2.等差数列、等比数列
>
> (1)等差数列公式
>
> (2)等差数列性质
>
> (3)等差数列求最值
>
> 3.等比数列
>
> (1)等比数列公式
>
> (2)等比数列性质
>
> 4.一般数列

数列在考试当中占比约8%~16%,题目数量1~4道.

本章节数列,需要重点去记忆公式和性质,等差和等比数列的题目可以优先考虑是否可以采用性质,否则就可以采用最基本的通项公式和求和公式,一般数列的题目相对来说会比等差、等比数列难,但每一种考察形式都有固定的解题方法,所以重点需要识别命题点,并掌握快速解题的方法,提升做题速度.

二、重难点及真题分布

1.重难点解读

(1)等差和等比数列的公式、性质:几乎每年都会考查,近几年喜欢结合在一起考,属于重点考点.

(2)一般数列:相比较等差、等比数列考频会低一些,但难度会大一些,5年内单独考了2次.

2.真题分布

年份	考点	占比
2024	等差数列、等比数列	16%
2023	等比数列	8%
2022	等比中项、等差数列	12%

年份	考点	占比
2021	等差中项、等比中项、等比数列公式	12%
2020	等差数列求最值、一般数列	8%
2019	等差数列求和公式、等比中项、一般数列	12%
2018	等差数列性质、等比数列求和公式	8%
2017	等差中项、等差数列求和公式、等比中项	12%

三、考点框架

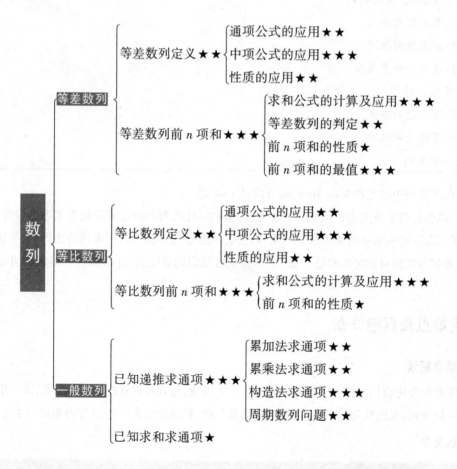

本章划分为 3 讲、6 个考点、17 个命题点,其中包含 8 个两星命题点、6 个三星命题点.

第二节　考点精讲

第一讲　等差数列

考点一　等差数列定义 ★★

▍一、知识梳理

1. 数列的基本概念

按照一定次序排列的一列数称为数列, 数列中的每一个数称为这个数列的项. 数列常表示为 $a_1, a_2, a_3, \cdots, a_n, \cdots$ 其中 a_n 是数列的第 n 项, $n \in N^*$ 且 n 取不同的值时, a_n 可代表数列中任意一项, 因此称 a_n 为数列的通项, 通常用 $\{a_n\}$ 表示整个数列.

若 a_n 可用含 n 的式子来表示, 即

$$a_n = f(n)$$

则称该式为数列 $\{a_n\}$ 的通项公式. 显然 a_n 可看成定义域为 N^* 的函数, 部分题目利用函数思想解题会更加方便.

若数列中相邻两项或多项均可用一个式子来表示, 例: $a_{n+1} - a_n = n$, $a_{n+1} - a_n = 2$, $\dfrac{a_{n+1}}{a_n} = 2$ 等, 则该式称为数列的递推公式, 已知首项或某一项, 利用递推公式可得到任意一项.

对于数列 $\{a_n\}$, 称 $S_n = a_1 + a_2 + a_3 + \cdots + a_n$ 为数列 $\{a_n\}$ 的前 n 项和. 若 S_n 可用含 n 的式子来表示, 即

$$S_n = f(n)$$

则称该式为数列 $\{a_n\}$ 的求和公式. 同样 S_n 也可看成定义域为 N^* 的函数.

2. 等差数列通项公式

若数列 $\{a_n\}$ 从第二项起, 后一项与前一项之差为同一个常数, 即

$$a_{n+1} - a_n = d$$

则称数列 $\{a_n\}$ 为等差数列, d 称为等差数列的公差.

若已知等差数列的首项 a_1 和公差 d, 对上述递推公式稍作变形, $a_{n+1} = a_n + d$, 可得

$$a_2 = a_1 + d$$

$$a_3 = a_2 + d = a_1 + 2d$$

$$a_4 = a_3 + d = a_1 + 3d$$

$$\cdots\cdots$$

据此很容易得到等差数列的通项公式：

$$a_n = a_1 + (n-1)d$$

由通项公式可知，只要确定了等差数列的首项和公差，就可确定数列的任意一项.

若已知任意一项 a_m 和公差 d ，也可得到通项公式的另一种形式

$$a_n = a_m + (n-m)d$$

变形可得

$$d = \frac{a_n - a_m}{n - m}$$

由式子可知，等差数列中已知任意两项，即可得到公差.

在具体的等差数列中，a_1 与 d 均为常数，n 为变量，因此可将通项公式再做变形

$$a_n = dn + (a_1 - d)$$

该式可看作关于 n 的函数 $a_n = f(n)$. 当 $d = 0$ 时，$f(n)$ 为常函数，此时 $\{a_n\}$ 为常数列；当 $d \neq 0$ 时，$f(n)$ 为一次函数，$d > 0$ 时，函数递增，$\{a_n\}$ 为递增数列，$d < 0$ 时，函数递减，$\{a_n\}$ 为递减数列.

利用通项是否符合一次函数形式，可用于等差数列的判定，若数列 $\{a_n\}$ 通项公式符合

$$a_n = f(n) = kn + b$$

其中 k , b 为常数，则该数列 $\{a_n\}$ 一定为等差数列.

3.等差数列性质

若 a,b,c 依次构成等差数列，则称 b 为 a , c 的等差中项. 假设公差为 d ，可得 $d = b - a = c - b$ ，则 $2b = a + c$. 显然一个等差数列中，从第二项起的任意一项，均为其前后两项的等差中项，三者满足

$$2a_n = a_{n-1} + a_{n+1}$$

该式也被称为等差数列中项公式. 若一个数列中 n 取任意值，均满足中项公式，则可得到该数列为等差数列.

若 $\{a_n\}$ 为等差数列，取出数列中所有奇数项，构成新的数列，a_1 , a_3 , a_5 ,… 显然新的数列中两项之差为 $2d$ ，仍为等差数列. 同理，由偶数项构成的数列 a_2 , a_4 , a_6 ,… 仍为等差数列，公差为 $2d$. 进一步，等差数列 $\{a_n\}$ 中，相距 k 项取出的项构成的数列

$$a_n , a_{n+k} , a_{n+2k} ,\cdots$$

仍为等差数列，公差为 kd . 从中任取相邻三项，仍满足中项公式，

$$2a_{n+k} = a_n + a_{n+2k}$$

若 $\{a_n\}$ 为等差数列，对于任意四项，a_m , a_n , a_k , a_l ，如果 $m + n = k + l$ ，则

$$a_m + a_n = a_k + a_l$$

将上述几项均用首项和公差表示出来，可得 $a_m + a_n = 2a_1 + (m+n-2)d$, $a_k + a_l = 2a_1 + (k+l-2)d$ ，又 $m+n=k+l$ ，因此上述结论得证.

二、命题点精讲

命题点 1　等差数列通项公式的应用★★

若已知等差数列的首项和公差,则可得到数列的任意一项. 若题目中求解等差数列的通项公式或者某一项,可直接利用基本思路:将所有条件转化成 a_1 与 d 相关的式子,求解 a_1 与 d ,再进行后续计算.

【例 1】等差数列 $\{a_n\}$ 中,若 $a_7 + a_9 = 16$, $a_4 = 1$,则 $a_{2016} = ($　　).

(A)1 006　　　　(B)2 014　　　　(C)2 015　　　　(D)3 521　　　　(E)3 522

【解析】

根据题意可知 $\begin{cases} (a_1 + 6b) + (a_1 + 8d) = 16, \\ a_1 + 3d = 1, \end{cases}$ 解得 $\begin{cases} a_1 = -\dfrac{17}{4}, \\ d = \dfrac{7}{4}, \end{cases}$ 则 $a_{2016} = a_1 + 2\ 015d =$

$-\dfrac{17}{4} + 2\ 015 \times \dfrac{7}{4} = 3\ 522.$ 故本题选择 E.

【例 2】在等差数列 $\{a_n\}$ 中, $a_2 + a_7 + a_9 = 72$,则 $a_6 = ($　　).

(A)12　　　　(B)18　　　　(C)24　　　　(D)30　　　　(E)36

【解析】

根据题意可得 $a_2 + a_7 + a_9 = (a_1 + d) + (a_1 + 6d) + (a_1 + 8d) = 3(a_1 + 5d) = 72$,所以 $a_6 = a_1 + 5d = 24$.故本题选择 C.

【例 3】(2010)已知数列 $\{a_n\}$ 为等差数列,公差为 d , $a_1 + a_2 + a_3 + a_4 = 12$,则 $a_4 = 0$.

(1) $d = -2$.

(2) $a_2 + a_4 = 4$.

【解析】

根据题意可知 $a_1 + a_2 + a_3 + a_4 = 4a_4 - 6d = 12 \Rightarrow 2a_4 - 3d = 6$;

条件(1):根据条件可知 $\begin{cases} 2a_4 - 3d = 6, \\ d = -2 \end{cases} \Rightarrow a_4 = 0$,所以条件(1)充分;

条件(2):根据条件可知 $a_2 + a_4 = 4 \Rightarrow 2a_4 - 2d = 4 \Rightarrow a_4 - d = 2$ 且 $2a_4 - 3d = 6 \Rightarrow a_4 = 0$,所以条件(2)充分. 故本题选择 D.

【例 4】(2015)设 $\{a_n\}$ 是等差数列,则能确定数列 $\{a_n\}$.

(1) $a_1 + a_6 = 0$.

(2) $a_1 a_6 = -1$.

【解析】

条件(1)：根据条件可知 $a_1 + a_6 = a_1 + a_1 + 5d = 2a_1 + 5d = 0$，不能确定 a_1 和 d 的取值，所以条件(1)不充分；

条件(2)：根据条件可知 $a_1 a_6 = a_1(a_1 + 5d) = -1$，不能确定 a_1 和 d 的取值，所以条件(2)不充分；

(1)+(2)：两个条件联合可得 $\begin{cases} a_1 + a_6 = 0, \\ a_1 a_6 = -1 \end{cases} \Rightarrow \begin{cases} 2a_1 + 5d = 0, \\ a_1(a_1 + 5d) = 1, \end{cases}$ 解得 $\begin{cases} a_1 = 1, \\ d = -\dfrac{2}{5} \end{cases}$ 或 $\begin{cases} a_1 = -1, \\ d = \dfrac{2}{5}, \end{cases}$ 数列

不唯一，所以条件(1)和(2)联合不充分. 故本题选择 E.

命题点 2 等差数列中项公式的应用 ★★★

思路点拨

已知三个量 a，b，c 成等差数列，则可直接利用中项公式得到 $2b = a + c$. 中项公式多用于与其他知识点的综合考查中.

【例5】(2006)若 $6, a, c$ 成等差数列，且 $36, a^2, -c^2$ 也成等差数列，则 c 为（ ）.

(A)-6 (B)2   (C)3 或 -2 (D)-6 或 2   (E)以上选项均不正确

【解析】

根据等差中项可得 $\begin{cases} 6 + c = 2a, \\ 36 - c^2 = 2a^2 \end{cases} \Rightarrow \begin{cases} a = 4, \\ c = 2 \end{cases}$ 或 $\begin{cases} a = 0, \\ c = -6. \end{cases}$ 故本题选择 D.

【例6】(2014)已知 $\{a_n\}$ 为等差数列，且 $a_2 - a_5 + a_8 = 9$，则 $a_1 + a_2 + \cdots + a_9 =$（ ）.

(A)27   (B)45   (C)54   (D)81   (E)162

【解析】

根据等差中项可知 $2a_5 = a_2 + a_8$，代入 $a_2 - a_5 + a_8 = 9 \Rightarrow a_5 = 9$，由求和公式可得 $a_1 + a_2 + \cdots + a_9 = \dfrac{9(a_1 + a_9)}{2} = \dfrac{9 \times 2a_5}{2} = 9a_5 = 81$. 故本题选择 D.

【例7】(2021)三位年轻人的年龄成等差数列，且最大与最小的两人年龄差的 10 倍是另一人的年龄，则三人年龄最大的是（ ）.

(A) 19   (B) 20   (C) 21   (D) 22   (E) 23

【解析】

根据题意可设年龄从小到大依次为 a, b, c，因此 $\begin{cases} 2b = a + c, \\ 10(c - a) = b, \end{cases}$ 解得 $\dfrac{a}{c} = \dfrac{19}{21}$，年龄只能为正整数，$c$ 为 21 的倍数，结合题干 c 为 21. 故本题选择 C.

【例8】(2017)甲、乙、丙三种货车载重量成等差数列，2 辆甲种车和 1 辆乙种车的载重量为 95 吨，一辆甲种车和三辆丙种车载重量为 150 吨，则甲、乙、丙分别各一辆车一次最多运送货物为（ ）.

(A)125   (B)120   (C)115   (D)110   (E)105

【解析】

根据等差数列的特征可设甲、乙、丙载重量分别为 $x-a, x, x+a$, 则 $\begin{cases} 2(x-a)+x=95, \\ (x-a)+3(x+a)=150 \end{cases} \Rightarrow$

$\begin{cases} 3x-2a=95, \\ 4x+2a=150, \end{cases}$ 解得 $\begin{cases} x=35, \\ a=5, \end{cases}$ 所以一次最多运送货物为 $(x-a)+x+(x+a)=3x=3\times35=105$. 故

本题选择 E.

命题点 3　等差数列性质的应用 ★★

思路点拨　对于等差数列,题目中涉及多项相加(相减)时,可重点考虑等差数列性质的应用,观察下标的关系,利用性质进行求解.

【例 9】(2013)已知 $\{a_n\}$ 为等差数列,若 a_2 和 a_{10} 是方程 $x^2-10x-9=0$ 的两个根,则 $a_5+a_7=$ (　　).

(A) -10　　　　(B) -9　　　　(C) 9　　　　(D) 10　　　　(E) 12

【解析】

根据题意可知,a_2,a_{10} 是 $x^2-10x-9=0$ 的两个根,由韦达定理可知 $a_2+a_{10}=10$,又因 $\{a_n\}$ 为

等差数列,则 $a_5+a_7=a_2+a_{10}=10$. 故本题选择 D.

【例 10】等差数列 $\{a_n\}$ 中,$a_2+a_3+a_{10}+a_{11}=2\ 008$,则 $a_5+a_8=$ (　　).

(A) $1\ 003$　　　(B) $1\ 004$　　　(C) $2\ 008$　　　(D) $2\ 009$　　　(E) $1\ 949$

【解析】

根据题意可知 $a_5+a_8=a_2+a_{11}=a_3+a_{10}=\dfrac{2\ 008}{2}=1\ 004$. 故本题选择 B.

【例 11】在等差数列 $\{a_n\}$ 中,$a_3+a_{11}=40$,则 $a_4-a_5+a_6+a_7+a_8-a_9+a_{10}$ 的值为(　　).

(A) 84　　　　(B) 72　　　　(C) 60　　　　(D) 48　　　　(E) 36

【解析】

根据题意可知 $a_3+a_{11}=2a_7=40$, $a_7=20$, $a_4+a_{10}=a_5+a_9$ 则原式 $=a_6+a_7+a_8=3a_7=60$. 故

本题选 C.

【例 12】(2007)已知等差数列 $\{a_n\}$ 中,$a_2+a_3+a_{10}+a_{11}=64$,则 $S_{12}=$ (　　).

(A) 64　　　　(B) 81　　　　(C) 128　　　　(D) 192　　　　(E) 188

【解析】

根据等差数列的性质可知 $a_2+a_3+a_{10}+a_{11}=2(a_1+a_{12})=64 \Rightarrow a_1+a_{12}=32$, 则

$S_{12}=\dfrac{12\times(a_1+a_{12})}{2}=192$. 故本题选择 D.

考点二　等差数列前 n 项和★★★

▌一、知识梳理

1.等差数列求和公式

"如何快速求出 $1 + 2 + 3 + \cdots + 100$ 的值."

高斯在小学时就给出了解法,将这 100 个数首尾对应分别凑成一对,共 50 对,且每对的加和均相同为 101,则结果为 $(1 + 100) \times 50 = 5\,050$.该解法实际上就是运用了等差数列求和公式.若 $\{a_n\}$ 为等差数列,设 S_n 为等差数列的前 n 项和,则

$$S_n = \frac{(a_1 + a_n) \cdot n}{2}$$

该式为等差数列求和公式.

等差数列求和公式的证明用到了等差数列的性质.等差数列前 n 项和为

$$S_n = a_1 + a_2 + \cdots + a_{n-1} + a_n$$

各项顺序改变,对结果不会有影响,则

$$S_n = a_n + a_{n-1} + \cdots + a_2 + a_1$$

再将两式相加,

$$2S_n = (a_1 + a_n) + (a_2 + a_{n-1}) + \cdots + (a_n + a_1)$$

根据等差数列的性质 $a_1 + a_n = a_2 + a_{n-1} = a_3 + a_{n-2} = \cdots$,则 $2S_n = (a_1 + a_n) \cdot n$,再左右除以 2,求和公式得证.

该求和公式中,利用到了首项和末项,但题目中末项经常是未知的,因此可将通项公式代入上述公式,得到求和公式的第二个形式

$$S_n = na_1 + \frac{n(n-1)}{2} \cdot d$$

与通项公式类似,在具体的等差数列中,公式中仅 n 为变量,因此可将求和公式再做变形

$$S_n = \frac{d}{2}n^2 + \frac{(2a_1 - d)}{2}n$$

该式可看作关于 n 的函数 $S_n = f(n)$.当 $d = 0$ 时, $\{a_n\}$ 为常数列, $S_n = na_1$;当 $d \neq 0$ 时, $f(n)$ 为二次函数,且式中无常数项.

利用求和公式是否符合二次函数形式,可用于等差数列的判定,若数列 $\{a_n\}$ 前 n 项和公式符合

$$S_n = f(n) = an^2 + bn$$

其中 a , b 为常数,则该数列 $\{a_n\}$ 一定为等差数列.

2.等差数列前 n 项和的性质

若 $\{a_n\}$ 为等差数列,公差为 d , S_n 为 $\{a_n\}$ 的前 n 项和. S_n 中, n 取不同的数值所得到的各数,

$S_1, S_2, \cdots, S_n$,仍然可看成一个数列. 其中

$$S_n, S_{2n} - S_n, S_{3n} - S_{2n}, \cdots \text{仍为等差数列}.$$

证明过程如下

$$S_n = a_1 + a_2 + \cdots + a_n$$

$$S_{2n} - S_n = a_{n+1} + a_{n+2} + \cdots + a_{2n} = (a_1 + nd) + (a_2 + nd) + \cdots + (a_n + nd)$$

$$S_{3n} - S_{2n} = a_{2n+1} + a_{2n+2} + \cdots + a_{3n} = (a_1 + 2nd) + (a_2 + 2nd) + \cdots + (a_n + 2nd)$$

两两相减可得

$$(S_{2n} - S_n) - S_n = (S_{3n} - S_{2n}) - (S_{2n} - S_n) = n \cdot nd$$

上述结论得证,且可得新的数列公差为 $n^2 d$.

若 $\{a_n\}$, $\{b_n\}$ 均为等差数列, S_n , T_n 分别为对应的前 n 项和,则两数列的通项与前 n 项和之间存在如下关系:

$$\frac{a_n}{b_n} = \frac{S_{2n-1}}{T_{2n-1}}$$

该结论的证明过程较为简单,直接利用求和公式即可,过程如下:

$$S_{2n-1} = \frac{(a_1 + a_{2n-1}) \cdot (2n - 1)}{2}$$

$$T_{2n-1} = \frac{(b_1 + b_{2n-1}) \cdot (2n - 1)}{2}$$

由中项公式可得 $\dfrac{(a_1 + a_{2n-1})}{2} = a_n$, $\dfrac{(b_1 + b_{2n-1})}{2} = b_n$,代入上式可得

$$S_{2n-1} = a_n \cdot (2n - 1)$$

$$T_{2n-1} = b_n \cdot (2n - 1)$$

再将两式作比,上述结论得证.

3.等差数列前 n 项和最值

等差数列 S_n 是否存在最值,最值有什么样的特征.

给出如下几个等差数列,尝试分析各数列 S_n 的变化,

(1) $1, 2, 3, 4, \cdots$

(2) $-1, -2, -3, -4, \cdots$

(3) $-4, -3, -2, -1, 0, 1, 2, 3, 4, \cdots$

(4) $4, 3, 2, 1, 0, -1, -2, -3, -4, \cdots$

$S_n = S_{n-1} + a_n$, n 从小到大依次取值时,可以看成每次多加了一项.

(1)中首项为正,公差为正, n 从小到大依次取值时, S_n 每次都加了一个正数,因此 S_n 是不断增大的,无最大值,最小值是 S_1 ;

(2)中首项为负,公差为负, n 从小到大依次取值时, S_n 每次都加了一个负数,因此 S_n 是不断减小的,无最小值,最大值是 S_1 ;

（3）中首项为负,公差为正,n 从小到大依次取值时,$n < 5$ 时,S_n 每次增加一个负数,$n = 6$ 开始,S_n 每次增加一个正数,因此 S_n 先减小后增大,存在最小值,无最大值;

（4）与（3）类似,S_n 先增大后减小,存在最大值,无最小值.

显然（1）（2）两种情况下讨论 S_n 最值,没有太大价值,前 n 项和最值问题重点考虑后两种情况,即

$$当 a_1 < 0, d > 0, S_n 先减小再增大, S_n 有最小值;$$

$$当 a_1 > 0, d < 0, S_n 先增大再减小, S_n 有最大值.$$

对于任意等差数列 $\{a_n\}$,S_n 取到最值时,n 的值是多少该如何求解.

上边我们结合例子,弄清楚了什么情况下 S_n 会有最值,也很容易发现:若 $a_1 < 0, d > 0$,数列的项一开始为负,某一项开始变为正,所有负项相加即为 S_n 最小值;若 $a_1 > 0, d < 0$,数列的项一开始为正,某一项开始变为负,所有正项相加即为 S_n 最大值.若求 S_n 取最值时 n 的值,只需要找到数列的正负项转折点即可,即求 $a_n = 0$ 时的 n 值.

若已知通项 $a_n = kn + b$,令 $a_n = kn + b = 0$,n 的值存在两种情况:

①若 n 为整数,则最值为 $S_n = S_{n-1}$.

例:$-4, -3, -2, -1, 0, 1, \cdots$ 中,第 5 项恰好为 0,$S_5 = S_4 + 0$,则 $n = 4$ 或 $n = 5$ 时,S_n 取最小值.

②若 n 不是整数,则最值为 $S_{[n]}$,$[n]$ 意为取整数部分.

例:$-5, -3, -1, 1, 3, \cdots$ 中,若求出通项公式令其为 0,会解得 $n = 3.5$,表示数列中的项无 0 值,$n = 3$ 时为最后一个负项,因此 S_n 的最小值为 $S_{[3.5]} = S_3$.

若通项公式不便求出,或者已知 S_n 的表达式时,还可以直接利用函数思想求解 S_n 最值问题.已知 $S_n = f(n) = an^2 + bn$,形如一元二次函数,可直接利用一元二次函数性质来求解最值问题.当 $n = -\dfrac{b}{2a}$ 时,S_n 取到最值.但需要注意的是,对于数列来讲,$S_n = f(n) = an^2 + bn$ 的定义域为正整数集,对应到图像上应该为一个个的点,并不连续.因此令 $n = -\dfrac{b}{2a}$ 存在两种情况:

①若 $-\dfrac{b}{2a}$ 为正整数,则 $n = -\dfrac{b}{2a}$ 时,S_n 取到最值;

②若 $-\dfrac{b}{2a}$ 为小数,则 n 取距离 $-\dfrac{b}{2a}$ 最近的整数时,S_n 取到最值.

二、命题点精讲

命题点 1 等差数列求和公式的计算及应用 ★★★

思路点拨
①等差数列的求和公式的使用,要针对不同条件灵活选用,一个与首项末项相关,一个与首项公差相关,注意求和公式与性质的结合;
②求等差数列前 n 项和,可将条件转化为 a_1 与 d 相关的式子,求解 a_1 与 d,再进行后续计算.

【例13】(2009)等差数列 $\{a_n\}$ 的前 18 项和为 $S_{18} = \dfrac{19}{2}$.

(1) $a_3 = \dfrac{1}{6}$，$a_6 = \dfrac{1}{3}$.

(2) $a_3 = \dfrac{1}{4}$，$a_6 = \dfrac{1}{2}$.

【解析】

条件(1)：根据条件可知 $a_3 = \dfrac{1}{6}$，$a_6 = \dfrac{1}{3}$，$a_6 - a_3 = 3d$，$d = \dfrac{1}{18}$，$a_3 = a_1 + 2d \Rightarrow a_1 = \dfrac{1}{18}$，

$a_{18} = a_3 + 15d = 1$，$S_{18} = \dfrac{18(a_1 + a_{18})}{2} = \dfrac{19}{2}$，所以条件(1)充分；

条件(2)：根据条件可知 $a_3 = \dfrac{1}{4}$，$a_6 = \dfrac{1}{2}$，$a_6 - a_3 = 3d$，$d = \dfrac{1}{12}$，$a_3 = a_1 + 2d \Rightarrow a_1 = \dfrac{1}{12}$，

$a_{18} = a_3 + 15d = \dfrac{6}{4} = \dfrac{3}{2}$，$S_{18} = \dfrac{18(a_1 + a_{18})}{2} = \dfrac{57}{4}$，所以条件(2)不充分. 故本题选择 A.

【例14】(2011.10)等差数列 $\{a_n\}$ 满足 $5a_7 - a_3 - 12 = 0$，则 $\sum\limits_{k=1}^{15} a_k = ($ $)$.

(A) 15   (B) 24   (C) 30   (D) 45   (E) 60

【解析】

根据题意可知，$5a_7 - a_3 - 12 = 0 \Rightarrow 5(a_1 + 6d) - (a_1 + 2d) - 12 = 0 \Rightarrow a_1 + 7d = 3 \Rightarrow a_8 = 3$，则

$\sum\limits_{k=1}^{15} a_k = \dfrac{15}{2}(a_1 + a_{15}) = \dfrac{15}{2} \times 2a_8 = 15 \times 3 = 45$. 故本题选择 D.

【例15】(2018)设 $\{a_n\}$ 为等差数列，则能确定 $a_1 + \cdots + a_9$ 的值.

(1)已知 a_1 的值.

(2)已知 a_5 的值.

【解析】

根据等差数列前 n 项和 $S_9 = \dfrac{9(a_1 + a_9)}{2} = \dfrac{9 \times (2a_5)}{2} = 9a_5$（$n = 1,2,3,\cdots$）.

条件(1)：根据条件可知，只知道 a_1，但 d 值不确定，无法求出前 9 项的和，所以条件(1)不充分；

条件(2)：已知 a_5，即可算出前 9 项的和，所以条件(2)充分. 故本题选择 B.

【例16】(2016)某公司以分期付款方式购买一套定价 1 100 万元的设备，首期付款 100 万，之后每月付款 50 万元，并支付上期余额的利息，月利率 1%，该公司为买此设备支付了(   )万元.

(A) 1 195   (B) 1 200   (C) 1 205   (D) 1 215   (E) 1 300

【解析】

根据题意可知，公司为买此设备共支付两部分费用，第一部分为设备的成本 1 100 万，第二部分为利息. 第一个月的利息为 $(1\,100 - 100) \times 1\% = 10$ 万元，第二个月利息为 $(1\,100 - 100 - 50) \times 1\% = 9.5$ 万元……每月的利息构成以 10 为首项，-0.5 为公差的等差数列，总共 20 项，则总利息为

$\dfrac{(10 + 0.5)}{2} \times 20 = 105$ 万元，则公司为买此设备共支付 $105 + 1\,100 = 1\,205$ 万元. 故本题选择 C.

【例 17】（2009）某工厂定期购买一种原料，已知该厂每天需要原料 6 吨，每吨价格 1 800 元，原料的保管费用平均每吨 3 元/天，每次购买原料需要支付运费 900 元，若该厂要求平均每天支付的总费用最省，则应该每（　　）天购买一次原料.

(A) 11　　　　　(B) 10　　　　　(C) 9　　　　　(D) 8　　　　　(E) 7

【解析】

根据题意可设每 x 天购买一次原料，则一次需要购买的原料为 $6x$ 吨，购买成本为 $1\,800 \times 6x$ 元，运费 900 元. 其中保管费用为：第一天 $3 \times 6x$ 元，第二天 $3 \times 6(x - 1)$ 元……第 x 天为 $3 \times 6 \times 1$ 元，可以观察发现，保管费是以 $3 \times 6x$ 为首项，公差为 -18 的等差数列，故保管费用总和为 $\dfrac{(3\times6x+3\times6\times1)x}{2} = 9x^2 + 9x$，则该厂要求平均每天支付的总费用为 $y = \dfrac{1\,800 \times 6x + 900 + 9x^2 + 9x}{x} = 1\,800 \times 6 + 9 + \dfrac{900}{x} + 9x$，且由均值不等式可得 $\dfrac{900}{x} + 9x \geq 2\sqrt{\dfrac{900}{x} \cdot 9x}$，当且仅当 $\dfrac{900}{x} = 9x$，即 $x = 10$ 时取到最小值. 故本题选择 B.

命题点 2　等差数列的判定★★

思路点拨

判定数列是否为等差数列，可利用递推公式、通项公式、中项公式、求和公式是否符合等差数列的公式特征分别进行判定.

重点要注意通项公式和求和公式的函数特征来进行判定. 等差数列的通项公式符合一次函数形式 $a_n = f(n) = kn + b$，求和公式符合不含常数项的二次函数形式 $S_n = f(n) = an^2 + bn$.

【例 18】（2008）下列通项表示的数列为等差数列的是（　　）.

(A) $a_n = \dfrac{n}{n - 1}$　　　　(B) $a_n = n^2 - 1$　　　　(C) $a_n = 5n + (-1)^n$

(D) $a_n = 3n - 1$　　　　(E) $a_n = \sqrt{n} - \sqrt[3]{n}$

【解析】

根据等差数列通项公式可整理为 $a_n = kn + b$（k、b 为常数）一次函数的形式. 故本题选择 D.

【例 19】已知数列 $\{a_n\}$ 的前 n 项和为 S_n，则下列数列中等差数列的个数为（　　）.

① $a_n = 1$；② $a_n = n$；③ $a_n = 5n + 1$；④ $a_n = n^2 + n$；⑤ $S_n = 2n^2 + 5n$；⑥ $S_n = 4n^2 + 3n + 1$

(A) 0　　　　　(B) 1　　　　　(C) 2　　　　　(D) 3　　　　　(E) 4

【解析】

根据等差数列通项公式、求和公式可知，满足 $a_n = kn + b$，$S_n = an^2 + bn$ 的数列为等差数列，①②③⑤满足，④多了二次项，⑥多了常数项，所以等差数列有 4 个. 故本题选择 E.

【例 20】（2019）设数列 $\{a_n\}$ 的前 n 项和为 S_n. 则数列 $\{a_n\}$ 是等差数列.

(1) $S_n = n^2 + 2n$，$n = 1, 2, 3, \cdots$.

(2) $S_n = n^2 + 2n + 1, n = 1,2,3,\cdots$.

【解析】

根据等差数列求和公式特性可知 $S_n = an^2 + bn$,是关于 n 的二次函数形式且不含有常数项.

条件(1):根据条件可知 $S_n = n^2 + 2n$ 是关于 n 的二次函数形式且不含有常数项,数列 $\{a_n\}$ 为等差数列,所以条件(1)充分;

条件(2):根据条件可知 $S_n = an^2 + bn$ 不是关于 n 的二次函数形式且不含有常数项,数列 $\{a_n\}$ 不是等差数列,所以条件(2)不充分. 故本题选择 A.

命题点3 等差数列前 n 项和的性质★

> **思路点拨**
>
> 等差数列前 n 项和的性质,常用的有两个:
>
> ①若 $\{a_n\}$ 为等差数列,S_n 为 $\{a_n\}$ 的前 n 项和,则 S_n , $S_{2n} - S_n$, $S_{3n} - S_{2n}$,…是公差为 $n^2 d$ 的等差数列;
>
> ②若 S_n , T_n 分别为等差数列 $\{a_n\}$, $\{b_n\}$ 的前 n 项和,则 $\dfrac{a_n}{b_n} = \dfrac{S_{2n-1}}{T_{2n-1}}$.
>
> 这两个结论特征均较为典型,若在题目中遇到相关的条件,直接套用结论即可.

【例21】等差数列 $\{a_n\}$ 的前 n 项和为 S_n ,若 $S_{60} = 1\,949$, $S_{120} = 2\,009$,则 $S_{180} = ($).

(A)60 　　(B)120 　　(C)180 　　(D)2 019 　　(E)以上结论均不正确

【解析】

根据题意可知 $\{a_n\}$ 为等差数列,则 S_{60} , $S_{120} - S_{60}$, $S_{180} - S_{120}$ 成等差数列,由等差中项公式得 $2(S_{120} - S_{60}) = S_{60} + S_{180} - S_{120} \Rightarrow S_{180} = 3(S_{120} - S_{60})$,则 $S_{180} = 3 \times (2\,009 - 1\,949) = 180$. 故本题选择 C.

【例22】(1998)若在等差数列中前 5 项和 $S_5 = 15$,前 15 项和 $S_{15} = 120$,则前 10 项和 S_{10} 为( ).

(A)40 　　(B)45 　　(C)50 　　(D)55 　　(E)60

【解析】

根据题意可知 $\{a_n\}$ 是等差数列,S_n 是其前 n 项和,则 $S_n, S_{2n} - S_n, S_{3n} - S_{2n}, \cdots$ 也是等差数列,则 $2(S_{10} - S_5) = S_5 + S_{15} - S_{10} \Rightarrow S_{10} = 55$. 故本题选择 D.

【例23】$\{a_n\}$, $\{b_n\}$ 都是等差数列,它们的前 n 项和分别是 S_n , T_n ,且 $\dfrac{S_n}{T_n} = \dfrac{5n+3}{2n-1}$,则 $\dfrac{a_5}{b_5} = ($).

(A)$\dfrac{48}{13}$ 　(B)$\dfrac{49}{15}$ 　(C)$\dfrac{48}{17}$ 　(D)$\dfrac{49}{19}$ 　(E)$\dfrac{49}{17}$

【解析】

根据题意可知 $\{a_n\}$, $\{b_n\}$ 都是等差数列,前 n 项和分别是 S_n , T_n ,由等差数列的性质可得 $\dfrac{a_n}{b_n} = \dfrac{S_{2n-1}}{T_{2n-1}}$,则 $\dfrac{a_5}{b_5} = \dfrac{S_9}{T_9} = \dfrac{5 \times 9 + 3}{2 \times 9 - 1} = \dfrac{48}{17}$. 故本题选择 C.

【例24】(2009)$\{a_n\}$ 的前 n 项和 S_n 和 $\{b_n\}$ 的前 n 项和 T_n 满足:$S_{19} : T_{19} = 3 : 2$.

(1) $\{a_n\}$ 和 $\{b_n\}$ 是等差数列.

(2) $a_{10}:b_{10}=3:2$.

【解析】

条件(1)：只知道 $\{a_n\}$ 和 $\{b_n\}$ 是等差数列,无法确定前 n 项的关系,所以条件(1)不充分;

条件(2)：只知道 a_{10} 和 b_{10} 的比例关系,无法确定前 n 项的关系,所以条件(2)不充分;

(1)+(2)：根据等差数列基本公式可得, $\begin{cases} S_{19} = \dfrac{19}{2}(a_1 + a_{19}), \\ T_{19} = \dfrac{19}{2}(b_1 + b_{19}) \end{cases} \Rightarrow \dfrac{S_{19}}{T_{19}} = \dfrac{a_1 + a_{19}}{b_1 + b_{19}} = \dfrac{a_{10}}{b_{10}} = \dfrac{3}{2}$,所以条件

(1)和(2)联合充分. 故本题选择 C.

命题点 4 **等差数列前 n 项和的最值** ★★★

思路点拨　　等差数列前 n 项和的最值问题,关键在于找到数列正负的转折点,要合理利用条件,根据不同条件采用不同的思路. 若很容易求得通项,则可令 $a_n = 0$;若已知前 n 项和公式,则可直接利用函数思想,找对称轴.

【例 25】已知数列 $\{a_n\}$ 是公差大于零的等差数列, S_n 是数列 $\{a_n\}$ 的前 n 项和,则 $S_n \geqslant S_{10}$, $n = 1,2,3,\cdots$

(1) $a_{10} = 0$.

(2) $a_1 a_{10} < 0$.

【解析】

根据题意可知,数列 $\{a_n\}$ 的公差大于 0,则数列为递增的等差数列. 若是 $S_n \geqslant S_{10}$ 成立,则数列 $\{a_n\}$ 前 n 项和的最小值为 S_{10} 即可.

条件(1)： $a_{10} = 0$,由于公差大于零,则前 9 项均小于 0, $S_{10} = S_9 + a_{10} \Rightarrow S_{10} = S_9$, a_{11} , a_{12} , a_{13} , $\cdots$ 均为正项,故 $S_{10} = S_9$ 在前 n 项和中最小,能保证 $S_n \geqslant S_{10}$,所以条件(1)充分;

条件(2)： $a_1 a_{10} < 0$ 且公差大于零,可得 $a_1 < 0, a_{10} > 0$,但是无法确定从 a_2 到 a_9 这八项的正负,则也就无法确定数列 $\{a_n\}$ 前 n 项和的最小值具体是多少项和,即无法保证 $S_n \geqslant S_{10}$. 故本题选择 A.

【例 26】(2020)若等差数列 $\{a_n\}$ 满足 $a_1 = 8$,且 $a_2 + a_4 = a_1$,则 $\{a_n\}$ 前 n 项和的最大值为（　　）.

(A)16　　　　(B)17　　　　(C)18　　　　(D)19　　　　(E)20

【解析】

根据题意可知, $\begin{cases} a_1 = 8, \\ a_2 + a_4 = 2a_3 = 8 \end{cases} \Rightarrow \begin{cases} a_1 = 8, \\ d = -2, \end{cases}$ 则等差数列 $\{a_n\}$ 的通项公式为 $a_n = -2n + 10$,令 $a_n = 0$,解得 $n = 5$,等差数列 $\{a_n\}$ 前 n 项和的最大值为 $S_5 = S_4 = 20$. 故本题选择 E.

【例 27】在等差数列 $\{a_n\}$ 中, $d < 0$,前 n 项和为 S_n ,则 S_n 存在最大值.

(1) $a_1 > 0$.

(2) $S_7 = S_{10}$.

【解析】

条件(1)：$a_1 > 0$，公差 $d < 0$，则该等差数列一定存在正负转折点，S_n 存在最大值，所以条件(1)充分；

条件(2)：由于等差数列的 S_n 是关于 n 的一元二次函数，$d < 0$，其图像开口朝下，又有 $S_7 = S_{10}$，说明此二次函数的对称轴是 $n_0 = \dfrac{7+10}{2} = 8.5$，所以在 $n = 8$ 或 9 时，S_n 存在最大值，所以条件(2)充分. 故本题选择 D.

【例28】若数列 $\{a_n\}$ 是等差数列，前 n 项和用 S_n 表示，若满足 $3a_5 = 8a_{12} > 0$，则当 S_n 取得最大值时，n 的值为(　　).

(A)14　　　　(B)15　　　　(C)16　　　　(D)17　　　　(E)18

【解析】

根据题意可知，S_n 取得最大值，所以 $d < 0$，因为 $3a_5 = 8a_{12}$，则 $3a_5 - 8a_{12} = 0$，即 $a_1 + \dfrac{76}{5}d = 0$，则 $a_n = nd - \dfrac{81}{5}d$，令 $a_n = 0$，解得 $n_0 = 16.2$，所以在 S_{16} 处取最大值，$n = 16$. 故本题选择 C.

第二讲　等比数列

考点一　等比数列定义★★

一、知识梳理

1.等比数列的通项公式

若数列 $\{a_n\}$ 从第二项起,后一项与前一项之商为同一个常数,即

$$\frac{a_{n+1}}{a_n} = q$$

则称数列 $\{a_n\}$ 为等比数列,q 称为等比数列的公比.显然等比数列中不存在 0,公比也不能为 0.

若已知等比数列的首项 a_1 和公比 q,对上述递推公式稍作变形,$a_{n+1} = a_n \cdot q$,可得

$$a_2 = a_1 \cdot q$$
$$a_3 = a_2 \cdot q = a_1 \cdot q^2$$
$$a_4 = a_3 \cdot q = a_1 \cdot q^3$$
$$\cdots\cdots$$

据此很容易得到等比数列的通项公式:

$$a_n = a_1 \cdot q^{n-1}$$

由通项公式可知,只要确定了等比数列的首项和公比,就可确定数列的任意一项.

若已知任意一项 a_m 和公比 q,可得到通项公式的另一种形式

$$a_n = a_m \cdot q^{n-m}$$

变形可得

$$q^{n-m} = \frac{a_n}{a_m}$$

由式子可知,等差数列中已知任意两项,即可得到公比.

在具体的等比数列中,a_1 与 q 均为常数,n 为变量,因此可将通项公式再做变形

$$a_n = \frac{a_1}{q} \cdot q^n$$

该式可看作关于 n 的函数 $a_n = f(n)$.当 $q = 1$ 时,$f(n)$ 为常函数,此时 $\{a_n\}$ 为常数列;由此可知,

非零常数列既是等差数列又是等比数列.

当 $q \neq 1$ 时,$f(n)$ 为指数型函数的形式.

利用通项是否符合指数型函数形式,可用于等比数列的判定,若数列 $\{a_n\}$ 通项公式符合

$$a_n = f(n) = kq^n$$

其中 k，q 为常数，且 k，$q \neq 0$，则该数列 $\{a_n\}$ 一定为等比数列.

2.等比数列性质

若 a，b，c 依次构成等比数列，则称 b 为 a，c 的等比中项. 假设公比为 q，可得 $q = \dfrac{b}{a} = \dfrac{c}{b}$，则 $b^2 = ac$. 显然一个等比数列中，从第二项起的任意一项，均为其前后两项的等比中项，三者满足

$$a_n^2 = a_{n-1} \cdot a_{n+1}$$

该式也被称为等比数列中项公式. 若一个数列中 n 取任意值，均满足中项公式，则可得到该数列为等比数列.

若 $\{a_n\}$ 为等比数列，取出数列中所有奇数项，构成新的数列，a_1，a_3，a_5，$\cdots$，显然新的数列中两项之商为 q^2，仍为等比数列. 同理，由偶数项构成的数列 a_2，a_4，a_6，$\cdots$，仍为等比数列，公比为 q^2. 由于 $q^2 > 0$，则

等比数列中，所有奇数项同号，所有偶数项同号.

进一步，等比数列 $\{a_n\}$ 中，相距 k 项取出的项构成的数列

$$a_n，a_{n+k}，a_{n+2k}，\cdots$$

仍为等比数列，公比为 q^k. 从中任取相邻三项，仍满足中项公式，

$$a_{n+k}^2 = a_n \cdot a_{n+2k}$$

若数列 $\{a_n\}$ 为等比数列，对于任意四项，a_m，a_n，a_k，a_l，如果 $m + n = k + l$，则

$$a_m \cdot a_n = a_k \cdot a_l$$

将上述几项均用首项和公比表示出来，可得 $a_m \cdot a_n = a_1^2 \cdot q^{m+n-2}$，$a_k \cdot a_l = a_1^2 \cdot q^{k+l-2}$，又 $m + n = k + l$，因此上述结论得证.

二、命题点精讲

命题点1 等比数列通项公式的应用★★

思路点拨 若已知等比数列的首项和公比，则可得到数列的任意一项. 若题目中求解等比数列的通项公式或者某一项，可直接利用基本思路：将所有条件转化成 a_1 与 q 相关的式子，求解 a_1 与 q，再进行后续计算.

【例29】若 $\{a_n\}$ 是等比数列，下面四个命题中正确命题的个数是（　　）.

①数列 $\{a_n^2\}$ 也是等比数列　　　②数列 $\{a_{2n}\}$ 也是等比数列

③数列 $\left\{\dfrac{1}{a_n}\right\}$ 也是等比数列　　　④数列 $\{|a_n|\}$ 也是等比数列

(A)1　　　　　(B)2　　　　　(C)3　　　　　(D)4　　　　　(E)0

【解析】

根据题意可设 $a_n = a_1 q^{n-1}$，则

① $a_n^2 = (a_1 q^{n-1})^2 = a_1^2 q^{2n-2}$，则 $\dfrac{a_{n+1}^2}{a_n^2} = \dfrac{a_1^2 q^{2n}}{a_1^2 q^{2n-2}} = q^2$，所以数列 $\{a_n^2\}$ 也是等比数列；

② $a_{2n} = a_1 q^{2n-1}$，则 $\dfrac{a_{2(n+1)}}{a_{2n}} = \dfrac{a_1 q^{2n+1}}{a_1 q^{2n-1}} = q^2$，所以数列 $\{a_{2n}\}$ 也是等比数列；

③ $\dfrac{1}{a_n} = \dfrac{1}{a_1 q^{n-1}} = \dfrac{1}{a_1}\left(\dfrac{1}{q}\right)^{n-1}$，则 $\dfrac{\frac{1}{a_{n+1}}}{\frac{1}{a_n}} = \dfrac{\frac{1}{a_1}\left(\frac{1}{q}\right)^n}{\frac{1}{a_1}\left(\frac{1}{q}\right)^{n-1}} = \dfrac{1}{q}$，所以数列 $\left\{\dfrac{1}{a_n}\right\}$ 也是等比数列；

④ $|a_n| = |a_1 q^{n-1}|$，则 $\dfrac{|a_{n+1}|}{|a_n|} = \dfrac{|a_1 q^n|}{|a_1 q^{n-1}|} = |q|$，所以数列 $\{|a_n|\}$ 也是等比数列. 故本题选择 D.

【例 30】在等比数列 $\{a_n\}$ 中，$a_1 a_2 > 0$，$a_1 + a_4 = 108$，$a_5 + a_8 = \dfrac{4}{3}$，则 $a_5 = ($ 　　 $)$.

(A) $\dfrac{7}{9}$ 　　　　 (B) $\dfrac{9}{7}$ 　　　　 (C) $\dfrac{3}{4}$ 　　　　 (D) $\dfrac{1}{2}$ 　　　　 (E) $\dfrac{1}{4}$

【解析】

根据题意可知 $a_1 a_2 > 0$，则 $q > 0$，$a_1 + a_4 = a_1 + a_1 q^3 = 108$，$a_5 + a_8 = a_1 q^4 + a_1 q^7 = \dfrac{4}{3}$，则

$a_5 + a_8 = (a_1 + a_4)q^4 \Rightarrow 108 q^4 = \dfrac{4}{3} \Rightarrow q = \dfrac{1}{3}$；$a_5 + a_8 = a_5 + a_5 q^3 = \dfrac{4}{3} \Rightarrow a_5 = \dfrac{9}{7}$. 故本题选择 B.

命题点 2　等比数列中项公式的应用 ★★★

> **思路点拨**
>
> 　　已知三个量 a，b，c 成等比数列，则可直接利用中项公式得到 $b^2 = ac$. 中项公式多用于与其他知识点的综合考查中.

【例 31】(2011.10) 若等比数列 $\{a_n\}$ 满足 $a_2 a_4 + 2a_3 a_5 + a_2 a_8 = 25$，且 $a_1 > 0$，则 $a_3 + a_5 = ($ 　　 $)$.
(A) 8 　　　 (B) 5 　　　 (C) 2 　　　 (D) -2 　　　 (E) -5

【解析】

根据题意由等比数列的性质可得 $a_3^2 + 2a_3 a_5 + a_5^2 = 25 \Rightarrow (a_3 + a_5)^2 = 25$. 因为 $a_1 > 0$，则

$a_3 = a_1 q^2 > 0$，$a_5 = a_1 q^4 > 0$，所以 $a_3 + a_5 = 5$. 故本题选择 B.

【例 32】(2018) 甲、乙、丙三人的年收入成等比数列，则能确定乙的年收入的最大值.

(1) 已知甲、丙两人的年收入之和.

(2) 已知甲、丙两人的年收入之积.

【解析】

根据题意可设甲、乙、丙三人的年收入为 a，b，c 且均大于 0，由等比中项可得 $b^2 = ac$，则 $b = \sqrt{ac}$.

条件 (1)：根据条件可知 $a + c$ 为定值，由均值不等式可得 $b = \sqrt{ac} \leqslant \dfrac{a+c}{2}$，当且仅当 $a = c$ 时，b 有

最大值,所以条件(1)充分;

条件(2):根据条件可知 ac 为定值,则乙的年收入 $b=\sqrt{ac}$,最大值即为 $\sqrt{ac}$,所以条件(2)充分.故本题选择 D.

【例 33】(2011)实数 a , b , c 成等差数列.

(1) e^a , e^b , e^c 成等比数列.

(2) $\ln a$, $\ln b$, $\ln c$ 成等差数列.

【解析】

条件(1):根据条件可知 $(e^b)^2=e^a\cdot e^c$,则 $e^{2b}=e^{a+c}$,解得 $2b=a+c$,即 a , b , c 成等差数列,所以条件(1)充分;

条件(2):根据条件可知 $2\ln b=\ln a+\ln c$,则 $\ln b^2=\ln(ac)$,解得 $b^2=ac$,只能确定 a , b , c 成等比数列,所以条件(2)不充分.故本题选择 A.

【例 34】(2017)设 a , b 是两个不相等的实数,则函数 $f(x)=x^2+2ax+b$ 的最小值小于零.

(1)1, a , b 成等差数列.

(2)1, a , b 成等比数列.

【解析】

根据题干可得 $f(x)_{\min}=\dfrac{4\times1\times b-(2a)^2}{4\times1}=b-a^2$.

条件(1):根据条件可得 $2a=b+1\Rightarrow a=\dfrac{b+1}{2}$,则 $b-a^2=b-\left(\dfrac{b+1}{2}\right)^2=\dfrac{4b-b^2-2b-1}{4}=$ $-\dfrac{(b-1)^2}{4}$. 由题干可知 a , b 是两个不相等的实数,可得 $a\neq b\neq1$,则 $-\dfrac{(b-1)^2}{4}<0$,所以条件(1)充分;

条件(2):根据条件可知 $a^2=b$,则 $b-a^2=0$,所以条件(2)不充分.故本题选择 A.

【例 35】(2013)设 a , b 为常数,则关于 x 的二次方程 $(a^2+1)x^2+2(a+b)x+b^2+1=0$ 具有重实根.

(1) a ,1, b 成等差数列.

(2) a ,1, b 成等比数列.

【解析】

根据题意可知方程具有重实根可知判别式 $\Delta=4(a+b)^2-4(a^2+1)(b^2+1)=0$,化简得 $-a^2b^2+2ab-1=-(ab-1)^2=0\Rightarrow ab=1$.

条件(1):举反例, a ,1, b 成等差数列,当 $a=0$, $b=2$ 时, $\Delta=-4\neq0$,所以条件(1)不充分;

条件(2):根据条件可知 a ,1, b 成等比数列,则 $ab=1$,与转化结论一致,所以条件(2)充分.故本题选择 B.

命题点 3　等比数列性质的应用★★

思路点拨　对于等比数列,题目中涉及多项相乘时,可重点考虑等比数列性质的应用,观察下标的关系,利用性质进行求解.

【例36】(2010)等比数列 $\{a_n\}$ 中, a_3, a_8 是方程 $3x^2 + 2x - 18 = 0$ 的两个根,则 $a_4 \cdot a_7 = ($　　).

(A)−9　　　(B)−8　　　(C)−6　　　(D)6　　　(E)8

【解析】

根据韦达定理可得 $a_3 \cdot a_8 = -\dfrac{18}{3} = -6$,由等比数列性质可得 $a_4 \cdot a_7 = a_3 \cdot a_8 = -6$. 故本题选择 C.

【例37】若等比数列 $\{a_n\}$ 的各项均为正数,且 $a_{10}a_{11} + a_9a_{12} = 2 \times 10^5$,则 $\lg a_1 + \lg a_2 + \cdots + \lg a_{20} = ($　　).

(A)5　　　(B)10　　　(C)25　　　(D)50　　　(E)10^5

【解析】

根据题意可得 $a_{10}a_{11} + a_9a_{12} = 2a_9a_{12} = 2 \times 10^5$,得 $a_9a_{12} = 10^5$, $\lg a_1 + \lg a_2 + \cdots + \lg a_{20} = \lg(a_1a_{20}) + \lg(a_2a_{19}) + \cdots + \lg(a_{10}a_{11}) = \lg(10^5)^{10} = 10\lg 10^5 = 10 \times 5 = 50$. 故本题选 D.

考点二　等比数列前 n 项和★★★

一、知识梳理

1.等比数列求和公式

等差数列中重点讲了求和公式,那等比数列的求和公式该如何推导呢?

若 $\{a_n\}$ 为等比数列, q 为公比, S_n 为前 n 项和,则

$$S_n = a_1 + a_2 + a_3 + \cdots + a_n$$
$$= a_1 + a_1 \cdot q + a_1 \cdot q^2 + \cdots + a_1 \cdot q^{n-1}$$

当 $q = 1$ 时, $S_n = na_1$;当 $q \neq 1$ 时,给上式左右同时乘以 q,可得

$$qS_n = a_1 \cdot q + a_1 \cdot q^2 + a_1 \cdot q^3 + \cdots + a_1 \cdot q^n$$

再将两式相减, $(1-q)S_n = a_1 - a_1 \cdot q^n$,整理得

$$S_n = \frac{a_1(1 - q^n)}{1 - q}$$

综合两种情况可得等比数列求和公式:

$$S_n = \begin{cases} na_1, & q = 1, \\ \dfrac{a_1(1 - q^n)}{1 - q}, & q \neq 1, \end{cases}$$

该求和公式中,利用到了首项和公比,$q \neq 1$时结合等比数列通项公式$a_n = a_1 \cdot q^{n-1}$,求和公式可得到另外一种形式

$$S_n = \frac{a_1 - a_n q}{1 - q}$$

两个公式相比,第一个公式使用更加广泛.

在具体的等比数列中,公式中仅n为变量,因此可将求和公式再做变形,$q \neq 1$时,

$$S_n = -\frac{a_1}{1 - q} \cdot q^n + \frac{a_1}{1 - q}$$

该式可看作关于n的指数函数$S_n = f(n)$,指数部分的系数与常数项互为相反数.

利用求和公式是否符合上述指数函数形式,可用于等比数列的判定,若数列$\{a_n\}$前n项和公式符合

$$S_n = f(n) = k \cdot q^n - k$$

其中k为常数,且$k \neq 0$,则该数列$\{a_n\}$一定为等比数列.

2.等比数列前n项和的性质

若$\{a_n\}$为等比数列,公比为q,S_n为$\{a_n\}$的前n项和.S_n中n取不同的数值所得到的各数,S_1,$S_2,\cdots,S_n$,仍然可看成一个数列. 其中

$$S_n,S_{2n} - S_n,S_{3n} - S_{2n},\cdots \text{仍为等比数列.}$$

证明过程如下,

$$S_n = a_1 + a_2 + \cdots + a_n$$

$$S_{2n} - S_n = a_{n+1} + a_{n+2} + \cdots + a_{2n} = a_1 \cdot q^n + a_2 \cdot q^n + \cdots + a_n \cdot q^n$$

$$S_{3n} - S_{2n} = a_{2n+1} + a_{2n+2} + \cdots + a_{3n} = a_{n+1} \cdot q^n + a_{n+2} \cdot q^n + \cdots + a_{2n} \cdot q^n$$

两两相除可得

$$\frac{S_{2n} - S_n}{S_n} = \frac{S_{3n} - S_{2n}}{S_{2n} - S_n} = q^n$$

上述结论得证,且可得新的数列公比为q^n.

▎二、命题点精讲

命题点1 **等比数列求和公式的计算及应用★★★**

思路点拨
①求等比数列前n项和,可将条件转化为a_1与q相关的式子,求解a_1与q,再进行后续计算.
②等比数列与其他题目中的综合应用中,关键在于梳理清楚哪些量构成了等比数列,公比与总的项数要重点注意,避免出现细节错误.

【例38】(2012)设$\{a_n\}$是非负等比数列. 若$a_3 = 1$,$a_5 = \frac{1}{4}$,则$\sum_{n=1}^{8} \frac{1}{a_n} = ($).

(A) 255 　　(B) $\dfrac{255}{4}$ 　　(C) $\dfrac{255}{8}$ 　　(D) $\dfrac{255}{16}$ 　　(E) $\dfrac{255}{32}$

【解析】

根据等比数列公式可得 $q = \sqrt{\dfrac{a_5}{a_3}} = \dfrac{1}{2}$，$a_1 = \dfrac{a_3}{q^2} = 4$，$a_n = 4 \cdot \left(\dfrac{1}{2}\right)^{n-1} = \left(\dfrac{1}{2}\right)^{n-3}$，则 $\dfrac{1}{a_n} = 2^{n-3}$，

$\dfrac{1}{a_1} = \dfrac{1}{4}$，$\dfrac{1}{q} = 2$，则 $S_8 = \dfrac{\dfrac{1}{4}(1 - 2^8)}{1 - 2} = \dfrac{255}{4}$．故本题选择 B.

【例 39】(2010) 甲企业一年的总产值为 $\dfrac{a}{p}\left[(1+p)^{12} - 1\right]$．

(1) 甲企业 1 月的产值为 a，以后每月产值的增长率为 p.

(2) 甲企业 1 月的产值为 $\dfrac{a}{2}$，以后每月产值的增长率为 $2p$.

【解析】

条件 (1)：根据条件可知各月份产值为以 a 为首项，$1 + p$ 为公比的等比数列，则一年总产值即为该数列前 12 项和 $S_{12} = \dfrac{a\left[1 - (1+p)^{12}\right]}{1 - (1+p)} = \dfrac{a}{p}\left[(1+p)^{12} - 1\right]$，所以条件 (1) 充分；

条件 (2)：根据条件可知各月份产值为以 $\dfrac{a}{2}$ 为首项，$1 + 2p$ 为公比的等比数列，则一年总产值即为该数列前 12 项和 $S_{12} = \dfrac{\dfrac{a}{2}\left[1 - (1+2p)^{12}\right]}{1 - (1+2p)} = \dfrac{a}{4p}\left[(1+2p)^{12} - 1\right]$，所以条件 (2) 不充分．故本题选择 A.

【例 40】(2009) 一个球从 100 米高处落下，每次着地后又跳回前一次高度的一半再落下，当它第十次着地时，共经过的路程是 (　　)．(精确到 1 米且不计任何阻力.)

(A) 300 　　(B) 250 　　(C) 200 　　(D) 150 　　(E) 100

【解析】

根据题意可设总路程为 S，$S = 100 + 100 + 50 + 25 + \cdots + 100 \times \left(\dfrac{1}{2}\right)^8 = 100 + 100 \times \dfrac{1 - \left(\dfrac{1}{2}\right)^9}{1 - \dfrac{1}{2}} \approx 300$.

故本题选择 A.

【例 41】(2012) 某人在保险柜中存放了 M 元现金，第一天取出它的 $\dfrac{2}{3}$，以后每天取出前一天所取的 $\dfrac{1}{3}$，共取了 7 天，保险柜中剩余的现金为 (　　) 元.

(A) $\dfrac{M}{3^7}$ 　　(B) $\dfrac{M}{3^6}$ 　　(C) $\dfrac{2M}{3^6}$ 　　(D) $\left[1 - \left(\dfrac{2}{3}\right)^7\right]M$ 　　(E) $\left[1 - 7 \times \left(\dfrac{2}{3}\right)^7\right]M$

【解析】

根据题意可知第一天取出 $\dfrac{2}{3}M$ 元现金,从第二天起每天取出的金额为 $\dfrac{2M}{3} \times \dfrac{1}{3}$,$\dfrac{2M}{3} \times \left(\dfrac{1}{3}\right)^2$,$\cdots$,

每天取出的现金数量构成等比数列,公比为 $\dfrac{1}{3}$,则可以求出前 7 次取出的现金总量为 $S_7 =$

$\dfrac{\dfrac{2}{3}M\left(1-\dfrac{1}{3^7}\right)}{1-\dfrac{1}{3}} = \left(1-\dfrac{1}{3^7}\right)M$,所以保险柜中剩余的现金为 $M - \left(1-\dfrac{1}{3^7}\right)M = \dfrac{1}{3^7}M$. 故本题选择 A.

【例 42】(2018)如图 6-1 所示,四边形 $A_1B_1C_1D_1$ 是平行四边形,A_2,B_2,C_2,D_2 分别是 $A_1B_1C_1D_1$ 四边的中点,A_3,B_3,C_3,D_3 是四边形 $A_2B_2C_2D_2$ 四边形的中点,依次下去,得到四边形 $A_nB_nC_nD_n(n=1,2,3,\cdots)$ 设 $A_nB_nC_nD_n$ 的面积为 S_n 且 $S_1 = 12$,则 $S_1 + S_2 + S_3 + \cdots = $ (   ).

(A)16   (B)20   (C)24   (D)28   (E)30

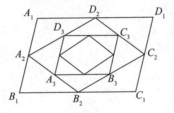

图 6-1

【解析】

根据四边形性质可知,任意四边形各边中点依次连接所得四边形为平行四边形且其面积为原四边形面积的 $\dfrac{1}{2}$,则 $S_1 = 12$,$S_2 = 6$,$S_3 = 3$,$\cdots$ 所以 S_n 是以 12 为首项,$\dfrac{1}{2}$ 为公比的等比数列. S_n 的前

n 项和为 $S_1 + S_2 + S_3 + \cdots + S_n = \dfrac{12\left(1-\dfrac{1}{2^n}\right)}{1-\dfrac{1}{2}} = 24 - \dfrac{24}{2^n} \approx 24$. 故本题选择 C.

命题点 2　等比数列前 n 项和的性质★

思路点拨　若 $\{a_n\}$ 为等比数列,S_n 为 $\{a_n\}$ 的前 n 项和,则 S_n ,$S_{2n} - S_n$,$S_{3n} - S_{2n}$,$\cdots$ 是公比为 q^n 的等比数列. 该结论特征比较典型,若题目中存在相关条件,可直接套用结论.

【例 43】等比数列 $\{a_n\}$ 的前 n 项为 S_n ,若 $\dfrac{S_6}{S_3} = \dfrac{1}{2}$,则 $\dfrac{S_9}{S_3} = $ (   ).

(A)$\dfrac{1}{2}$ (B)$\dfrac{2}{3}$ (C)$\dfrac{3}{4}$ (D)$\dfrac{1}{3}$ (E)1

【解析】

根据题意可知 $\{a_n\}$ 为等比数列,则由等比数列的性质可得 S_3,$S_6 - S_3$,$S_9 - S_6$ 成等比数列,由等

比数列的等比中项公式可得 $(S_6 - S_3)^2 = S_3(S_9 - S_6)$. 已知 $\dfrac{S_6}{S_3} = \dfrac{1}{2}$,则 $S_6 = \dfrac{1}{2}S_3$,代入中项公式得

$\left(\dfrac{1}{2}S_3 - S_3\right)^2 = S_3\left(S_9 - \dfrac{1}{2}S_3\right) \Rightarrow \dfrac{S_9}{S_3} = \dfrac{3}{4}$. 故本题选择 C.

【例 44】 设等比数列 $\{a_n\}$ 的前 n 项和为 S_n,已知 $S_3 = 8$,$S_6 = 7$,则 $a_7 + a_8 + a_9 = ($).

(A) $\dfrac{1}{8}$ (B) $-\dfrac{1}{8}$ (C) $\dfrac{57}{8}$ (D) $\dfrac{55}{8}$ (E) $-\dfrac{55}{8}$

【解析】

根据题意可知 $a_7 + a_8 + a_9 = S_9 - S_6$,$S_3$,$S_6 - S_3$,$S_9 - S_6$ 三项成等比数列,有 $(S_6 - S_3)^2 = $

$S_3 \cdot (S_9 - S_6)$,$(7 - 8)^2 = 8 \cdot (S_9 - S_6)$,$S_9 - S_6 = \dfrac{1}{8}$. 故本题选择 A.

第三讲　一般数列

考点一　已知递推公式求通项公式★★★

▎一、知识梳理

在前边内容的学习过程中,等差、等比数列的定义,均由递推公式给出的,由递推公式进一步得到了等差、等比数列的通项公式.如果数列 $\{a_n\}$ 既不是等差数列,又不是等比数列,那么给出该数列的递推公式,该如何求解它的通项公式呢.

1.累加法

"已知 $a_1 = m$, $a_{n+1} - a_n = f(n)$,求 a_n ."

在上述递推关系中,若 $f(n)$ 为常数 d ,即 $a_{n+1} - a_n = d$,此时数列 $\{a_n\}$ 为等差数列,我们利用简单的归纳法已经得到了等差数列的通项公式,在此我们考虑另外一种方法.由递推关系可得

$$a_2 - a_1 = d$$
$$a_3 - a_2 = d$$
$$a_4 - a_3 = d$$
$$\cdots\cdots$$
$$a_n - a_{n-1} = d$$

将这 $n-1$ 个式子相加,等号左侧出现的各项存在加减相消的情况,最终结果为

$$a_n - a_1 = (n-1)d$$

再移项,同样可得等差数列的通项公式 $a_n = a_1 + (n-1)d$.

上述过程用到的方法即为累加法.回到最初递推关系中,若 $f(n)$ 不是常数而是含有 n 的式子,该如何求解通项呢.

简单观察就会发现,累加法同样适用,等号左侧无变化,列出各项的递推关系,通过加减相消最终保留 a_n ,区别在于等号右侧,由常数变为了和 n 相关的式子,

$$a_n - a_1 = f(1) + f(2) + \cdots + f(n-1)$$

实际题目中右侧往往是可利用等差数列求和公式、等比数列求和公式或其他较易计算的方法运算出来,进一步整理可得到通项 a_n .

2.累乘法

"已知 $a_1 = m$, $\dfrac{a_{n+1}}{a_n} = f(n)$,求 a_n ."

同理,若 $f(n)$ 为常数 q ,则该数列为等比数列, $\dfrac{a_{n+1}}{a_n} = q$,依次列出各项的递推关系

$$\frac{a_2}{a_1} = q$$

$$\frac{a_3}{a_2} = q$$

……

$$\frac{a_n}{a_{n-1}} = q$$

将这 $n-1$ 个式子相乘,最终结果为

$$\frac{a_n}{a_1} = q^{n-1}$$

再变形可得等比数列通项公式 $a_n = a_1 \cdot q^{n-1}$. 该方法叫作累乘法.

若 $f(n)$ 不是常数,方法同样适用,各式累乘之后,等号左侧无变化,等号右侧为与 n 相关的式子,

$$\frac{a_n}{a_1} = f(1) \times f(2) \times \cdots \times f(n-1)$$

通常情况下等号右侧可以利用我们已经学过的方法计算出结果,最终变形整理可得 a_n.

3.构造法

"已知 $a_1 = m$,$a_{n+1} = Aa_n + C$,求 a_n."

上述递推公式中,若 $A = 1$,则数列为等差数列,若 $A \neq 1$,$C = 0$,则数列为等比数列. 若 $A \neq 1$,$C \neq 0$,则数列既非等差又非等比数列,那么这种情况下的通项公式该如何求解呢?

现以 $a_{n+1} = 2a_n + 1$ 为例进行说明,其中 $a_1 = 1$.

我们尝试给上式进行变形整理,给等号左右同时加上常数 1,可得

$$a_{n+1} + 1 = 2a_n + 2 = 2(a_n + 1)$$

观察式子发现,等号左右出现了形式一致的部分,再变形得

$$\frac{a_{n+1} + 1}{a_n + 1} = 2$$

若将 $\{a_n + 1\}$ 看成一个新的数列,$a_{n+1} + 1$ 与 $a_n + 1$ 为数列的相邻两项,可知 $\{a_n + 1\}$ 为等比数列,首项为 $a_1 + 1 = 2$,公比为 $q = 2$. 通项公式为 $a_n + 1 = 2 \cdot 2^{n-1} = 2^n$,变形得到 $a_n = 2^n - 1$.

解决上述问题,我们采用的方法叫作构造法,通过给递推公式左右各加了一个常数,使等号左右的式子形式保持了一致,从而构造出了等比数列,得到等比数列通项,再变形得到所求数列的通项公式. 递推公式形如 $a_{n+1} = Aa_n + C(A \neq 1)$ 的数列,均可采用上述方法,其中最关键一步就在于左右同时加一个常数.

上题中,我们给递推公式左右各加了 1,显然不同递推公式加的常数是不同的,那我们如何知道该常数为多少呢?

对于 $a_1 = m$,$a_{n+1} = Aa_n + C$,我们已经清楚,左右各加一个合适的数,最终可以构造出一个等比数

列,那我们先假设最终构造的形式为

$$a_{n+1} + x = A(a_n + x)$$

再将该式进行还原

$$a_{n+1} = Aa_n + (A - 1)x$$

该式与原递推公式等价,对比系数可得

$$x = \frac{C}{A - 1}$$

则给原式左右各加 $\frac{C}{A-1}$,可构造等比数列 $\left\{a_n + \frac{C}{A-1}\right\}$,首项为 $a_1 + \frac{C}{A-1}$,公比为 A,通项为

$a_n + \frac{C}{A-1} = \left(a_1 + \frac{C}{A-1}\right) \cdot A^{n-1}$,则

$$a_n = \left(a_1 + \frac{C}{A-1}\right) \cdot A^{n-1} - \frac{C}{A-1}$$

在上述方法中,我们已知递推公式变形后的形式,但是不确定常数的具体值时,可以先设未知数,再通过还原对比的方式得到常数值,此类方法称为**待定系数法**.

实际上 $a_{n+1} = Aa_n + C$ 是构造法中最基础的一种形式,将 C 替换成其他不同的形式,最终构造的数列形式也会不同. 管理类联考中基本不会出现过于复杂的形式,重点掌握基础形式即可.

4.周期数列

已知递推公式求通项公式,多数情况下,针对递推公式的特征,采用对应的方法进行解题即可. 但有时题目中出现的递推关系,均不符合上述几种典型的形式.

存在一种特殊情况,数列中的各项是由若干项重复出现构成的,这种数列叫作周期数列,周期数列的通项公式并不唯一,可以有多重表示形式,但是各项的值是唯一的,因此周期数列往往不要求得到通项公式,而是根据周期情况,求某一项的值. 在此给大家介绍几种周期数列作为补充.

(1)已知数列 $\{a_n\}$ 满足 $a_n = a_{n-1} + a_{n+1}$,$a_1 = 1$,$a_2 = 2$,求 a_{20}.

由递推公式可得

$$a_n = a_{n-1} + a_{n+1}$$
$$a_{n+1} = a_n + a_{n+2}$$

两式相加再整理可得

$$a_n + a_{n+1} = a_{n-1} + a_{n+1} + a_n + a_{n+2}$$
$$a_{n+2} = -a_{n-1}$$

应用该关系,可得

$$a_{n+3} = -a_n$$
$$a_{n+6} = -a_{n+3}$$

最终可得

$$a_{n+6} = a_n$$

说明数列 $\{a_n\}$ 为周期为 6 的周期数列，$a_{20} = a_{2+3\times6} = a_2 = 2$.

上述过程是该周期数列的简单证明，实际做题时，可直接利用递推关系依次列出各项，也能发现该数列为周期数列.

（2）已知数列 $\{a_n\}$ 满足 $a_n = a_{n-1} \times a_{n+1}$，$a_1 = 1$，$a_2 = 2$，求 a_{20}.

由递推公式可得

$$a_n = a_{n-1} \times a_{n+1}$$

$$a_{n+1} = a_n \times a_{n+2}$$

两式相除再整理可得

$$a_{n+2} = \frac{1}{a_{n-1}}$$

应用该关系，可得

$$a_{n+3} = \frac{1}{a_n}$$

$$a_{n+6} = \frac{1}{a_{n+3}}$$

最终可得

$$a_{n+6} = a_n$$

说明数列 $\{a_n\}$ 为周期为 6 的周期数列，$a_{20} = a_{2+3\times6} = a_2 = 2$.

（3）已知数列 $\{a_n\}$ 满足 $a_{n+1} = \frac{a_n - 1}{a_n + 1}$，$a_1 = 4$，求 a_{21}.

由递推公式可得

$$a_{n+2} = \frac{a_{n+1} - 1}{a_{n+1} + 1} = \frac{\dfrac{a_n - 1}{a_n + 1} - 1}{\dfrac{a_n - 1}{a_n + 1} + 1} = \frac{a_n - 1 - a_n - 1}{a_n - 1 + a_n + 1} = -\frac{1}{a_n}$$

应用该关系可得

$$a_{n+4} = -\frac{1}{a_{n+2}}$$

最终可得

$$a_{n+4} = a_n$$

说明数列 $\{a_n\}$ 为周期为 4 的周期数列，$a_{21} = a_{1+5\times4} = a_1 = 4$.

二、命题点精讲

命题点1 累加法求通项公式★★

思路点拨
已知递推公式求通项公式,要熟悉不同递推公式对应的典型方法.

已知 $a_1 = m$,$a_{n+1} - a_n = f(n)$ 求通项公式,采用累加法,累加过程需注意 n 的取值,一般情况下共 $n-1$ 个式子累加.

【例45】(2013)设数列 $\{a_n\}$ 满足:$a_1 = 1$,$a_{n+1} = a_n + \dfrac{n}{3}(n \geq 1)$,则 $a_{100} = ($ $)$.

(A) 1 650　　(B) 1 651　　(C) $\dfrac{5\,050}{3}$　　(D) 3 300　　(E) 3 301

【解析】

根据题意可知 $a_{n+1} = a_n + \dfrac{n}{3}$,则 $a_n - a_{n-1} = \dfrac{n-1}{3}$,$a_{n-1} - a_{n-2} = \dfrac{n-2}{3}$,$\cdots$,$a_2 - a_1 = \dfrac{1}{3}$,由累加法

得 $a_n - a_1 = \dfrac{1+2+\cdots+n-1}{3}$,则 $a_n = \dfrac{n(n-1)}{6} + 1$,代入解得 $a_{100} = 1\,651$. 故本题选择 B.

【例46】数列 $\{a_n\}$ 满足 $a_1 = 1$,则 $a_n = 2^n + n^2 - n - 1$.

(1) $a_{n+1} - a_n = 2^n + 2n$.

(2) $a_{n+1} - a_n = 2n$.

【解析】

条件(1):根据条件可知 $a_n - a_{n-1} = 2^{n-1} + 2(n-1)$,$a_{n-1} - a_{n-2} = 2^{n-2} + 2(n-2)$,$\cdots$,$a_3 - a_2 = 2^2 + 2 \times 2$,$a_2 - a_1 = 2 + 2$,所有式子等号两端相加得 $a_n - a_1 = 2^{n-1} + 2^{n-2} + \cdots + 2^1 + 2(n-1) + 2(n-2) + \cdots + 2 \times 1$,整理得 $a_n - a_1 = \dfrac{2(1-2^{n-1})}{1-2} + \dfrac{2(n-1+1)(n-1)}{2} = 2^n + n^2 - n - 2 \Rightarrow a_n = 2^n + n^2 - n - 1$,所以条件(1)充分;

条件(2):根据条件可知 $a_n - a_{n-1} = 2(n-1)$,$a_{n-1} - a_{n-2} = 2(n-2)$,$\cdots$,$a_3 - a_2 = 2 \times 2$,$a_2 - a_1 = 2 \times 1$,所有式子等号两端相加得 $a_n - a_1 = 2(n-1) + 2(n-2) + \cdots + 2 \times 2 + 2 \times 1 = \dfrac{2(n-1+1)(n-1)}{2} = n^2 - n$,整理得 $a_n = n^2 - n + 1$,所以条件(2)不充分. 故本题选择 A.

命题点2 累乘法求通项公式★★

思路点拨
已知 $a_1 = m$,$\dfrac{a_{n+1}}{a_n} = f(n)$,求通项公式,采用累乘法,累乘过程需注意 n 的取值,一般情况下共 $n-1$ 个式子累乘.

若选项中给出了具体的通项公式,也可采用验证法,依次令 $n = 1,2,\cdots$ 来排除选项.

【例 47】数列 $\{a_n\}$ 中,已知 $a_1 = 1$,$\dfrac{a_{n+1}}{a_n} = \dfrac{n+2}{n}$,则数列 $\{a_n\}$ 的通项公式为(　　).

(A) $a_n = n$　　　　　(B) $a_n = n(n+1)$　　　　　(C) $a_n = \dfrac{n(n+1)}{2}$

(D) $a_n = \dfrac{n(n-1)}{2}$　　　　(E) $a_n = \dfrac{n(n+1)}{3}$

【解析】

由题意可知,$\dfrac{a_2}{a_1} = \dfrac{3}{1}$,$\dfrac{a_3}{a_2} = \dfrac{4}{2}$,$\dfrac{a_4}{a_3} = \dfrac{5}{3}$,$\cdots$,$\dfrac{a_n}{a_{n-1}} = \dfrac{n+1}{n-1}$,用累乘法得,$\dfrac{a_n}{a_1} = \dfrac{n(n+1)}{2}$.故本题选 C.

【例 48】设数列 $\{a_n\}$ 是首项为 1,且各项均为正数的数列,且 $(n+1)a_{n+1}^2 - na_n^2 + a_{n+1}a_n = 0$,则数列 $\{a_n\}$ 的通项 $a_n = ($　　$)$.

(A) $a_n = \dfrac{2}{n}$　　　(B) $a_n = \dfrac{1}{n}$　　　(C) $a_n = \dfrac{1}{2n}$　　　(D) $a_n = \dfrac{3}{2n+2}$　　　(E) $a_n = \dfrac{2}{2n+1}$

【解析】

根据题意可知 $(n+1)a_{n+1}^2 - na_n^2 + a_{n+1}a_n = 0 \Rightarrow na_{n+1}^2 - na_n^2 + a_{n+1}^2 + a_{n+1}a_n = 0 \Rightarrow n(a_{n+1} + a_n) \cdot$

$(a_{n+1} - a_n) + a_{n+1}(a_{n+1} + a_n) = 0 \Rightarrow (a_{n+1} + a_n)[n(a_{n+1} - a_n) + a_{n+1}] = 0$.因为各项均为正,则 $a_{n+1} + a_n \neq$

0,所以 $n(a_{n+1} - a_n) + a_{n+1} = 0 \Rightarrow (n+1)a_{n+1} = na_n \Rightarrow \dfrac{a_{n+1}}{a_n} = \dfrac{n}{n+1}$,则 $\dfrac{a_n}{a_{n-1}} = \dfrac{n-1}{n}$,$\dfrac{a_{n-1}}{a_{n-2}} = \dfrac{n-2}{n-1}$,$\cdots$,

$\dfrac{a_3}{a_2} = \dfrac{2}{3}$,$\dfrac{a_2}{a_1} = \dfrac{1}{2}$,所有式子等号两端相乘得 $\dfrac{a_n}{a_{n-1}} \times \dfrac{a_{n-1}}{a_{n-2}} \times \cdots \times \dfrac{a_3}{a_2} \times \dfrac{a_2}{a_1} = \dfrac{n-1}{n} \times \dfrac{n-2}{n-1} \times \cdots \times \dfrac{2}{3} \times \dfrac{1}{2} \Rightarrow$

$\dfrac{a_n}{a_1} = \dfrac{1}{n} \Rightarrow a_n = \dfrac{1}{n}$.故本题选择 B.

命题点 3　构造法求通项公式 ★★★

思路点拨　已知 $a_1 = m$,$a_{n+1} = Aa_n + C$($A \neq 1$),求通项公式,通常采用构造法进行求解,通过左右各加一个常数,构造等比数列.左右加的常数为 $\dfrac{C}{A-1}$,构造的等比数列公比为 A.

【例 49】(2019)设数列 $\{a_n\}$ 满足 $a_1 = 0$,$a_{n+1} - 2a_n = 1$,则 $a_{100} = ($　　$)$.

(A) $2^{99} - 1$　　　(B) 2^{99}　　　(C) $2^{99} + 1$　　　(D) $2^{100} - 1$　　　(E) $2^{100} + 1$

【解析】

根据题意可得 $a_{n+1} = 2a_n + 1$,利用构造法设 $a_{n+1} + x = 2(a_n + x)$,整理得 $a_{n+1} = 2a_n + x$,由两式相

等得 $x = 1$,则 $\dfrac{a_{n+1} + 1}{a_n + 1} = 2$,所以数列 $\{a_n + 1\}$ 是以 1 首项,2 为公比的等比数列,数列 $\{a_n + 1\}$ 的通

项公式为 $a_n + 1 = 2^{n-1}$,整理得 $a_n = 2^{n-1} - 1$,所以 $a_{100} = 2^{99} - 1$.故本题选择 A.

【例 50】(2010) $x_n = 1 - \dfrac{1}{2^n}$ ($n = 1,2,\cdots$).

(1) $x_1 = \dfrac{1}{2}$, $x_{n+1} = \dfrac{1}{2}(1 - x_n)$ ($n = 1,2,\cdots$).

(2) $x_1 = \dfrac{1}{2}$, $x_{n+1} = \dfrac{1}{2}(1 + x_n)$ ($n = 1,2,\cdots$).

【解析】

条件(1)：根据条件可得 $X = \dfrac{C}{A-1} = \dfrac{\frac{1}{2}}{-\frac{1}{2}-1} = -\dfrac{1}{3}$ ，即 $x_{n+1} - \dfrac{1}{3} = -\dfrac{1}{2}\left(x_n - \dfrac{1}{3}\right)$ ， $x_1 - \dfrac{1}{3} =$

$\dfrac{1}{2} - \dfrac{1}{3} = \dfrac{1}{6}$ ，所以 $\left\{x_n - \dfrac{1}{3}\right\}$ 是以 $\dfrac{1}{6}$ 为首项， $-\dfrac{1}{2}$ 为公比的等比数列，则 $x_n - \dfrac{1}{3} = \dfrac{1}{6}\left(-\dfrac{1}{2}\right)^{n-1} \Rightarrow$

$x_n = \dfrac{1}{6}\left(-\dfrac{1}{2}\right)^{n-1} + \dfrac{1}{3}$ ，所以条件(1)不充分；

条件(2)：根据条件可得 $X = \dfrac{C}{A-1} = \dfrac{\frac{1}{2}}{\frac{1}{2}-1} = -1$ ，即 $x_{n+1} - 1 = \dfrac{1}{2}(x_n - 1)$ ， $x_1 - 1 = \dfrac{1}{2} - 1 = -\dfrac{1}{2}$ ，

所以 $\{x_n - 1\}$ 是以 $-\dfrac{1}{2}$ 为首项， $\dfrac{1}{2}$ 为公比的等比数列，则 $x_n - 1 = -\dfrac{1}{2}\left(\dfrac{1}{2}\right)^{n-1} \Rightarrow x_n = 1 - \dfrac{1}{2^n}$ ，所以

条件(2)充分. 故本题选择 B.

命题点 4 周期数列问题 ★★

思路点拨　当题目中给出递推关系均不符合已知的典型形式时，可考虑数列是否为周期数列，可直接利用递推关系，列出几项，观察规律. 当递推关系为多项或者出现分式形式时，尤其要注意.

【例 51】(2020)已知数列 $\{a_n\}$ 满足 $a_1 = 1$, $a_2 = 2$,且 $a_{n+2} = a_{n+1} - a_n(n = 1,2,3,\cdots)$,则 $a_{100} = ($ 　　).

(A)1　　　　(B)−1　　　　(C)2　　　　(D)−2　　　　(E)0

【解析】

根据题意可依次代入递推公式得 $a_1 = 1$, $a_2 = 2$, $a_3 = 1$, $a_4 = -1$, $a_5 = -2$, $a_6 = -1$, $a_7 = 1$, $a_8 = 2$, $a_9 = 1$, $a_{10} = -1$,$\cdots$ 依次列举发现，每 6 项进行一次循环, $100 \div 6 = 16\cdots\cdots 4$,则 $a_{100} = a_4 = -1$. 故本题选择 B.

【例 52】(2013)设 $a_1 = 1$, $a_2 = k$, $a_{n+1} = |a_n - a_{n-1}|$ ($n \geqslant 2$) ,则 $a_{100} + a_{101} + a_{102} = 2$.

(1) $k = 2$.

(2) k 是小于 20 的正整数.

【解析】

条件(1):根据条件可知,$k = 2$,$a_1 = 1$,$a_2 = 2$,$a_3 = 1$,$a_4 = 1$,$a_5 = 0$,$a_6 = 1$,$a_7 = 1$,$a_8 = 0$,$a_9 = 1$,$a_{10} = 1$,$a_{11} = 0$,…从 a_4 项开始任意相邻三项之和为 2,则 $a_{100} + a_{101} + a_{102} = 2$,所以条件(1)充分;

条件(2):根据条件可知,数列为 $a_1 = 1$,$a_2 = k$,$a_3 = |a_2 - a_1| = k - 1$,同理,$a_4 = 1$,$a_5 = k - 2$,$a_6 = k - 3$,$a_7 = 1$,$a_8 = k - 4$,$a_9 = k - 5$,…,$1$,$k - (k - 1)$,$k - k$,$1$,$1$,$0$,$1$,$1$,$0$,$1$,$1$,$0$,… 由于 $k < 20$,最大 $k = 19$,从第 28 项起数列以 $1,1,0$ 为周期的数列,则 $a_{100} + a_{101} + a_{102} = 2$,所以条件(2)充分. 故本题选择 D.

考点二 已知前 n 项和求通项★

▌一、知识梳理

若已知数列 $\{a_n\}$ 的前 n 项和表达式,求通项,该如何求解？通常此类问题涉及的数列既非等差数列又非等比数列.

此类问题的解法思路是固定的,观察下列两个式子,

$$S_n = a_1 + a_2 + \cdots + a_{n-1} + a_n$$

$$S_{n-1} = a_1 + a_2 + \cdots + a_{n-1}$$

显然两式相减差值即可得到 a_n,即

$$a_n = S_n - S_{n-1}$$

但需要注意的是,式中的下角标均不能为 0,该式需满足 $n \geq 2$,这样我们得到的 a_n 是不包含 a_1 的,因此我们需要单独解出 a_1,已知 S_n 的表达式,只需要令式中 $n = 1$ 即可,

$$a_1 = S_1$$

由于 a_1 是单独解出的,所以最后还需要验证 a_1 是否符合 a_n 的表达式.

已知数列 $\{a_n\}$ 的前 n 项和表达式,求通项. 步骤总结如下:

第一步,$n = 1$ 时,$a_1 = S_1$;

第二步,$n \geq 2$ 时,$a_n = S_n - S_{n-1}$;

第三步,验证 a_1 是否符合 a_n.

现结合例题,再对上述步骤进行理解,已知 $S_n = n^2 + n - 1$,求 a_n.

第一步,令 $n = 1$,可得 $a_1 = S_1 = 1^2 + 1 - 1 = 1$;

第二步,$n \geq 2$ 时,$a_n = S_n - S_{n-1}$

$$= n^2 + n - 1 - [(n-1)^2 + (n-1) - 1]$$

$$= 2n$$

第三步,验证,令 $a_n = 2n$ 中 $n = 1$,得到 $a_1 = 2$,与实际的 $a_1 = 1$ 不相符,说明 a_1 不符合通项 a_n,最终通项公式为

$$a_n = \begin{cases} 1, n = 1, \\ 2n, n \leq 2. \end{cases}$$

再次强调，$a_n = S_n - S_{n-1}$ 是建立在 $n \geq 2$ 的基础上的，因此需要单独求 a_1，若 a_1 不符合通项公式，最终需要单独列出.

此外结合等差数列的知识，我们知道，等差数列的前 n 项和满足二次函数形式，且不含常数项，形如 $S_n = f(n) = an^2 + bn$. 该题目中，给出的就是一个带有常数项的二次函数形式，现在我们清楚了，该形式代表的数列从第二项起为等差数列，首项不符合通项公式.

已知数列 $\{a_n\}$ 的前 n 项和，通常情况下为与 n 相关的式子，即 $S_n = f(n)$. 在此基础上做变形，可给出 S_n 用 a_n 表示的式子，即 $S_n = f(a_n)$. 例如，已知 $a_{n+1} = S_n + 2$，$a_1 = 2$，求 a_n.

这种情况下，题目只是变得复杂了，但是本质不发生变化，若想求 a_n，核心仍为 $a_n = S_n - S_{n-1}$. $n = 1$ 时，代入原式，可解得 $a_2 = 4$；$n \geq 2$ 时，列出下列两式

$$a_{n+1} = S_n + 2$$

$$a_n = S_{n-1} + 2$$

两式相减可得 $a_{n+1} = 2a_n$，可得 a_n 为等比数列，验证 $a_1 = 2$，$a_2 = 4$，也符合，最终可得到通项公式 $a_n = 2^n$.

此类问题还有另外一种处理方式，反向运用 $a_n = S_n - S_{n-1}$，消掉式中的 a_n，得到关于 S_n 的式子再进行求解，例如上述例子可转化为

$$S_{n+1} - S_n = S_n + 2$$

再求解 S_n. 具体采用哪种处理方式，要结合题目的需要来灵活处理.

二、命题点精讲

命题点1 已知求和公式求通项公式★

思路点拨
　　已知前 n 项和求通项，核心是利用 $a_n = S_n - S_{n-1}$，细节在于要注意 n 的取值，若个别值不能取到时，要单独验证. 实际解题可按固定步骤进行，避免出错.

【例53】（2003）数列 $\{a_n\}$ 的前 n 项和是 $S_n = 4n^2 + n - 2$，则它的通项 a_n 是（　　）.

（A）$8n - 3$　　（B）$4n + 1$　　（C）$8n - 2$　　（D）$8n - 5$　　（E）$a_n = \begin{cases} 3, n = 1 \\ 8n - 3, n \geq 2 \end{cases}$

【解析】

根据题意可知 $n \geq 2$ 时，$a_n = S_n - S_{n-1} = 4n^2 + n - 2 - [4(n-1)^2 + (n-1) - 2] = 8n - 3 = F(n)$. 当 $n = 1$ 时，$a_1 = S_1 = 3$，$F(1) = 8 \times 1 - 3 = 5$，$F(1) \neq a_1$，所以数列的通项公式为 $a_n = \begin{cases} 3, n = 1, \\ 8n - 3, n \geq 2. \end{cases}$ 故本题选择E.

【例 54】(2008)数列 $\{a_n\}$ 的前 n 项和是 $S_n = \dfrac{3}{2} a_n - 3$,那么这个数列的通项是(　　).

(A) $a_n = 2(n^2 + n + 1)$ (B) $a_n = 3 \times 2^n$

(C) $a_n = 3n + 1$ (D) $a_n = 2 \times 3^n$

(E) 以上选项均不正确

【解析】

根据题意可知 $\begin{cases} S_{n+1} = \dfrac{3}{2} a_{n+1} - 3, \\[2mm] S_n = \dfrac{3}{2} a_n - 3, \end{cases}$ 两式相减得 $S_{n+1} - S_n = \dfrac{3}{2}(a_{n+1} - a_n) \Rightarrow a_{n+1} = \dfrac{3}{2}(a_{n+1} - a_n) \Rightarrow$

$\dfrac{a_{n+1}}{a_n} = 3.$ 令 $n = 1$,则 $a_1 = S_1 = \dfrac{3}{2} a_1 - 3 \Rightarrow a_1 = 6$,所以数列 $\{a_n\}$ 为以 6 为首项,3 为公比的等比数列,则

$a_n = 6 \times 3^{n-1} = 2 \times 3^n.$ 故本题选择 D.

【例 55】已知 $a_n = S_{n-1} + 2$,且 $a_1 = 3$,则数列 $\{a_n\}$ 的通项为(　　).

(A) $a_n = 2^{n+1}$ (B) $a_n = 3 \times 2^{n-1}$ (C) $a_n = 2^n$ (D) $a_n = 3 \times 2^n$ (E) 以上选项均不正确

【解析】

根据题意当 $n \geq 2$ 时,可得 $\begin{cases} a_{n+1} = S_n + 2, \\ a_n = S_{n-1} + 2, \end{cases}$ 两式相减可得 $a_{n+1} - a_n = S_n - S_{n-1} \Rightarrow a_{n+1} - a_n = a_n \Rightarrow$

$\dfrac{a_{n+1}}{a_n} = 2.$ 已知 $a_1 = 3$,则 $a_2 = S_1 + 2 = a_1 + 2 = 5 \neq 2 a_1 = 6$,所以数列 $\{a_n\}$ 从第二项开始是以 5 为首

项,2 为公比的等比数列,则 $a_n = 5 \times 2^{n-2}$ ($n \geq 2$),所以 $a_n = \begin{cases} 3, & n = 1, \\ 5 \times 2^{n-2}, & n \geq 2. \end{cases}$ 故本题选择 E.

第三节 章节总结

一、等差数列

1.递推公式：$a_{n+1} - a_n = d$.

2.通项公式：$a_n = a_1 + (n-1)d$；$a_n = a_m + (n-m)d$.

3.等差数列通项公式函数形式：$a_n = f(n) = kn + b$.

4.中项公式：若 a，b，c 依次构成等差数列，则 $2b = a + c$.

5.对于等差数列，若 $m + n = k + l$，则 $a_m + a_n = a_k + a_l$.

二、等差数列前 n 项和

1.求和公式：$S_n = \dfrac{(a_1 + a_n) \cdot n}{2}$；$S_n = na_1 + \dfrac{n(n-1)}{2} \cdot d$.

2.前 n 项和的函数形式：$S_n = f(n) = an^2 + bn$.

3.等差数列前 n 项和的性质：S_n，$S_{2n} - S_n$，$S_{3n} - S_{2n}$，… 仍为等差数列.

4.两个等差数列通项与求和之间的关系：$\dfrac{a_n}{b_n} = \dfrac{S_{2n-1}}{T_{2n-1}}$.

5.等差数列前 n 项和最值

(1)当 $a_1 < 0$，$d > 0$，S_n 先减小再增大，S_n 有最小值；当 $a_1 > 0$，$d < 0$，S_n 先增大再减小，S_n 有最大值.

(2)若求 S_n 取最值时 n 的值，只需要找到数列的正负项转折点即可，即求 $a_n = 0$ 时的 n 值.

(3)函数思想求前 n 项和最值，可利用对称轴直接求解.

三、等比数列

1.递推公式：$\dfrac{a_{n+1}}{a_n} = q$.

2.通项公式：$a_n = a_1 \cdot q^{n-1}$；$a_n = a_m \cdot q^{n-m}$.

3.通项公式的函数形式：$q \neq 1$ 时，$a_n = f(n) = kq^n$.

4.非零常数列既是等差数列又是等比数列.

5.中项公式：若 a，b，c 依次构成等比数列，则 $b^2 = ac$.

6.对于等比数列，若 $m + n = k + l$，则 $a_m \cdot a_n = a_k \cdot a_l$.

四、等比数列前 n 项和

1.求和公式：$S_n = \begin{cases} na_1, q = 1, \\ \dfrac{a_1(1 - q^n)}{1 - q}, q \neq 1. \end{cases}$

2.求和公式的函数形式：$S_n = f(n) = k \cdot q^n - k$．

3.等比数列前 n 项和的性质：S_n，$S_{2n} - S_n$，$S_{3n} - S_{2n}$，$\cdots$ 仍为等比数列．

五、一般数列

1.已知递推公式求通项公式

（1）已知 $a_1 = m$，$a_{n+1} - a_n = f(n)$，求 a_n，用累加法．

（2）已知 $a_1 = m$，$\dfrac{a_{n+1}}{a_n} = f(n)$，求 a_n，用累乘法．

（3）已知 $a_1 = m$，$a_{n+1} = Aa_n + C(A \neq 1)$，求 a_n，用构造法，等式两边均加上 $x = \dfrac{C}{A - 1}$．

（4）多项之间的关系，可考虑周期数列．

2.已知前 n 项和公式，求 a_n

（1）$n = 1$ 时，$a_1 = S_1$；

（2）$n \geqslant 2$ 时，$a_n = S_n - S_{n-1}$；

（3）验证 a_1 是否符合 a_n．

第四节 强化训练

一、问题求解

第1~15小题,每小题3分,共45分,下列每题给出的A、B、C、D、E五个选项中,只有一项是符合试题要求的,请在答题卡上将所选项的字母涂黑.

1.数列 $-1, \dfrac{8}{5}, -\dfrac{15}{7}, \dfrac{24}{9}, \cdots$ 的通项公式为(　　).

(A) $a_n = (-1)^n \dfrac{n^3 + n}{2n + 1}$ 　　　　　 (B) $a_n = (-1)^n \dfrac{n^2 + 3n}{2n + 1}$

(C) $a_n = (-1)^n \dfrac{n^3 + n}{2n - 1}$ 　　　　　 (D) $a_n = (-1)^n \dfrac{n^2 + 2n}{2n + 1}$

(E) $a_n = 3n + 2$

2.在自然数1至50中,将所有不能被3整除的数相加,则所得的和为(　　).

(A) 865 　　　　 (B) 866 　　　　 (C) 867 　　　　 (D) 868 　　　　 (E) 869

3.设 $\{a_n\}$ 是公差不为零的等差数列,前 n 项和为 S_n,若 $a_2^2 + a_3^2 = a_4^2 + a_5^2$,$S_7 = 7$,则 $\dfrac{a_7}{S_7} = $ (　　).

(A) 1 　　　　 (B) 2 　　　　 (C) 3 　　　　 (D) 4 　　　　 (E) 5

4.数列 $\{a_n\}$ 的前 n 项和 $S_n = n^2 - 2n$,则 $a_2, a_4, a_6, a_8, \cdots$ 组成新数列 $\{b_n\}$,其通项公式为(　　).

(A) $b_n = 4n - 3$ 　　 (B) $b_n = 8n - 1$ 　　 (C) $b_n = 4n - 5$ 　　 (D) $b_n = 8n - 9$ 　　 (E) $b_n = 4n + 1$

5.舞蹈课上老师指挥大家排成一排,小明站排头,小朱站排尾,从排头到排尾依次报数.如果小明报2,小朱报177,每位同学报的数都比前一位多7,则队伍里一共有(　　)人.

(A) 24 　　　　 (B) 25 　　　　 (C) 26 　　　　 (D) 27 　　　　 (E) 28

6.已知等比数列 $\{a_n\}$ 中,$a_1 > 0, q > 0$,前 n 项和为 S_n,则 $\dfrac{S_7}{a_7}$ 与 $\dfrac{S_{11}}{a_{11}}$ 的关系是(　　).

(A) $\dfrac{S_7}{a_7} < \dfrac{S_{11}}{a_{11}}$ 　　 (B) $\dfrac{S_7}{a_7} > \dfrac{S_{11}}{a_{11}}$ 　　 (C) $\dfrac{S_7}{a_7} = \dfrac{S_{11}}{a_{11}}$ 　　 (D) $\dfrac{S_7}{a_7} \leqslant \dfrac{S_{11}}{a_{11}}$ 　　 (E) $\dfrac{S_7}{a_7} \geqslant \dfrac{S_{11}}{a_{11}}$

7.设数列 $\{a_n\}$ 的前 n 项和为 S_n,已知 $a_1 = 1, 2S_n = a_{n+1} - 3n - 4$,若 $a_n \leqslant 240$,则 n 的最大值为(　　).

(A) 4 　　　　 (B) 6 　　　　 (C) 5 　　　　 (D) 8 　　　　 (E) 3

8.等差数列 $\{a_n\}$ 的前 n 项和为 S_n,$a_3 = 3, S_4 = 10$,则 $\sum\limits_{k=1}^{100} \dfrac{1}{S_k} = $ (　　).

(A) $\dfrac{200}{101}$ 　　 (B) $\dfrac{201}{101}$ 　　 (C) $\dfrac{199}{101}$ 　　 (D) $\dfrac{200}{201}$ 　　 (E) $\dfrac{201}{199}$

9.设等差数列 $\{a_n\}$ 的前 n 项和为 S_n,若 $a_1 = -11$,$a_4 + a_6 = -6$,当 S_n 取最小值时 $n = $ (　　).

(A) 6 　　　　 (B) 7 　　　　 (C) 8 　　　　 (D) 9 　　　　 (E) 10

10. 已知 $\{a_n\}$ 是首项为负的等比数列,若 a_2,a_{48} 是方程 $2x^2 - 7x + 6 = 0$ 的两个根,则 $a_1 a_2 a_{25} a_{48} a_{49} =$
( ).

(A) $\pm 9\sqrt{3}$ (B) $9\sqrt{3}$ (C) $-9\sqrt{3}$ (D) -243 (E) 27

11. 已知各项不为零的等差数列 $\{a_n\}$ 满足 $a_3 - 2a_6^2 + 3a_7 = 0$,数列 $\{b_n\}$ 是等比数列,且 $b_6 = a_6$,则 $b_2 b_6 b_{10} = ($).

(A) 1 (B) 2 (C) 4 (D) 8 (E) 12

12. 已知数列 $\{a_n\}$ 是公差为 d 的等差数列,S_n 为其前 n 项和,若 $\dfrac{S_{2019}}{2019} - \dfrac{S_{19}}{19} = 200$,则 d 的值为(   ).

(A) $\dfrac{1}{10}$ (B) $\dfrac{1}{5}$ (C) 10 (D) 5 (E) $\dfrac{1}{20}$

13. 等比数列 $\{a_n\}$ 的前 n 项和为 S_n,$a_1 = 1$,若 $4a_1$,$2a_2$,a_3 成等差数列,则 S_4 为(   ).

(A) 7 (B) 8 (C) 15 (D) 16 (E) 32

14. 在等比数列 $\{a_n\}$ 中,公比 $q = 2$,$a_1 + a_3 + \cdots + a_{99} = 10$,则 $S_{100} = ($).

(A) 20 (B) 25 (C) 30 (D) 35 (E) 40

15. 已知等比数列 $\{a_n\}$ 的公比为正数,且 $a_3 a_9 = 2a_5^2$,$a_2 = 1$,则 $a_1 = ($).

(A) $\dfrac{1}{2}$ (B) $\dfrac{\sqrt{2}}{2}$ (C) $\sqrt{2}$ (D) 2 (E) 1

▌二、条件充分性判断

第 16~25 小题,每小题 3 分,共 30 分.要求判断每题给出的条件(1)和(2)能否充分支持题干所陈述的结论. A、B、C、D、E 五个选项为判断结果,请选择一项符合试题要求的判断,在答题卡上将所选项的字母涂黑.

(A) 条件(1)充分,但条件(2)不充分

(B) 条件(2)充分,但条件(1)不充分

(C) 条件(1)和条件(2)单独都不充分,但条件(1)和条件(2)联合起来充分

(D) 条件(1)充分,条件(2)也充分

(E) 条件(1)和条件(2)单独都不充分,条件(1)和条件(2)联合起来也不充分

16. (2011) 已知 $\{a_n\}$ 为等差数列,则该数列的公差为零.

(1) 对任何正整数 n,都有 $a_1 + a_2 + \cdots + a_n \leq n$.

(2) $a_2 \geq a_1$.

17. 数列 $\{a_n\}$ 是公差为整数的等差数列,则 $a_1 a_2 a_3 = 45$.

(1) $a_1 + a_2 + a_3 = 15$.

(2) $a_4 + a_5 + a_6 = 51$.

18. 已知数列 $\{a_n\}$ 满足 $a_1 = 1$,$a_n > 0$,$a_{n+1}^2 - a_n^2 = 3(n \in N^*)$,则 $a_n < 4$.

(1) $n \leqslant 6$.

(2) $3 < n < 6x$.

19.已知$\{a_n\}$为等差数列,以S_n表示数列的前n项和,则$S_n \leqslant S_{20}, n = 1, 2, 3, \cdots$.

   (1) $a_1 + a_3 + a_5 = 105, a_2 + a_4 + a_6 = 99$.

   (2) $a_1 = 17, S_3 = S_{15}$.

20.设$a > 0, b > 0$,则能确定$\dfrac{1}{a} + \dfrac{9}{b}$的最小值.

   (1) $\sqrt{5}$ 是5^a,5^b的等比中项.

   (2) $\sqrt{5}$ 是5^a,5^b的等差中项.

21.在整数a,b,c,d中a,b,c成等比数列,则存在b,c,d能够构成等差数列.

   (1) $b = 10, d = 6a$.

   (2) $b = -10, d = 6a$.

22.(2003) $\dfrac{a+b}{a^2+b^2} = -\dfrac{1}{3}$.

   (1) $a^2, 1, b^2$ 成等差数列.

   (2) $\dfrac{1}{a}, 1, \dfrac{1}{b}$ 成等比数列.

23.数列 $\{a_n\}$ 为等比数列,则$a_5 = 16$.

   (1) $a_4 + a_6 = 40$.

   (2) $a_4 a_6 = 256$.

24.(2014)方程$x^2 + 2(a+b)x + c^2 = 0$有实数根.

   (1) a, b, c 是一个三角形的三边长.

   (2)实数a, c, b 成等差数列.

25.由等比数列 $\{a_n\}$ 的奇数项构成的数列记为 $\{b_n\}$,则数列 $\{b_n\}$ 的前9项和$S_9 < 64$.

   (1) $a_3 = \dfrac{1}{6}$, $a_5 = \dfrac{1}{3}$.

   (2) $a_3 = \dfrac{1}{4}$, $a_5 = \dfrac{1}{2}$.

参考答案: 1~5 DCAAC　6~10 AAAAC　11~15 DBCCB　16~20 CCBAA　21~25 DEEDD

第五节　强化训练参考答案及解析

一、问题求解

1.D　【解析】根据题意,把 -1 写成 $-\dfrac{3}{3}$,观察数列可以发现数列可以拆分为 3 个数列,系数隔项为正,

由此可以得到系数为 $(-1)^n$,分子为 $3,8,15,24,\cdots$ 观察发现通项为 $(n+1)^2-1$ 化简得 n^2+2n,分

母为 $3,5,7,9,\cdots$ 通项为 $2n+1$,所以数列的通项公式为 $a_n=(-1)^n\dfrac{n^2+2n}{2n+1}$. 故本题选择 D.

2.C　【解析】根据题意可得所求和即为前 50 个自然数的和减去能被 3 整除的数的和,所以根据等差数列

求和公式,1-50 自然数和有:$\dfrac{1}{2}\times50\times(1+50)=1\,275$,被 3 整除的数为 $3,6,9,\cdots,48$,是首项为 3,公差为

3 的等差数列,所以和为:$\dfrac{1}{2}\times16\times(3+48)=408$,所以不能被 3 整除的数的和为:$1\,275-408=867$. 故本题

选择 C.

3.A　【解析】根据题意可知,$a_3^2-a_5^2=a_4^2-a_2^2$,则 $(a_3+a_5)(a_3-a_5)=(a_4+a_2)(a_4-a_2)$,设公差为 d,

则 $(2a_4)(-2d)=(2a_3)\cdot2d$,整理得 $-a_4=a_3$;已知 $S_7=7,S_7=7a_4$,则 $\begin{cases}a_4=1,\\a_3=-1,\end{cases}$ $d=a_4-a_3=2$,

$a_7=a_4+3d=7$,可得 $\dfrac{a_7}{S_7}=1$. 故本题选择 A.

4.A　【解析】根据题意可得数列 $\{a_n\}$ 为等差数列,且 $\begin{cases}a_1=-1,\\d=2,\end{cases}$ 数列 $\{b_n\}$ 是以 $b_1=a_2=1$ 为首项,以

$2d=4$ 为公差的等差数列. 故可得通项 $b_n=4n-3$. 故本题选择 A.

5.C　【解析】根据题意可知每位同学报的数构成一个首项为 2,公差为 7,末项为 177 的等差数列;可设

末项为第 n 项,则 $2+7(n-1)=177$,解得 $n=26$,则队伍共有 26 人. 故本题选择 C.

6.A　【解析】根据等比数列求和公式可知,当 $q\neq1$ 时,$\dfrac{S_7}{a_7}=\dfrac{1-q^7}{q^6(1-q)}$,$\dfrac{S_{11}}{a_{11}}=\dfrac{1-q^{11}}{q^{10}(1-q)}$,可得

$\dfrac{S_7}{a_7}-\dfrac{S_{11}}{a_{11}}=-\dfrac{(q+1)(q^2+1)}{q^{10}}<0$,则 $\dfrac{S_7}{a_7}<\dfrac{S_{11}}{a_{11}}$;当 $q=1$ 时,$\dfrac{S_7}{a_7}=\dfrac{7a_1}{a_1}=7$,$\dfrac{S_{11}}{a_{11}}=\dfrac{11a_1}{a_1}=11$,则 $\dfrac{S_7}{a_7}<$

$\dfrac{S_{11}}{a_{11}}$. 故本题选择 A.

7.A　【解析】根据题意可得 $\begin{cases}2S_n=a_{n+1}-3n-4,\\2S_{n-1}=a_n-3(n-1)-4(n\geqslant2)\end{cases}\Rightarrow a_{n+1}=3a_n+3$,则 $a_{n+1}+\dfrac{3}{2}=3\left(a_n+\dfrac{3}{2}\right)$,即

$\dfrac{a_{n+1}+\dfrac{3}{2}}{a_n+\dfrac{3}{2}}=3$;当 $n=1$ 时,$2S_1=a_2-3-4\Rightarrow a_2=9$,可得数列 $\left\{a_n+\dfrac{3}{2}\right\}$ 是从第二项起公比为 3 的等比数

列,可得当 $n \geq 2$ 时, $a_n + \dfrac{3}{2} = \left(a_2 + \dfrac{3}{2}\right) \cdot 3^{n-2} = \dfrac{21}{2} \cdot 3^{n-2} \Rightarrow a_n = \dfrac{21}{2} \cdot 3^{n-2} - \dfrac{3}{2}$;若 $a_n \leq 240 \Rightarrow$

$\dfrac{21}{2} \cdot 3^{n-2} - \dfrac{3}{2} \leq 240 \Rightarrow 7 \cdot 3^{n-1} \leq 483 \Rightarrow 3^{n-1} \leq \dfrac{483}{7} = 69 \Rightarrow n \leq 4$. 故本题选择 A.

8.A 【解析】根据题意可得 $\begin{cases} a_3 = a_1 + 2d = 3, \\ S_4 = 4a_1 + \dfrac{4 \times 3}{2}d = 10, \end{cases}$ 求得 $\begin{cases} a_1 = 1, \\ d = 1. \end{cases}$ 故数列 $\{a_n\}$ 通项公式为 $a_n = n$,

其前 n 项和 $S_n = \dfrac{n(n+1)}{2}$,即 $\dfrac{1}{S_n} = \dfrac{2}{n(n+1)} = 2\left(\dfrac{1}{n} - \dfrac{1}{(n+1)}\right)$, $\sum\limits_{k=1}^{n} \dfrac{1}{S_k} = \dfrac{1}{S_1} + \dfrac{1}{S_2} + \cdots + \dfrac{1}{S_n} = $

$2\left(1 - \dfrac{1}{2} + \dfrac{1}{2} - \dfrac{1}{3} + \cdots + \dfrac{1}{n} - \dfrac{1}{n+1}\right) = \dfrac{2n}{n+1}$,可得 $\sum\limits_{k=1}^{100} \dfrac{1}{S_k} = \dfrac{200}{101}$. 故本题选择 A.

9.A 【解析】根据题意可得 $a_4 + a_6 = 2a_1 + 8d = -6$,解得 $d = 2$,根据等差数列求和公式有: $S_n = -11n +$

$\dfrac{n(n-1)}{2} \times 2 = n^2 - 12n = (n-6)^2 - 36$,所以当 $n = 6$ 时, S_n 取最小值. 故本题选择 A.

10.C 【解析】根据题意可得 $a_1 < 0$,则该等比数列中所有奇数项均为负,即 $a_{25} < 0$, a_2 , a_{48} 是方程

$2x^2 - 7x + 6 = 0$ 的两个根,则根据韦达定理得 $a_2 a_{48} = 3$,根据等比数列的性质 $a_{25}^2 = a_1 a_{49} = a_2 a_{48} = 3$,

且 $a_{25} = -\sqrt{3}$, $a_1 a_2 a_{25} a_{48} a_{49} = -9\sqrt{3}$. 故本题选择 C.

11.D 【解析】根据等差数列性质可知 $a_3 - 2a_6^2 + 3a_7 = a_6 - 3d - 2a_6^2 + 3(a_6 + d) = 4a_6 - 2a_6^2 = 0$,且

$a_n \neq 0$,解得 $a_6 = 2$;由等比数列性质可知, $b_2 b_6 b_{10} = b_6^3$,根据 $b_6 = a_6$, $b_2 b_6 b_{10} = a_6^3 = 8$. 故本题选择 D.

12.B 【解析】根据等差数列性质可知 $\dfrac{S_{2019}}{2019} = \dfrac{2019(a_1 + a_{2019})}{2 \times 2019} = a_{1010}$, $\dfrac{S_{19}}{19} = \dfrac{19(a_1 + a_{19})}{2 \times 19} = a_{10}$,则

$a_{1010} - a_{10} = 1000d = 200$, $d = \dfrac{1}{5}$. 故本题选择 B.

13.C 【解析】根据等差数列的性质可得, $4a_2 = 4a_1 + a_3$,因为数列 $\{a_n\}$ 为等比数列, $a_1 = 1$,所以整理

式子得 $4q = 4 + q^2$,即 $q = 2$. 所以等比数列的前四项为 $1, 2, 4, 8$,所以 $S_n = 15$. 故本题选择 C.

14.C 【解析】根据题意可得, $a_2 + a_4 + \cdots + a_{100} = (a_1 + a_3 + \cdots + a_{99}) \times q = 20$, $S_{100} = (a_2 + a_4 + \cdots + a_{100}) +$

$(a_1 + a_3 + \cdots + a_{99}) = 30$. 故本题选择 C.

15.B 【解析】根据等比数列的性质可得, $a_3 a_9 = a_6^2 = 2a_5^2 \Rightarrow \dfrac{a_6^2}{a_5^2} = q^2 = 2$,因为 $q > 0$,所以等比数列的公

比 $q = \sqrt{2}$,已知 $a_2 = 1$,所以 $a_1 = \dfrac{a_2}{q} = \dfrac{\sqrt{2}}{2}$. 故本题选择 B.

二、条件充分性判断

16.C 【解析】条件(1):根据等差数列求和公式可知 $a_1 + a_2 + \cdots + a_n = na_1 + \dfrac{n(n-1)}{2}d \leq n$,即

$(n-1)d \leq 2(1-a_1)$，则 $\begin{cases} a_1 \leq 1, \\ d \leq \dfrac{2(1-a_1)}{n-1}, n \geq 2, \end{cases}$ 由于对任何正整数 n，都有 $a_1 + a_2 + \cdots + a_n \leq n$ 成

立. 故 $d \leq 0$. 所以条件（1）不充分；

条件（2）：根据条件可知，$a_2 \geq a_1$，即 $d \geq 0$，所以条件（2）不充分；

（1）+（2）：两个条件联立可得 $d = 0$，所以条件（1）+（2）联合充分. 故本题选择 C.

17.C 【解析】条件（1）：根据等差数列中项公式可知 $a_1 + a_2 + a_3 = 3a_2 = 15$，即 $a_2 = 5$，公差 d 取值未知，所以条件（1）不充分；

条件（2）：根据等差数列中项公式可知 $a_4 + a_5 + a_6 = 3a_5 = 51$，即 $a_5 = 17$，公差 d 取值未知，所以条件（2）不充分；

（1）+（2）：两个条件联立可得 $\begin{cases} a_2 = 5, \\ a_5 = 17, \end{cases} \Rightarrow \begin{cases} a_1 + d = 5, \\ a_1 + 4d = 17, \end{cases}$ 解得 $d = 4$，可得 $a_1 = 1$，$a_3 = 9$，$a_1 a_2 a_3 = 45$，

所以条件（1）+（2）联合充分. 故本题选择 C.

18.B 【解析】根据题意可知 $a_1^2 = 1$，$a_{n+1}^2 - a_n^2 = 3(n \in N^*)$，则 $\{a_n^2\}$ 是首项为1，公差为3的等差数列；根据等差数列通项公式可得 $a_n^2 = 1 + 3 \times (n-1) = 3n - 2$，其中 $a_n > 0$，则 $a_n = \sqrt{3n-2}$，若 $a_n < 4$，则 $n < 6(n \in N^*)$.

条件（1）：根据条件可知，$n \leq 6$ 不是转化结论的非空子集，所以条件（1）不充分；

条件（2）：根据条件可知，$3 < n < 6$ 是转化结论的非空子集，所以条件（2）充分. 故本题选择 B.

19.A 【解析】根据题意可设等差数列 $\{a_n\}$ 的公差为 d.

条件（1）：根据等差数列的性质可知，$a_1 + a_3 + a_5 = 3a_3 = 105 \Rightarrow a_3 = 35$，$a_2 + a_4 + a_6 = 3a_4 = 99 \Rightarrow$

$a_4 = 33$，从而 $d = a_4 - a_3 = -2$，$a_n = a_3 + (n-3)d = -2n + 41$. 令 $a_n = 0$，得 $n = \dfrac{41}{2}$，故当 $n = 20$ 时，

S_n 取得最大值，即 $S_n \leq S_{20}$，所以条件（1）充分；

条件（2）：根据条件可知 $S_{15} - S_3 = a_4 + a_5 + \cdots + a_{15} = 0$，该数列为等差数列，则 $a_4 + a_{15} =$

$a_5 + a_{14} = \cdots = a_9 + a_{10} = 0$，又因为 $a_1 = 17 > 0$，所以 $a_9 > 0$，$a_{10} < 0$. 故当 $n = 9$ 时，S_n 取得最大值，

即 $S_n \leq S_9$，所以条件（2）不充分. 故本题选择 A.

20.A 【解析】条件（1）：根据条件由等比中项可得 $5^a \cdot 5^b = 5^{a+b} = 5$，因此 $a + b = 1$，代入可得 $\dfrac{1}{a} + \dfrac{9}{b} = $

$\left(\dfrac{1}{a} + \dfrac{9}{b}\right)(a + b) = \dfrac{b}{a} + \dfrac{9a}{b} + 10 \geq 2\sqrt{\dfrac{b}{a} \times \dfrac{9a}{b}} + 10 = 16$，当且仅当 $\dfrac{b}{a} = \dfrac{9a}{b} \Rightarrow b = 3a = \dfrac{3}{4}$ 时等号

成立，因此 $\dfrac{1}{a} + \dfrac{9}{b}$ 有最小值16，所以条件（1）充分；

条件（2）：根据条件由等差中项可得 $5^a + 5^b = 2\sqrt{5}$，由均值不等式可知 $5^a + 5^b \geq 2\sqrt{5^a \times 5^b} = 2\sqrt{5^{a+b}}$，

则有 $2\sqrt{5} \geq 2\sqrt{5^{a+b}} \Rightarrow a + b \leq 1$，当且仅当 $a = b = \dfrac{1}{2}$ 等号成立；此时由于 $0 < a + b \leq 1$，所以 $\dfrac{1}{a} + \dfrac{9}{b} \geq$

$\left(\dfrac{1}{a}+\dfrac{9}{b}\right)(a+b)=\dfrac{b}{a}+\dfrac{9a}{b}+10\geqslant 2\sqrt{\dfrac{b}{a}\times\dfrac{9a}{b}}+10=16$，当且仅当 $\dfrac{b}{a}=\dfrac{9a}{b}\Rightarrow b=3a=\dfrac{3}{4}$ 时等号成

立，与 $a=b=\dfrac{1}{2}$ 矛盾，此时无法同时取等，所以 $\dfrac{1}{a}+\dfrac{9}{b}>16$，无最小值，所以条件（2）不充分．故本

题选择 A．

21.D 【解析】根据题意可知，若存在 b，c，d 能够构成等差数列，则要满足 $\begin{cases}b^2=ac,\\2c=b+d\end{cases}$ 有整数解．

条件（1）：$b=10$，$d=6a$，$\begin{cases}b^2=ac,\\2c=b+d\end{cases}\Rightarrow\begin{cases}10^2=ac,\\2c=10+6a\end{cases}\Rightarrow\begin{cases}a=5,\\c=20\end{cases}$ 或 $\begin{cases}a=-\dfrac{20}{3},\\c=-15\end{cases}$（舍），所以条件（1）

充分；

条件（2）：$b=-10$，$d=6a$，$\begin{cases}b^2=ac,\\2c=b+d\end{cases}\Rightarrow\begin{cases}(-10)^2=ca,\\2c=-10+6a\end{cases}\Rightarrow\begin{cases}a=-5,\\c=-20\end{cases}$ 或 $\begin{cases}a=\dfrac{20}{3},\\c=15\end{cases}$（舍），所以条件（2）

充分．故本题选择 D．

22.E 【解析】条件（1）：根据条件可知 a^2，1，b^2 成等差数列，则 $a^2+b^2=2$，无法确定 $a+b$ 的值，不能推

出结论，所以条件（1）不充分；

条件（2）：根据条件可知 $\dfrac{1}{a}$，1，$\dfrac{1}{b}$ 成等比数列，则 $\dfrac{1}{ab}=1$，无法确定 $a+b$ 和 a^2+b^2 的值，不能推出

结论．所以条件（2）不充分；

（1）+（2）：两个条件联立可得 $\begin{cases}a^2+b^2=2,\\ab=1\end{cases}\Rightarrow(a+b)^2=4\Rightarrow a+b=\pm2$．故 $\dfrac{a+b}{a^2+b^2}=\pm1$，所以条件

（1）+（2）联合不充分．故本题选择 E．

23.E 【解析】条件（1）：根据条件可得 $a_4+a_6=40\Rightarrow a_1q^3(1+q^2)=40$，无法唯一确定 $a_5=a_1q^4$ 的值，所

以条件（1）不充分；

条件（2）：根据条件可得 $a_4a_6=a_5^2=256\Rightarrow a_5=\pm16$，无法唯一确定 a_5 的值，所以条件（2）不充分；

（1）+（2）：两个条件联合可得 $\begin{cases}a_4+a_6=40,\\a_4a_6=256\end{cases}\Rightarrow\begin{cases}a_4=8,\\a_6=32\end{cases}\Rightarrow q^2=4\Rightarrow q=\pm2$ 或 $\begin{cases}a_4=32,\\a_6=8\end{cases}\Rightarrow q=\pm\dfrac{1}{2}$，

则 $a_5=a_4q=\pm16$，依旧无法唯一确定 a_5 的值，所以条件（1）+（2）联合不充分．故本题选择 E．

24.D 【解析】根据题意可知方程有实根，则根的判别式 $\Delta=4(a+b)^2-4c^2=4(a+b+c)(a+b-c)\geqslant0$；

条件（1）：根据三角形的性质可知 $a+b+c>0$，$a+b-c>0$，则 $\Delta>0$，是转化结论的非空子集，

所以条件（1）充分；

条件（2）：根据等差数列的性质可知，$2c=a+b$，则 $\Delta=4(2c+c)(2c-c)=12c^2\geqslant0$ 与转化结论一

致，所以条件（2）充分．故本题选择 D．

25.D 【解析】条件(1)：根据条件可得 $q^2 = \dfrac{a_5}{a_3} = 2$，则 $a_1 = \dfrac{1}{12}$，此时数列 $\{b_n\}$ 是以首项为 $\dfrac{1}{12}$，公比为 2 的等比数列，即 $S_9 = \dfrac{1}{12} \times \dfrac{1 - 2^9}{1 - 2} = \dfrac{2^9 - 1}{12} < 64$，所以条件(1)充分；

条件(2)：根据条件可得 $q^2 = \dfrac{a_5}{a_3} = 2$，$a_1 = \dfrac{1}{8}$，此时数列 $\{b_n\}$ 是以首项为 $\dfrac{1}{8}$，公比为 2 的等比数列，即 $S_9 = \dfrac{1}{8} \times \dfrac{1 - 2^9}{1 - 2} = \dfrac{2^9 - 1}{8} < 64$，所以条件(2)充分. 故本题选择 D.

第七章 计数问题

第一节 章节导读

一、考纲解读

管理类联考考试大纲中计数原理部分如下：

> 计数原理
> (1)加法原理、乘法原理
> (2)排列与排列数
> (3)组合与组合数

计数原理的内容比较灵活，往往是大家学习的一大难点，但实际上一般的题都有对应的固定解法，大家熟记就好，对于一些很灵活的题，大家如果能掌握好计数问题的两大原理，也是可以解决的.

计数原理在考试当中占比约 4%~12%，题目数量 1~3 道. 本章节整体难度适中，需要大家认真学习.

二、重难点及真题分布

1.重难点解读

(1)**计数原理的综合应用**：几乎每年都会考查，出题形式灵活，属于重点考点，大家需要掌握好两大计数原理来解这类题.

(2)**典型计数问题**：比如相邻问题、不相邻问题、错排问题等都属于此类题，都有固定的解法，大家需要记下解题方法.

2.真题分布

年份	考点	占比
2024	相同元素分组问题	4%
2023	计数原理的综合、相邻问题、不相邻问题	12%
2022	计数原理的综合、规律性较强的计数问题	12%
2021	计数原理的综合	8%
2020	排列数组合数运算、不同元素分组	8%
2019	计数原理的综合	4%
2018	计数原理的综合、不同元素分组、错排问题	12%
2017	不同元素分组	4%

三、考点框架

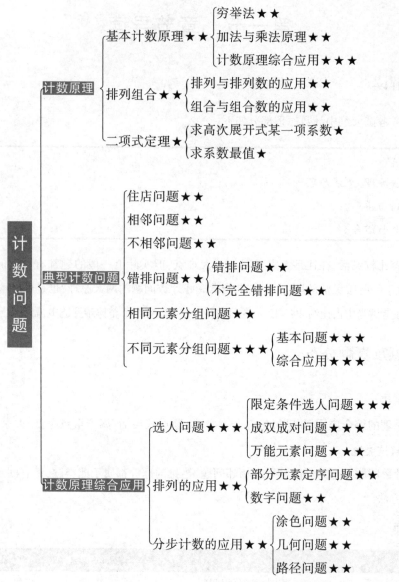

本章划分为 3 讲、12 个考点、23 个命题点,其中包含 15 个两星命题点、6 个三星命题点.

第二节 考点精讲

第一讲 计数原理

考点一 基本计数原理★★

▌一、知识梳理

1.穷举法

计数问题,就是计算某一事物的数量,直白来讲,就是数数.

计数问题的方法,最基础的是:穷举法."穷举"即穷尽每一种情况,依次列举.把需要计数的对象进行逐个计数,计数对象较少,或者情况较少时,可以采用穷举法.计数对象较多,种类较多,可以先分类别再依次进行计数,如果各类结果有一定规律时,可以先列举几项,然后归纳出规律,利用规律再进行计数.

显然穷举法并不能解决所有计数问题,有些问题即使能用穷举法,但是过程也会耗时耗力,我们涉及的多数问题穷举法均不能有效解决,因此,为了解决复杂的计数问题,我们需要学习计数原理与排列组合.

2.分类加法原理

完成一件事,若有 n 类方案,第 1 类有 m_1 种不同的方法,第 2 类有 m_2 种不同的方法,……,第 n 类有 m_n 种不同的方法,则完成这件事共有

$$N = m_1 + m_2 + \cdots + m_n$$

种不同的方法.

3.分步乘法原理

完成一件事,若需要 n 个步骤,第 1 步有 m_1 种不同的方法,第 2 步有 m_2 种不同的方法,……,第 n 步有 m_n 种不同的方法,则完成这件事共有

$$N = m_1 \times m_2 \times \cdots \times m_n$$

种不同的方法.

基本计数原理是计数问题的基础,各类计数问题的解决方法均可回溯到基本计数原理上.两类计数原理的区分较为清晰,完成一件事"分类"用加法、"分步"用乘法.基本计数原理的应用较为灵活,实际解题中,需要综合运用两类计数原理,在复杂问题中,往往需要先分类后分步.

二、命题点精讲

命题点 1 穷举法的应用★★

> **思路点拨** 穷举法是非常重要的一种计数思维,遇到计数对象较少,或无明显典型计数特征时,即可考虑穷举思维直接计数或者发现规律.穷举法的使用需注意按照一定顺序进行穷举,避免遗漏.

【例 1】(2009)湖中有四个小岛,它们的位置恰好近似构成正方形的四个顶点,若要修建三座桥将这四个小岛连接起来,则不同的建桥方案有(   )种.

(A)12　　　　　(B)16　　　　　(C)18　　　　　(D)20　　　　　(E)24

【解析】

根据题意可知有如图 7-1、图 7-2、图 7-3、图 7-4 所示的四种情况,每种情况通过旋转对应四种,则共有 16 种.故本题选择 B.

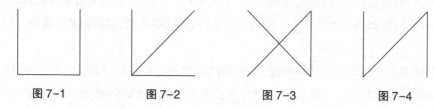

图 7-1　　　　　　　图 7-2　　　　　　　图 7-3　　　　　　　图 7-4

【例 2】1~10 数字中,现选取三个不同的数字,则能构成等差数列的有(   )对.

(A)10　　　　　(B)18　　　　　(C)35　　　　　(D)40　　　　　(E)42

【解析】

根据题意可根据公差进行分类,第一类公差 $d = \pm 1$:① 公差 $d = 1$ 时,$\{1,2,3\}$,$\{2,3,4\}$,$\cdots$,$\{8,9,10\}$,共有 8 对;② 公差 $d = -1$ 时,此时得到还是 8 对,所以公差 $d = \pm 1$ 共有 $8 \times 2 = 16$ 对.第二类公差 $d = \pm 2$:$\{1,3,5\}$,$\{2,4,6\}$,$\cdots$,$\{6,8,10\}$,共有 $6 \times 2 = 12$ 对.第二类公差 $d = \pm 3$:$\{1,4,7\}$,$\{2,5,8\}$,$\{3,6,9\}$,$\{4,7,10\}$,共有 $4 \times 2 = 8$ 对.第四类公差 $d = \pm 4$:$\{1,5,9\}$,$\{2,6,10\}$,共有 2×2 对.所以构成等差数列的最终有 $2 \times (8 + 6 + 4 + 2) = 2 \times 20 = 40$ 对.故本题选择 D.

命题点 2 加法与乘法原理的应用★★

> **思路点拨** 计数原理的使用,先要对题目进行梳理,将题目转化为计数过程,分类用加法,分步用乘法.

【例 3】已知从北京到上海的高铁有 32 班,动车 3 班,普通列车 5 班,小明想乘火车从北京出发到上海,共有(   )种不同的选择.

(A)3　　　　　(B)5　　　　　(C)32　　　　　(D)40　　　　　(E)47

【解析】

完成"乘火车从北京到上海"这件事,解决方案分为三类:第一类方案是乘高铁,有 32 种方法;第二类方案是乘动车,有 3 种方法;第三类方案是乘普通列车,有 5 种方法.分类用加法,则小明共有 $32+3+5=40$ 种选择.故本题选择 D.

【例 4】 小张从 A 地出发前往 C 地,中途需要经过 B 地,已知从 A 到 B 共 3 条路,从 B 到 C 共 2 条路,则小张不同的路线选择共(   )种.

(A)2   (B)3   (C)5   (D)6   (E)8

【解析】

完成"从 A 到 C"这件事,需分成两步:第一步从 A 到 B,有 3 种选择;第二步从 B 到 C,有 2 种选择.分步用乘法,则小张共有 $3 \times 2 = 6$ 种选择.故本题选择 D.

【例 5】 用 1,2,3,4,5 可组成数字不重复的三位数共(   )个.

(A)15   (B)32   (C)60   (D)120   (E)125

【解析】

组成一个三位数,可以分成三步:第一步确定百位上的数,有 5 种选择;第二步确定十位上的数,因为数字不重复,所以百位上已选的数字不能再选,有 4 种选择;第三步确定个位上的数,有 3 种选择.分步用乘法,则可组成的三位数共 $5 \times 4 \times 3 = 60$ 种.故本题选择 C.

命题点 3 计数原理综合应用★★★

思路点拨

计数原理综合应用的难点在于梳理清楚计数过程,分类加法、分步乘法,复杂过程可采用先分类再分步的基本原则.

【例 6】 从 5 本不同数学书,4 本不同语文书,2 本不同英语书中,任取两本不同科目的书,则有(   )种不同的取法.

(A)11   (B)30   (C)38   (D)40   (E)56

【解析】

任取两本不同科目的书结果共分为三类:第一类是数学与语文,第一类中又分为两步,共 $5 \times 4 = 20$ 种;第二类是数学与英语,共 $5 \times 2 = 10$ 种;第三类是语文与英语,共 $4 \times 2 = 8$ 种.先分类后分步,共有 $20+10+8=38$ 种取法.故本题选择 C.

潮哥敲黑板

计数原理综合应用基本原则较为简单,但是考试中有可能出现复杂的题目,此处先明确基本的原则,后边还会专门用一个单独模块展开讲解.

考点二 排列与组合 ★★

一、知识梳理

排列与排列数

1.排列

从 n 个不同对象中,任取 m($m \leqslant n$)个,按照一定次序排成一列,称为从 n 个不同对象中取出 m 个对象的一个排列. 当 $m = n$ 时(即取出全部对象时)称为全排列.

2.排列数

从 n 个不同对象中取出 m 个对象的所有排列的个数,称为从 n 个不同对象中取出 m 个对象的排列数,记为 A_n^m.

①排列与排列数前提是不同对象;
②排列强调的是顺序,不同对象改变顺序代表的便是不同排列.
例:五人中取三人排成一列,甲乙丙与乙甲丙属于不同排列.

3.排列数公式

排列问题的计数本质为分步计数,从 n 个不同对象中取出 m 个对象进行排列,可分为 m 步来完成,第一步有 n 种方法,第二步有 $n-1$ 种方法……第 m 步有 $n-m+1$ 种方法,分步乘法,则可得到排列数公式

$$A_n^m = n(n-1)\cdots(n-m+1)$$

从 n 开始依次递减累乘,共 m 个数相乘.

当 $m = n$ 时,排列数公式为

$$A_n^n = n(n-1)(n-2)\cdots 3 \times 2 \times 1 = n! \quad (n \text{ 的阶乘})$$

另外规定 $A_n^0 = 1, 0! = 1$.

组合与组合数

1.组合

从 n 个不同对象中,取出 m($m \leqslant n$)个对象构成一组,称为从 n 个不同对象中取出 m 个对象的一个组合.

2.组合数

从 n 个不同对象中取出 m ($m \leqslant n$) 个对象的所有组合的个数,称为从 n 个不同对象中取出 m 个对象的组合数,记为 C_n^m.

① 组合与组合数的前提是不同对象;

② 组合强调的是一组,可用集合的概念进行理解,不需要考虑顺序.

例:五人中取三人,甲乙丙与乙甲丙属于同一个组合.

3.组合数公式

组合数的计算是由排列数得到的.从 n 个不同对象中取出 m 个对象进行排列,可以看成分为两步,第一步,从 n 个不同对象中取出 m 个对象,作为一个组合,有 C_n^m 种选法;第二步,将选出的 m 个对象进行全排列,有 A_m^m 种排法.分步用乘法,则结果为 $A_n^m = C_n^m A_m^m$,由此可得到组合数公式

$$C_n^m = \frac{A_n^m}{A_m^m} = \frac{n(n-1)\cdots(n-m+1)}{m(m-1)\cdots 3 \times 2 \times 1}.$$

由组合数公式可得到组合数的性质

$$C_n^m = C_n^{n-m}$$

当 $m > \dfrac{n}{2}$ 时,将 C_n^m 转换为 C_n^{n-m} 计算会更简便.特殊的 $C_n^0 = C_n^n = 1$.

排列组合的使用均要满足不同对象,区分的关键在于顺序,有序用排列,无序用组合.

二、命题点精讲

命题点1　排列与排列数的应用★★

【例7】一个火车站有 8 股岔道,每股道只能停放 1 列火车,现需停放 4 列不同的火车,则有(　　)种停放方法.

(A)8　　　　　(B)56　　　　　(C)70　　　　　(D)592　　　　　(E)1 680

【解析】

8 股岔道放 4 列不同的火车,相当于从 8 个岔道中拿出 4 个进行排序,总计有 $A_8^4 = 1\,680$ 种.故本题选择 E.

【例8】(2012)在两队进行的羽毛球对抗赛中,每队派出 3 男 2 女共 5 名运动员进行 5 局单打比赛,如果女子比赛安排在第二和第四局进行,则每队队员的不同出场顺序有(　　).

(A)12 种　　　(B)10 种　　　(C)8 种　　　(D)6 种　　　(E)4 种

【解析】

安排出场顺序即将 5 名运动员在 5 个位置上进行排列,可分为两步,第一步将女队员在第二、第四位置上排列,有 $A_2^2 = 2$ 种;第二步将男队员在剩余位置排列,有 $A_3^3 = 3 \times 2 \times 1 = 6$ 种. 分步乘法,则共有 $6 \times 2 = 12$ 种. 故本题选择 A.

在计数问题中,往往需要将基本计数原理与排列组合知识进行结合来解题.

命题点 2 组合与组合数的应用★★

思路点拨

实际解题中,组合与排列可对应"选"和"排",选人、选物即用 C,需要排列顺序即用 A,排列问题可以看成分为两步,先选后排.

【例9】某地区足球比赛共有 12 个队参加,每两队之间比赛一场,则共要进行(   )场比赛.

(A)132   (B)120   (C)96   (D)88   (E)66

【解析】

由题意可知,任意两队之间,则从 12 队中挑 2 队即可,无顺序要求,用组合数计算 $C_{12}^2 = 66$. 故本题选择 E.

【例10】小李手上有壹元、贰元、伍元、拾元的纸币各一张,一共可以组成(   )种币值.

(A)4   (B)10   (C)15   (D)16   (E)17

【解析】

从四张纸币中任选若干张即为一种币值,结果可分为四类:第一类取一张,有 $C_4^1 = 4$ 种选择;第二类取两张,有 $C_4^2 = 6$ 种选择;第三类取三张,有 $C_4^3 = 4$ 种选择;第四类取四张,有 $C_4^4 = 1$ 种选择. 分类用加法,则共有 $4 + 6 + 4 + 1 = 15$ 种选择. 故本题选择 C.

【例11】(2018)羽毛球队有 4 名男运动员和 3 名女运动员,从中选出两队参加混双比赛,则不同的选择方式有(   )种.

(A)9   (B)18   (C)24   (D)36   (E)72

【解析】

混双比赛,即为一男一女搭配为一组,本题需要先选人,从 4 男 3 女中选出 2 男 2 女,有 $C_4^2 C_3^2 = 18$ 种;然后再将男女搭配到一起,可看成其中男运动员不动,将女运动员分给 2 个男运动员,有 $A_2^2 = 2$ 种. 共有 $18 \times 2 = 36$ 种方式. 故本题选择 D.

考点三 二项式定理★

一、知识梳理

1.二项式定理

对于任意正整数 n,有

$$(a+b)^n = C_n^0 a^n + C_n^1 a^{n-1}b + \cdots + C_n^k a^{n-k}b^k + \cdots + C_n^n b^n$$

上述公式叫作二项式定理.其中各项的系数 C_n^k($k \in \{0,1,2,\cdots,n\}$)叫作二项式系数.式中的 $C_n^k a^{n-k}b^k$ 是展开式中的第 $k+1$ 项,用 T_{k+1} 表示,通常将

$$T_{k+1} = C_n^k a^{n-k}b^k$$

叫作二项展开式的通项公式.

2.二项式系数性质

根据组合数性质,容易得到:与首末两端"等距离"的两个二项式系数相等,即 $C_n^m = C_n^{n-m}$.二项式系数先增大后减小.当 n 为偶数时,在中间一项处取得最大;当 n 为奇数时,中间的两项相等,且同时取得最大.

二项式定理中,如果令 $a=b=1$,则有

$$2^n = C_n^0 + C_n^1 + \cdots + C_n^{n-1} + C_n^n.$$

二、命题点精讲

命题点 1 求高次展开式某一项系数★

【例12】在 $(x-1)^5$ 展开式中,x^2 的系数为(　　).

(A)10　　　　(B)5　　　　(C)-10　　　　(D)-5　　　　(E)15

【解析】

由题意可知,含 x^2 的项为 $C_5^2 x^2(-1)^3 = -10x^2$. 故本题选择C.

【例13】已知二项式 $\left(x+\dfrac{a}{x}\right)^5$ 的展开式中 $\dfrac{1}{x}$ 的系数是10,则 $a = ($ 　　$)$.

(A)-1　　　　(B)1　　　　(C)-2　　　　(D)2　　　　(E)5

【解析】

由题意可知,含 $\dfrac{1}{x}$ 的项为 $C_5^2 x^2 \left(\dfrac{a}{x}\right)^3 = 10a^3 \dfrac{1}{x} \Rightarrow 10a^3 = 10 \Rightarrow a = 1$. 故本题选择B.

命题点 2 求系数最值★

思路点拨

二项式系数是先增大后减小,最值在中间处取得,需要注意 n 的奇偶性.

【例 14】在 $(a+b)^n$ 的展开式中,只有第 4 项的二项式系数最大,则 $n = ($ $)$.

(A)8   (B)7   (C)6   (D)5   (E)9

【解析】

由题意可知,只有第 4 项的二项式系数最大,则展开后一共有 7 项,所以 $n = 6$. 故本题选择 C.

【例 15】已知 $\left(\sqrt{x} - \dfrac{2}{x}\right)^n$ 的展开式中只有第 5 项是二项式系数最大,则该展开式中各项系数的最小值为(   ).

(A)−448   (B)−512   (C)−1 792   (D)−1 024   (E)−5 376

【解析】

由题意可知,展开后有 9 项,则 $n = 8$,该多项式的展开项为 $C_8^k (\sqrt{x})^k \left(-\dfrac{2}{x}\right)^{8-k}$,若使系数最小,其中 $8-k$ 要为奇数,同时 C_8^k 和 $8-k$ 要尽可能大,则当 $k = 1$ 时,系数为 $C_8^1 \cdot (-2)^7 = -1\,024$;当 $k = 3$ 时,系数为 $C_8^3 \cdot (-2)^5 = -1\,792$;当 $k = 5$ 和 $k = 7$ 时,由组合数特征,系数肯定不是最小值. 所以算出最小系数为 $-1\,792$. 故本题选择 C.

第二讲　典型计数问题

考点一　住店问题★★

一、知识梳理

"3个人住4家店,每个人只能选1家店,同1家店可被多人选择,则共有多少种不同的住店方案."

上述问题代表一类典型问题,可切换不同的题目背景,比如:3个人选择5个兴趣班、公交车4个人从5个站点选择下站". 推广到一般,即:n个不同对象从m个不同元素中进行选择,且每个对象只能选择1次,每个元素可被重复选择. 此类问题即为住店问题.

住店问题可用分步计数原理解决,3个人住4家店,可分为三步,依次给每个人选择一家店,每个人有4种选择,共有$4×4×4=4^3$种选择. 同理,另外两个小例子,兴趣班和站点问题,分别都以人进行分步,结果分别为5^3、5^4. 推广到一般,n个不同对象从m个不同元素中进行选择,则应以不同对象为分步主体,分n步,每一步有m种选择,共有m^n种.

需要注意的是,分步的主体,并不总是"人",比如:5个人6件行李,行李归属有多少种方案. 该问题中,每件行李只能属于某一个人,一个人可以拥有多件行李,相当于是行李选人,行李只有一种选择,人可以被重复选择,因此应以行李作为分步主体,结果为5^6.

二、命题点精讲

命题点1　住店问题★★

思路点拨　住店问题的关键是分清楚"谁选谁"即确定好分步计数的主体,结果一定是一个幂运算,可直接记忆解题原则:人唯一、店可重、唯一分步、站肩膀. (以住店为例,人的选择是唯一的,店可被重复选择,那就以人进行分步,最终结果人数是幂次.)

【例16】(2007.10)有5人报名参加3项不同的培训,每人都只报一项,则不同的报法有(　　).

(A)243种　　　(B)125种　　　(C)81种　　　(D)60种　　　(E)以上选项均不正确

【解析】

根据题意可知5个人都有3种选择方案,则不同的报法有$3×3×3×3×3=3^5=243$种. 故本题选择A.

【例17】某6层楼一楼电梯上来7名乘客,他们到各自的楼层下电梯,则下电梯的方案有(　　)种.

(A) 6!　　　(B) 7^6　　　(C) 5^7　　　(D) 5^6　　　(E) 6^7

【解析】

每个人只能去某一层楼,每层楼可被重复选择,即"人唯一,楼可重",则以人进行分步,考虑实际情况,每个人只能 $2 \sim 6$ 层进行选择,共 5 种选择,则共有 5^7 种方案. 本题选择 C.

考点二 相邻问题★★

一、知识梳理

"甲、乙、丙、丁、戊,五个人排成一排,要求甲、乙必须相邻,共有多少种方案."

显然该问题属于排列问题,如果没有其他附加条件,题目便是基本的排列问题,5 人全排列 A_5^5,但是增加了一个限定条件,要求甲乙相邻,题目便发生了变化. 在排列问题的基础上,增加限定条件,要求某些对象必须相邻,即为相邻问题.

解决相邻问题可采用捆绑法. 想象用一根绳子将甲乙两人捆绑到一起,那么无论如何排列,一定能保证甲乙相邻,即将甲乙先看成一个整体,此时,整体来看共 4 个对象,进行排列有 A_4^4 种,甲乙顺序改变,也代表不同结果,因此还应考虑甲乙两人排列有 A_2^2 种. 共有 $A_4^4 A_2^2$ 种结果.

二、命题点精讲

命题点1 相邻问题★★

> **思路点拨**
>
> 相邻问题采用捆绑法,具体求解步骤如下:
> ①把相邻对象看作一个整体;
> ②把这个整体与其他剩余元素进行排列;
> ③对捆绑整体的内部对象进行排列.

【例 18】(2011)3 个 3 口之家一起观看演出,他们购买了同一排的 9 张连坐票,则每一家的人都坐在一起的不同坐法有(   ).

(A) $(3!)^2$ 种   (B) $(3!)^3$ 种   (C) $3(3!)^3$ 种   (D) $(3!)^4$ 种   (E) $9!$ 种

【解析】

每家都坐在一起,即每家相邻,采用捆绑法,先把三家分别看成一个整体,进行全排列 $3!$,然后每个家庭内部再进行全排列 $(3!)^3$,则总坐法数为 $(3!)^4$. 故本题选择 D.

【例 19】计划在某画廊展示 10 幅不同的画,其中 1 幅水彩画、4 幅油画、5 幅国画,排成一行陈列,要求同一类画必须放在一起,并且水彩画不放在两端,那么不同的陈列方式有(   )种.

(A) $A_4^4 A_5^5$ (B) $A_5^3 A_4^4 A_5^5$ (C) $A_3^1 A_4^4 A_5^5$ (D) $A_2^2 A_4^4 A_5^5$ (E) $A_2^2 A_2^2 A_5^5$

【解析】

同类画放一起,即相邻问题,先把三类画分别看作一个整体,进行排列,由于水彩画不放在两端,只能放在中间,位置固定,只需考虑国画和油画的排列,有 A_2^2 种,再考虑油画和国画的内部排列有 $A_4^4 A_5^5$ 种,则陈列方式共有 $A_2^2 \times A_4^4 A_5^5 = A_2^2 A_4^4 A_5^5$ 种. 故本题选择 D.

考点三　不相邻问题★★

一、知识梳理

"甲、乙、丙、丁、戊,五个人排成一排,要求甲、丙不能相邻,共有多少种方案."

同相邻问题,该问题也属于排列问题. 在排列问题的基础上,增加限定条件,要求某些对象不能相邻,即为不相邻问题.

解决不相邻问题可采用插空法. 甲丙不相邻,则可先对剩余的乙、丁、戊三人进行排列,有 A_3^3 种,三人形成的间隔和两端,共有 4 个空位,将甲丙在这 4 个空位上选 2 个空进行排列,则一定能保证甲丙不相邻,4 个位置上排 2 个人,有 A_4^2 种. 共有 $A_3^3 A_4^2$ 种结果.

二、命题点精讲

命题点 1　不相邻问题★★

思路点拨

不相邻问题采用插空法,具体求解步骤如下:
①先将其他对象进行排列;
②确定剩余对象排列完成后形成的空位数;
③在空位上对不相邻元素进行排列.

【例20】3 位男生和 4 位女生站成一排,男生不能相邻的方案有(　　)种.
(A) $A_2^2 A_6^6$　　　(B) $A_4^4 A_5^3$　　　(C) $A_6^6 A_7^4$　　　(D) $A_2^2 A_7^7$　　　(E) $C_2^2 A_5^5$

【解析】

男生不能相邻,采用插空法. 先将女生进行全排列,共有 A_4^4 种,4 个女生的间隔与两端共形成 5 个空位,在这 5 个空位上选 3 个空对 3 个男生进行排列,有 A_5^3 种. 则男生不能相邻的方案共有 $A_4^4 A_5^3$ 种. 故本题选择 B.

【例21】要排一个有 3 个歌唱节目和 4 个舞蹈节目的演出节目单,要求甲乙两个舞蹈节目相邻,丙丁两个舞蹈节目不相邻,则有(　　)种不同排法.
(A) 840　　　(B) 860　　　(C) 920　　　(D) 960　　　(E) 980

【解析】

既有相邻问题又有不相邻问题,则捆绑法、插空法综合运用. 相邻对象先捆绑,不相邻对象最后插空. 先把甲、乙看成一个整体,连同除丙、丁外的 3 个节目,共 4 个对象进行排列,再考虑甲乙内部排列,有 $A_4^4 \times A_2^2$ 种;然后用插空法,4 个对象形成 5 个空位,选 2 个空位对丙、丁进行排列,有 A_5^2 种. 则节目排列方式共有 $A_4^4 \times A_2^2 \times A_5^2 = 960$ 种. 故本题选择 D.

考点四 **错排问题** ★★

┃一、知识梳理

"n 个标有编号的球进行全排列,结果为 A_n^n,现打乱顺序重新排列,要求每个球都不能在原来的位置上,共有多少种结果."

一组对象打乱顺序重新排列,要求每个对象不能在原来位置上,这种问题叫作错排问题.

用 $D(n)$ 表示 n 个对象错排的结果数,上述问题中可分两步考虑:第一步,考虑 1 号球,1 号球不能排在 1 号位置,能排在 2 ～ n 号位置,有 $n-1$ 种;第二步,以 1 号球排在了 3 号位置为例,考虑 3 号球,此时又可分为两类:

第一类,3 号球恰好排在 1 号位置,即 1 号球、3 号球位置互换,此时 1 号、3 号球位置确定,需考虑剩余 $n-2$ 个球的错排,有 $D(n-2)$ 种结果;

第二类,3 号球不能排在 1 号位置,此时只有 1 号球位置确定,需考虑剩余 $n-1$ 个球的错排,有 $D(n-1)$ 种结果.

由此可得到错排问题的递推公式

$$D(n) = (n-1)\left[D(n-1) + D(n-2) \right], n \in N^* \text{ 且 } n > 2$$

考虑实际情况易得 $D(1) = 0$,$D(2) = 1$,代入递推公式可得到对象个数较小时的错排结果.

对象个数	2	3	4	5	6
结果数	1	2	9	44	265

相比利用错排递推公式推导结果,直接记忆结论更有助于快速解决实际问题.务必熟记数量较小时的错排结果.

┃二、命题点精讲

命题点 1 **错排问题** ★★

【例 22】(2014)某单位决定对 4 个部门的经理进行轮岗,要求每位经理必须轮换到 4 个部门中的其他部门任职,则不同的方案有( ).

(A)3 种   (B)6 种   (C)8 种   (D)9 种   (E)10 种

【解析】

4 个部门的经理不能在本部门,即对 4 个对象进行错排,直接利用对应结论,方案共有 9 种. 故本題選擇 D.

命题点 2　不完全错排问题★★

> **思路点拨**　对一组对象所有元素均进行错排,直接利用结论即可. 题目中也可能出现只要求部分元素不在原来位置,即对部分元素进行错排,此时需要先选出元素再考虑错排.

【例 23】将编号为 $1,2,\cdots,10$ 的 10 个球放入编号为 $1,2,\cdots,10$ 的 10 个盒子里,每个盒子里放一个球,恰巧有 3 个球的编号与其所在的盒子的编号不一致的放入方法有(　　)种.

(A)120　　　　(B)240　　　　(C)260　　　　(D)220　　　　(E)80

【解析】

编号不对应,即为错排问题,但是 10 个球中只有 3 个球要求错排,第一步先选出 3 个球,有 C_{10}^3 种结果;第二步对选出的 3 个球进行错排,有 2 种结果. 则方法数共有 $C_{10}^3 \times 2 = 240$ 种. 故本题选择 B.

考点五　相同元素分组问题★★

一、知识梳理

"8 个相同的球放入 3 个不同的盒子中,每个盒子至少分 1 个,共有多少种不同的方案."

上述问题中,将相同的元素分给不同的对象的计数问题,即为相同元素分组问题. 元素相同,即元素不做区分,无需考虑元素之间的顺序问题. 一般题目中会明确体现元素是否相同,或者给出的元素明显是相同的,例如"名额""数量"等.

解决相同元素分组问题,可采用隔板法. 上述问题中将 8 个球排成一排,用 2 块板将球分隔成 3 份,分成的 3 份依次对应到盒子中,即为一种方案. 如下所示:

$$○○|○○○|○○○$$

显然 2 块隔板的位置不同,便可得到不同的方案,因此原题可转化为:在 8 个相同的球中间放入 2 块隔板,能有多少种不同的放法. 题目要求每个盒子至少分 1 个,因此隔板不能放在两端,8 个球形成 7 个间隔,从间隔中选 2 个位置放入隔板,有 C_7^2 种结果.

现对题目进行调整,8 个相同的球放入 3 个不同的盒子中,每个盒子至少分 2 个,共有多少种不同的方案.

刚刚讲到的隔板法,直接运用的前提是:每个盒子分 1 个. 现在题目发生改变,则需对方法进行调整,可采用提前放球法. 给 3 个盒子各提前放入 1 个球,剩下 5 个球按隔板法分到 3 个盒子里,隔板法至少分 1 个,加上提前放的 1 个,即可保证每个盒子至少分 2 个. 5 个球用隔板法,有 C_4^2 种结果.

题目继续调整,8 个相同的球放入 3 个不同的盒子中,盒子可以为空,共有多少种方案.

上述方法,是将隔板放入球之间的空位中,保证了每个盒子至少分 1 个,现要求可以空,则隔板位置应包含如下形式：

$$○○||○○○○○○$$

此时第二个盒子分到 0 个，满足题意，此时改变隔板位置仍能够代表不同的结果，但是不再是将隔板插入球的空位中，而是在连同 2 块板共 10 个位置上，任选 2 个位置放入隔板，即可包含可以空的情况，共有 C_{10}^2 种结果.

推广到一般，

（1）将 n 个相同元素分给 m 个不同对象，每个对象至少分 1 个，采用隔板法，n 个元素形成 $n-1$ 个间隔，插入 $m-1$ 块隔板，方法数为 C_{n-1}^{m-1}.

（2）将 n 个相同元素分给 m 个不同对象，每个对象至少分 2 个，采用提前放球法，每个对象提前放 1 个元素，则剩余 $n-m$ 个元素每个对象至少分 1 个，$n-m-1$ 个间隔，插入 $m-1$ 块隔板，方法数为 C_{n-m-1}^{m-1}.

（3）将 n 个相同元素分给 m 个不同对象，分得数量可以为 0 个，m 个不同对象需要 $m-1$ 块隔板，隔板与元素一起排列，共 $n+m-1$ 位置，任选 $m-1$ 个位置给隔板，方法数为 C_{n+m-1}^{m-1}.

▌二、命题点精讲

命题点 1 相同元素分组问题 ★★

思路点拨　相同元素分组问题采用隔板法，需注意题目的识别，相同元素、不同对象、至少分 1 个，三个条件缺一不可，若题目中不是至少分一个则需要进行方法的转换.

【例 24】某校高三共有 5 个班，现有 20 个三好学生的名额，随机分配给各班，要求每个班至少分得 2 个，则不同的方案共有（　　）种.

(A) 5^{20}　　　　(B) C_{14}^4　　　　(C) C_{19}^4　　　　(D) C_{15}^5　　　　(E) A_{15}^4

【解析】

根据题意可知，该问题为相同元素的分组问题，因为每班至少分得 2 个名额，则可以先给每班各分配一个名额，剩余名额数为 $20-5=15$ 个，再利用隔板法，则 $C_{15-1}^{5-1}=C_{14}^4$. 故本题选择 B.

【例 25】20 个相同的小球，放入编号为 1，2，3 的三个不同的盒子中，则每个盒子中的小球数不能小于盒子的编号数的方案共有（　　）种.

(A) 78　　　　(B) 120　　　　(C) 171　　　　(D) 231　　　　(E) 250

【解析】

根据题意可知，该问题为相同元素的分组问题，可以先从 20 个球中取出 3 个，分给 2 号盒子 1 个，3 号盒子 2 个，剩余球数为 $20-3=17$ 个，再利用隔板法，则 $C_{17-1}^{3-1}=C_{16}^2=\dfrac{16\times15}{2\times1}=120$. 故本题选择 B.

考点六　不同元素分组问题★★★

▌一、知识梳理

"6本不同的书,分成3组,每组的数量分别为1,2,3,则共有多少种不同的方案."

与上述题目类似,将 n 个不同元素分成若干组的问题,叫作不同元素分组问题.

将6本不同的书分成三组,可分三步进行,第一步从6本任选1本作为一组共有 C_6^1 种,第二步从剩余5本再任选2本作为一组共有 C_5^2 种,第三步从剩余3本再任选3本作为一组共 C_3^3 种,分步乘法,结果为 $C_6^1 C_5^2 C_3^3$ 种.

上述解法与我们的直观感受是非常契合的,就是运用组合数一组一组地把这些元素选出来. 在将各组挑选出来时,三组的选出顺序是无影响的, $C_6^1 C_5^2 C_3^3 = C_6^3 C_3^2 C_1^1$;选完前两组剩下的自然成为一组,因此最后一组的计算往往可以省略(实际计算结果也为1). 该解题原则可总结为:逐组挑选.

但是需要注意的是,若要求分得的各组元素数量一样,结果会出现问题,例如,"6本不同的书,平均分成3组,则共有多少种不同的方案".

按上述解题原则,结果应该为 $C_6^2 C_4^2 C_2^2$,但是这种情况下结果会有重复. 为了方便此处用字母" $ABCDEF$ "分别代表这六本书,则上述解法中包含如下两种情况:按选出的先后顺序,三组分别为" AB , CD , EF "" EF , CD , AB ". 但是这两种情况实际为同一种分组方案. 出现重复的原因在于,"逐组挑选"这一原则在使用时,实际是按前后顺序将各组选了出来,当各组数量不同时,顺序因素不会对结果造成影响,当数量相同时,就会出现分组方式没变仅改变了前后顺序的情况,此时就会造成重复. 同一种分组方案,三个组考虑顺序,共 $A_3^3 = 6$ 种,这6种方案实际为1种方案,在原方法上消除重复即为正确答案 $\dfrac{C_6^2 C_4^2 C_2^2}{A_3^3}$.

不同元素分组问题的解题原则进一步完善为:逐组挑选,若存在 k 组均分,则除以 $k!$ 来消除重复.

上述内容为分组过程的解法,实际题目中可能还会涉及分配问题,例如"6本不同的书,分成3组,每组的数量分别为1,2,3,最后分给甲、乙、丙三人,则共有多少种不同的方案".

该问题就是在第一个问题的基础上,加上了分配给甲、乙、丙三人这个条件,可分成两步解决,第一步分组,第二步分配,分配过程就是考虑一个排列过程 A_3^3 ,最终结果为 $C_6^1 C_5^2 C_3^3 \cdot A_3^3$. 为了减少错误,不同元素分组问题,均可按照先分组后分配的原则进行考虑.

▍二、命题点精讲

命题点 1 **不同元素分组基本问题 ★★★**

思路点拨

不同元素分组问题原则:先分组后分配,分组过程重点关注是否存在均分,分配过程需要结合具体问题做判断.

【例 26】(2017)将 6 人分成 3 组,每组 2 人,则不同的分组方式共有(   )种.

(A)12   (B)15   (C)30   (D)45   (E)90

【解析】

根据题意可知,该题为不同元素分组问题,三组内元素数量均相同,则共有 $\dfrac{C_6^2 C_4^2 C_2^2}{A_3^3} = 15$ 种不同的分组方式. 故本题选择 B.

【例 27】(2000.10)三位教师分配到 6 个班级任教,若其中一人教一个班,一人教两个班,一人教三个班,则共有分配方法(   )种.

(A)720   (B)360   (C)120   (D)60

【解析】

根据题意可先将 6 个班级按 1,2,3 分成三组,采用逐组挑选法,有 $C_6^1 C_5^2 C_3^3$ 种;再将三组分配给三位老师有 $C_6^1 C_5^2 C_3^3 \times 3! = 360$. 故本题选择 B.

【例 28】(2018)将 6 张不同的卡片 2 张一组分别装入甲、乙、丙 3 个袋中,若指定的 2 张卡片要在同一组,则不同的装法有(   ).

(A)12 种   (B)18 种   (C)24 种   (D)30 种   (E)36 种

【解析】

根据题意可知该题为不同元素的分组问题,采用逐组挑选法进行求解,两张指定卡片在同一组,剩余四张进行均匀分组得 $\dfrac{C_4^2 C_2^2}{A_2^2}$,再将三组卡片分配给甲、乙、丙 3 个袋,则共有 $\dfrac{C_4^2 C_2^2}{A_2^2} \times A_3^3 = 18$ 种不同的装法. 故本题选择 B.

命题点 2 **不同元素分组问题的综合应用 ★★★**

思路点拨

不同元素分组问题存在较为灵活的题目,此类题目解题的关键在于将题目进行整理,转化成典型的不同元素分组问题.

【例 29】(2001)将 4 封信投入 3 个不同的邮筒,若 4 封信全部投完,且每个邮筒至少投入一封信,则共有投法(   )种.

（A）12　　　　　（B）21　　　　　（C）36　　　　　（D）42

【解析】

根据题意可知,将 4 封信按 1,1,2 分成 3 组有 $\dfrac{C_4^1 C_3^1 C_2^2}{A_2^2}$ 种,再分配到不同的邮筒,则不同的投法有

$\dfrac{C_4^1 C_3^1 C_2^2}{A_2^2} \times A_3^3 = 36$ 种. 故本题选择 C.

【例 30】(2010)某大学派出 5 名志愿者到西部 4 所中学支教,若每所中学至少有一名志愿者,则不同的分配方案共有(　　).

（A）240 种　　　（B）144 种　　　（C）120 种　　　（D）60 种　　　（E）24 种

【解析】

根据题意可知,先将 5 人按 1,1,1,2 分成 4 组,再分配到 4 所学校,其分配方案有 $\dfrac{C_5^1 C_4^1 C_3^1 C_2^2}{A_3^3} \cdot A_4^4 =$

240 种. 故本题选择 A.

第三讲　计数原理综合应用

考点一　选人问题★★★

▌一、知识梳理

通过前边内容的学习,我们初步掌握了两类计数原理与排列组合.实际上计数问题均建立在计数原理以及排列组合的基础上.典型计数问题虽然作为单独一部分,进行了讲解,但实际仍然属于计数原理与排列组合的应用.

前边讲到的计数原理与排列组合的应用,均较为简单,目的是帮助大家建立初步的认识.但计数原理与排列组合的综合应用,灵活性较大,题目可以变得十分复杂,在此我们再单独作为一部分进行进一步讲解.

1.有限定条件的选人问题

计数原理与排列组合的应用原则:

(1)分类用加法,分步用乘法;

(2)有序用排列,无序用组合;

(3)综合问题中,通常先分类后分步.

其中组合的应用较为广泛,进一步,对于组合的主要应用,我们可以建立一个思路:题目中涉及选人(物),则可用组合.

"6 男 4 女组成的一个小组,任选 3 人参加一项活动,共有多少种不同选择方案."

本题为一个选人的过程,不涉及排序,很容易判断用组合来解决,10 人任选 3 人,结果为 C_{10}^3.现在以上题为基础进行变形,"要求选到的 3 人中有 2 男 1 女",在这样的条件下,选人过程实际上分成了两步,第一步从 6 男中任选 2 男,第二步从 4 女中任选 1 女,分步乘法,则结果应该为 $C_6^2 \cdot C_4^1$.

上题再进行变形,"要求选到的 3 人中至少有 2 男",在此条件下,"至少 2 男"可分成两种情况:(1)2 男 1 女(2)3 男.在第一种情况下又分成两步(同上),分类用加法分步用乘法,则结果应该为 $C_6^2 \cdot C_4^1 + C_6^3$.

通过上述例题,我们能够有一个发现:若使一道基础计数问题变得复杂,通常只需要在原题的基础上增加限定条件即可.我们遇到的复杂问题,无非就是限定条件较多,结果较为复杂而已.理解到了这一点,解题的关键也很清晰:拿到一道题目,重点要围绕限定条件考虑,思考在该条件下,实际的计数过程是被分成了若干步,还是分成了若干类.

2.成双成对问题

"从 3 双(6 只)鞋中,任选 2 只,则选到的鞋不属于同一双的选法共多少种."

本题中的元素为鞋,但是鞋子两两成双.与此类似,题目中的对象分成了几类,每一类中又包含若干元素,考虑选出的元素是否成双问题叫作成双成对问题.将题目中的鞋换成手套、不同类型的人等依然属于此问题.

本题仍然为选人(物)的问题,所以能确定用到组合,但是显然不能直接 C_6^2,因为该选法包含不满足题意的方案,所以本题的关键就在于确定清楚选人(物)的顺序.上述题目中,要求选到的两只鞋不能属于同 1 双,那么意味着,选到的鞋涉及了 2 双,可以先选双 C_3^2,确定了属于哪 2 双之后,在分别从中各 1 只,最终结果为 $C_3^2 \cdot C_2^1 C_2^1$.

成双成对问题均可遵循此原则:先选双后选只.

上述方法并非唯一解法,但是按上述原则能够帮我们梳理清楚题意,避免出错.此处再介绍另一种解题思路,用于补充.

上题中如果直接选,是 C_6^2,该结果中包含不符合题意的方案,但是如果我们能清楚不符合题意的方案共多少种,减去不符合的也能得到最终结果.不符合题意的情况为:选的 2 只,恰好属于同 1 双,共 3 种结果.因此最终结果为 $C_6^2 - 3$.

此方法遵循的原则叫作正难则反.

3.万能元素问题

"一个 6 人小组中,3 人擅长数学,2 人擅长逻辑,还有 1 人既擅长数学又擅长逻辑,从中任选 2 人,要求既要有人擅长数学又要有人擅长逻辑,共有多少种不同选法."

本题中所有元素分成两大类,其中存在同时属于两类的元素,从中选人(物),最终满足一定的类别要求.同属于两类的元素称为万能元素.与此类似,题目中涉及万能元素,且万能元素的选取对结果带来不同影响的问题,称为万能元素问题.

万能元素问题仍为选人(物)问题,但是由于万能元素的存在,不能直接选,要围绕万能元素分清楚类别之后再选.通常情况下,万能元素是否被选,后续的计数是不同的,因此可直接按照是否选万能元素进行分类.

上述题目中,分成两类,第一类选该万能元素,此时题目要求已经得到满足,剩余 5 人任选 1 人即可,结果为 C_5^1;第二类不选该万能元素,则需从擅长数学与逻辑的人中各选 1 人,结果为 $C_3^1 \cdot C_2^1$;最终结果为 $C_5^1 + C_3^1 \cdot C_2^1$.

二、命题点精讲

命题点 1 限定条件选人问题★★★

思路点拨 组合的应用,可以建立"选人"的题感,选人选物等就是要用组合;具体如何选,要梳理清楚题意,是分成了几步还是分成了几类;最后还要注意一旦涉及排列顺序,还要用排列.

【例 31】某小组有 3 名女生、4 名男生,从中选出 3 名代表,要求女生与男生至少要有 1 名,则不同的选法共有(　　)种.

(A)12　　　　　(B)18　　　　　(C)30　　　　　(D)36　　　　　(E)60

【解析】

根据题意可知,可以选1女2男或2女1男,即 $C_3^1 \cdot C_4^2 + C_3^2 \cdot C_4^1 = 30$.故本题选择 C.

【例32】一个口袋中有 4 个不同的红球,5 个不同的白球,从中任取 4 个球,红球的个数不比白球少的取法共有(　　)种.

(A)20　　　　　(B)21　　　　　(C)60　　　　　(D)61　　　　　(E)81

【解析】

根据题意可知,有以下情况:2红2白、3红1白、4红,即 $C_4^2 \cdot C_5^2 + C_4^3 \cdot C_5^1 + C_4^4 = 81$.故本题选择 E.

【例33】从 10 名学生中选出 3 人担任数学科代表,则甲、乙两人中至少有 1 人入选,而丙没有入选的不同选法共有(　　)种.

(A)28　　　　　(B)35　　　　　(C)39　　　　　(D)49　　　　　(E)63

【解析】

根据题意,"丙没有入选"是一个确定的情况,在这个前提下,"甲、乙两人中至少有 1 人入选"可以正难则反,反面情况是"甲、乙两人中没有人入选",所以是 $C_9^3 - C_7^3 = 84 - 35 = 49$.故本题选择 D.

【例34】(2021)甲乙两组同学中,甲组有 3 男 3 女,乙组有 4 男 2 女,从甲乙两组中各选出 2 名同学,这 4 人中恰有 1 女的选法有(　　).

(A)26　　　　　(B)54　　　　　(C)70　　　　　(D)78　　　　　(E)105

【解析】

根据题意可知,恰有一女包含两种情况:①该女生来自甲,则甲选一男一女,乙选两男,为 $C_3^1 C_3^1 C_4^2 = 54$;②该女生来自乙,则甲选两男,乙选一男一女,为 $C_3^2 C_4^1 C_2^1 = 24$;总计方法数为 78.故本题选择 D.

【例35】甲、乙、丙、丁四位同学决定去 A,B,C 三地游玩,每人只能去一个地方,若 C 地一定要有人去,则不同的游览方案的种数有(　　)种.

(A)60　　　　　(B)65　　　　　(C)70　　　　　(D)73　　　　　(E)81

【解析】

根据题意可知"C 地一定要有人去",则 C 地可以去 1 个人、2 个人、3 个人、4 个人共四种情况,情况较多,正难则反,总的情况是每个人都有 3 种情况,即 3^4 种.反面情况是没有人去 C 地,此时对于这四位同学来说,每人可以去 A 地或 B 地共 2 种选择,情况是 $2^4 = 16$ 种,最终答案为 $3^4 - 2^4 = 81 - 16 = 65$ 种.故本题选择 B.

命题点2　成双成对问题★★★

思路点拨

　　成双成对选人问题,关键在于选人(物)的顺序,即分步的步骤顺序,可把握一个原则:先选双再选只.

【例36】从不同号码的五双鞋中任取 4 只,则其中恰好有一双的取法种数为(　　)种.

(A)40　　　　(B)60　　　　(C)80　　　　(D)100　　　　(E)120

【解析】

根据题意可知,先从 5 双鞋中取出 1 双,有 5 种选法,再从剩下的 4 双中任取两双,从这两双中各取 1 只,则共有 $5 \times C_4^2 \times C_2^1 \times C_2^1 = 120$ 种. 故本题选择 E.

【例37】从 6 双不同颜色的手套中任取 4 只,则不同的取法共有 255 种.

(1)有 2 只成双,2 只不成双.

(2)至少有一双.

【解析】

条件(1):根据条件可知有 2 只成双,2 只不成双,先从 6 双中选出 1 双,再从剩下的 5 双中选出 2 双,最后分别从这两双中各任取 1 只,则不同的取法共有 $C_6^1 C_5^2 C_2^1 C_2^1 = 240$ 种,所以条件(1)不充分;

条件(2):

方法一:

根据条件可知至少有一双包括有 2 只成双、2 只不成双和有 2 双,则不同的取法共有 $C_6^1 C_5^2 C_2^1 C_2^1 + C_6^2 C_2^2 C_2^2 = 255$ 种,所以条件(2)充分. 故本题选择 B.

方法二:

根据条件可知至少有一双的反面为一双都没有,先从 6 双中选出 4 双出来,然后再从每一双中任取 1 只,即 $C_6^4 C_2^1 C_2^1 C_2^1 C_2^1 = 240$ 种,总的情况为从 12 只中任取 4 只 C_{12}^4,则至少有一双的取法共有 $C_{12}^4 - 240 = 255$ 种,所以条件(2)充分. 故本题选择 B.

【例38】(2019)某中学的 5 个学科各推荐 2 名教师作为支教候选人,若从中选派来自不同学科的 2 人参加支教工作,则不同的选派方案有(　　)种.

(A)20　　　　(B)24　　　　(C)30　　　　(D)40　　　　(E) 45

【解析】

方法一:

根据题意,先从 5 个学科中选取 2 个不同学科有 C_5^2 种选法,再从选出的 2 个学科中各选一人,有 $C_2^1 C_2^1$ 种选法,则共有不同的选法有 $C_5^2 C_2^1 C_2^1 = 40$ 种. 故本题选择 D.

方法二:

根据题意利用正难则反原理可得,所求事件数等于所有情况减去两人来自一个学科的情况,即 $C_{10}^2 - C_5^1 = 40$. 故本题选择 D.

【例39】(2016)某学生要在 4 门不同课程中选修 2 门课程,这 4 门课程中的 2 门各开设一个班,另外 2 门各开设两个班,该同学不同的选课方式共有(　　).

(A)6 种　　　　(B)8 种　　　　(C)10 种　　　　(D)13 种　　　　(E)15 种

【解析】

方法一：

根据题意可知所有的选课情况分为三类.第一类选择 2 门各开设一个班的课程,共 $C_2^2 = 1$ 种;第二类选择 2 门各开设两个班的课程,共 $C_2^1 C_2^2 = 4$ 种;第三类选择 1 门开设一个班的课程,选择 1 门开设两个班的课程,共 $C_2^1 C_2^1 C_2^1 = 8$ 种,所以该同学不同的选课方式共有 $1+4+8=13$ 种.本题选择 D.

方法二：

根据题意分析可利用正难则反,总的选课方式有 $C_6^2 = 15$ 种,反面情况是选的两个班是同一学科的班,有 $C_2^2 + C_2^2 = 2$ 种,即该同学不同的选课方式共有 $15-2 = 13$ 种.本题选择 D.

命题点 3 万能元素问题★★★

思路点拨
　　　万能元素的存在通常会将计数结果分成多种情况,是否选取万能元素,后续的计数结果是不同的,因此可直接按是否选万能元素进行分类.

【例 40】(2011)在 8 名志愿者中,只能做英语翻译的有 4 人,只能做法语翻译的有 3 人,既能做英语翻译又能做法语翻译的有 1 人.现从这些志愿者中选取 3 人做翻译工作,确保英语和法语都有翻译的不同选法共有(　　).

　　(A)12 种　　　(B)18 种　　　(C)21 种　　　(D)30 种　　　(E)51 种

【解析】

根据题意可设甲为既能做英语翻译又能做法语翻译的人,则可按照甲进行分类.①选甲,只需从剩余的人当中任选两个人,有 $C_7^2 = 21$ 种;②不选甲,可分为两英语一法语或两法语一英语两类,有 $C_4^2 C_3^1 + C_4^1 C_3^2 = 30$ 种,所以不同种选法共有 51 种.本题选择 E.

【例 41】现在有 6 位老师,有 4 位老师会教初数,有 3 位老师会教逻辑,现在需要 1 位初数和 1 位逻辑老师,请问不同的选法共有(　　)种.

　　(A)8　　　　(B)9　　　　(C)10　　　　(D)11　　　　(E)12

【解析】

根据题意可得,有 1 位老师既会教初数,又会教逻辑,记这位老师为 A 老师,所以分为两种情况,第一种,选 A 老师,则只需从剩下 5 位老师中再随便选 1 位即可,是 $C_1^1 C_5^1 = 5$;第二种,不选 A 老师,从 3 位只会初数的老师中选一位老师,再从 2 位只会逻辑的老师中选一位老师,是 $C_3^1 C_2^1 = 6$,即一共有 $5 + 6 = 11$ 种情况.故本题选择 D.

考点二 排列的应用★★

一、知识梳理

排列与组合的区分是比较容易的,有序用排列无序用组合.

在之前内容的学习过程中,我们能感受到,相比排列,组合的应用相对更加广泛一些.排列问题相对思路比较固定,在典型问题中,相邻不相邻问题,均为排列的应用,这两类问题的变化性较少.在此我们再对排列问题的应用进行适当补充.

1.部分元素定序问题

重新回顾排列组合的计算公式.从 n 个不同对象中取出 m 个对象进行排列,结果为 A_n^m ;也可以理解为分两步,先从 n 个不同对象中取出 m 个对象,再对 m 个对象进行全排列,结果为 $C_n^m A_m^m$.据此我们得到了组合数计算公式

$$C_n^m = \frac{A_n^m}{A_m^m}$$

现在我们换一个视角重新考虑该问题.从 n 个不同对象中取出 m 个对象作为一个组合,结果应该为 C_n^m ,但如果我们直接用 A_n^m ,能表示什么含义. A_n^m 不能表示组合,因为其中包含 m 个元素的排列,不需要排列但考虑了排列,是不是可以考虑将排列过程消除掉,共有 A_m^m 种顺序,于是可直接在 A_n^m 的基础上除以 A_m^m ,消除顺序得到组合数.

在一个排列中,想消除掉 m 个元素的顺序,直接除以 A_m^m 即可,这种处理方式叫作消序.以消序的方式,可以用排列来解决组合的问题.不过对于单纯一个组合问题,没有必要用这种思路,消序常常用于解决排列问题种部分元素顺序固定的问题.

例:5 个人排成一排,要求无论怎么排,甲必须在乙的左侧(不要求必须相邻),则结果有几种.

解:该问题中涉及顺序,为排列问题,但甲必须在乙的左侧,意味着甲乙的相对顺序是固定的,本题即为排列问题中部分元素定序问题.直接 A_5^5 是不符合题意的,其中考虑了甲乙的排列,而实际不需要对甲乙排列,因此消除甲乙的顺序即可,结果为 $\dfrac{A_5^5}{A_2^2}$.

当然方法不是唯一的,不考虑消序,也可先给甲乙选位置,5 个位置任选 2 个,甲乙顺序固定,无需排列 C_5^2 ,剩余 3 个位置 3 个人,全排列即可 A_3^3 ,最终结果为 $C_5^2 \cdot A_3^3$.显然 $\dfrac{A_5^5}{A_2^2} = C_5^2 \cdot A_3^3$.

2.数字问题

"从 1,2,3,4,5 中任选 3 个无重复数字,可以组成多少个不同的 3 位数."

与本题类似,给出的元素为数字,由这些数字组成其他的数字的题目,叫作数字问题.组成几位数问题,由于数字位置的改变即会导致组成数字不同,自然会考虑数字顺序的问题,因此数字问题主要

是对排列的应用.本题中,结果较为简单,5个数任选3个进行排列,结果为A_5^3.

现对上述题目进行调整:"问可以组成多少个3位数奇数."

奇数即末位数为奇数,相当于在排列问题的基础上,加了一个限定条件,有限定条件的题目,通常优先考虑限定条件.先考虑末位数,共3个奇数,任选一个作为末位数,结果C_3^1;剩余4个数字,2个位置,结果为A_4^2;最终结果为$C_3^1 \cdot A_4^2$.本题是在排列问题上结合了分步计数.

题目可再做调整:"从0,1,2,3,4中任选3个无重复数字,可以组成多少个不同的3位数."

数字问题中,需要注意的是0不能在首位,例如,012不能看成3位数.本题相当于对首位加上了限制条件,那么优先考虑首位,首位不能为0,因此只能有4个备选,结果为C_4^1;剩余4个数字,2个位置,结果为A_4^2;最终结果为$C_4^1 \cdot A_4^2$.

需要注意的是,上述例题只是简要说明,排列在数字问题中的应用,但是数字问题本身较为灵活,加上不同条件可转化成不同问题.

▌二、命题点精讲

命题点1 部分元素定序问题★★

思路点拨

排列问题中存在部分元素顺序固定,可考虑消序的方法,常见的出题方式有,数字固定大小顺序、人固定身高、数字有重复等.

【例42】(2014.10)用0,1,2,3,4,5组成没有重复数字的四位数,其中千位数字大于百位数字且百位数字大于十位数字的四位数的个数是( ).

(A)36   (B)40   (C)48   (D)60   (E)72

【解析】

根据题意,四位数中的千位大于百位大于十位,即任选3个数放前三位顺序一定为从大到小,属于部分元素定序问题,则从6个数字中选出4个进行排序后,再进行消序即可,共有$\dfrac{A_6^4}{A_3^3}=60$种情况.故本题选择D.

【例43】(2022)甲、乙足球比赛比分为4:2,乙从来没有领先过,则进球顺序的情况一共有( ).

(A)6种   (B)8种   (C)9种   (D)10种   (E)12种

【解析】

根据题意可知乙从来没有领先过,则第一次进球必须是甲,剩下的五次进球情况可以分为以下2种情况:①第二次进球也为甲,则剩下4次进球随便2次是甲,2次是乙就行,有$C_4^2=6$种;②第二次进球为乙时,则第三次必须是甲,剩下3次随机一次是乙即可,有$C_3^1=3$种,所以一共有$3+6=9$种.故本题选择C.

【例44】(2023)快递员收到3个同城快递任务,取送地点各不相同,取送件可穿插进行,不同的送件方式有(　　)种.

(A)6　　　　　(B)27　　　　　(C)36　　　　　(D)90　　　　　(E)360

【解析】

根据题意可设,取三件快递的动作可分别对应记为 A_1,A_2,A_3,送快递的动作可分别记为 B_1,B_2,B_3,取快递和送快递的动作可穿插随意进行,因此全排列共有 A_6^6 种情况,但由于同一件物品只能是先取才能送,所以 A_1 必须在 B_1 的前面,同理 A_2 必须在 B_2 的前面,A_3 必须在 B_3 的前面,则消除这三组的顺序即可,即 $\dfrac{A_6^6}{A_2^2 A_2^2 A_2^2}=90$.故本题选择 D.

命题点 2　数字问题★★

思路点拨　　数字问题只是一种出题背景,题目灵活多变,要根据题目灵活处理,但多数题目涉及排列问题以及计数原理的综合应用,需注意数字首位不能为 0.

【例 45】由数字 1,2,3,4 组成无重复数字的整数中,偶数的个数为(　　).

(A)32　　　　　(B)24　　　　　(C)20　　　　　(D)12　　　　　(E)2

【解析】

根据题意可知,可以是一位数偶数,还可以是两位、三位和四位的,所以分情况计算.

一位数偶数:有 2,4 共 2 种情况;

二位数偶数:个位是 2 或 4,十位从剩下三个数中随机取一个,有 $C_2^1 C_3^1=6$ 种情况;

三位数偶数:个位是 2 或 4,十位和百位从剩下三个数中随机取,有 $C_2^1 A_3^2=12$ 种情况;

四位数偶数:个位是 2 或 4,剩下三个数全排列,有 $C_2^1 A_3^3=12$ 种情况,一共有 $2+6+12+12=32$ 种情况.故本题选择 A.

【例 46】用 0,1,2,$\cdots$,9 这十个数字组成没有重复数字的三位数有(　　)个.

(A)A_{10}^3　　　　　(B)$9A_9^2$　　　　　(C)A_9^3　　　　　(D)A_{10}^2　　　　　(E)$A_{10}^3-A_9^3$

【解析】

根据题意可得,百位上不能选 0,有其他的 9 种选择,十位、个位上再从剩下的 9 个数中任限 2 个排列,即 $9A_9^2$.故本题选 B.

【例 47】用 0,1,2,3,4,5 这六个数字组成没有重复数字的五位数,则其中为 5 的倍数的五位数有(　　)个.

(A)120　　　　　(B)150　　　　　(C)180　　　　　(D)216　　　　　(E)240

【解析】

根据题意可知,个位要为 0 或 5:个位为 0,则再从剩下 5 个数中任选 4 个出来排列在剩余四位上,则有 $A_5^4=120$ 个;个位为 5,则最高位可以从 1,2,3,4 四个数中任选一个,再从剩下的 4 个数中挑 3 个出来排列在剩余四位上,则有 $C_4^1 A_4^3 = 96$ 个,即共有 120+96＝216 个. 故本题选择 D.

【例48】由数 0,1,2,3,4,5 可以组成无重复数字且奇偶数字相间的六位数的个数有(　　)个.

(A)36　　　　(B)48　　　　(C)52　　　　(D)60　　　　(E)72

【解析】

根据题意可知,奇偶数字相间分为两种情况:①奇数开头,3 个奇数排在第一、三、五位,3 个偶数排在第二、四、六位,则 $A_3^3 \cdot A_3^3 = 36$;②偶数开头,从 2 个偶数(2,4)中选择一个排在第一位,即 C_2^1,剩余两个偶数排在第三、五位,即 A_2^2,3 个奇数排在第二、四、六位,即 A_3^3,则 $C_2^1 A_2^2 A_3^3 = 24$,则共有 36 + 24 = 60 种. 故本题选择 D.

考点三　分步计数的应用★★

▌一、知识梳理

通过上面的学习,我们清楚,计数原理与排列组合,多数情况下均为综合到一起进行应用的. 但是解题的关键可以有所侧重. 下面为一些以"分步计数"为解题核心的计数问题.

1.涂色问题

"用 4 种不同的颜色涂在下列区域中如图 7–5 所示,要求相邻区域不同色,共有多少种不同方案."

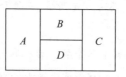

图 7–5

与本题类似,将不同颜色对特定区域进行涂色的问题,叫作涂色问题. 通常涂色问题会要求相邻区域不同色.

涂色问题就是分步计数的直接应用,按照一定步骤依次对每个区域进行涂色即可,上述题目中,按照 A,B,D,C 的顺序,分为 4 步依次给每个区域涂色即可,结果为 $4 \times 3 \times 2 \times 2 = 48$.

若按照 A,B,C,D 的顺序进行涂色是否可行? 前两步没有任何区别,涂色选择分别为 4,3 种,第三步考虑 C ,正常来看 C 不与 B 同色,那么应该有 3 种选择,但是 C 是否与 A 同色,会影响到 D 的选择,需要分类进行讨论. 若 C 与 A 同色,那么 D 有 2 种选择,此时共有 $4 \times 3 \times 1 \times 2 = 24$ 种结果;若 C 不与 A 同色,那么 C 有 2 种选择,D 有 1 种选择,共有 $4 \times 3 \times 2 \times 1 = 24$ 种结果;最终共有 48 种选择.

两种解法答案一致,但是显然第二种思路相对复杂,我们能够发现,涂色的顺序,会对计数过程带来影响,涂色问题的主要难点就是在复杂图像中的分步顺序问题. 在涂色顺序的选择上,可遵循如下原则:优先考虑两两相邻的区域. 在上题中 A,B,D 三个区域两两相邻,所以要先考虑这三个区域,之后再考虑其他区域,当然 B,C,D 也是两两相邻,也可先考虑这三个区域. 但是不能三个区域还没考虑完就直接考虑其他区域,A,B,C,D 的顺序就属于未考虑完两两相邻区域,就考虑其他区域的情况,这种情况下就会出现讨论.

若出现环形区域涂色问题,则一定涉及讨论环节,可结合后续题目进行理解.

2.几何问题

"平面上有 6 个点,任意 3 点不共线,则能形成多少条直线."

与本题类似,以几何图形为元素的计数问题,叫作几何问题.

本题中,可思考直线和点的关系,显然两点构成一条直线,那么 6 个点任选 2 个点,有多少不同结果,则有多少条不同直线,结果为 C_6^2.

几何问题的解题关键,就是考虑目标图形与给定元素之间的关系,转化为计数过程,复杂题目常结合分步计数问题进行考虑.

3.路径问题

某人或者一个点,围绕某一图形移动,最终考虑有多少种不同路线的问题,叫作路径问题.

路径问题的解题思路主要用到的是分步计数.围绕图形中的节点,分几步完成,考虑每个节点上的选择.

▌二、命题点精讲

命题点 1 涂色问题★★

> **思路点拨** 涂色问题本质为分步计数,按顺序依次考虑各区域的颜色种数即可.区域较多时,优先考虑两两相邻的区域;出现环形涂色问题时,需要注意分类.

【例 49】(2000)用五种不同的颜色涂在图中四个区域里如图 7-6 所示,每一区域涂上一种颜色,且相邻区域的颜色必须不同,则共有不同的涂法(   )种.

(A) 120　　　(B) 140　　　(C) 160　　　(D) 180

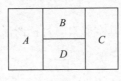

图 7-6

【解析】

根据题意可知五种不同的颜色涂在图中四个区域里可分 4 步:①涂 A 有 C_5^1 种颜色可选,②涂 B 需排除与 A 相同的颜色有 C_4^1 种,③涂 D 的需与 A,B 均不同色有 C_3^1 种,④涂 C 要求与 B,D 不同色但可以与 A 同色有 C_3^1 种,故共 $C_5^1 C_4^1 C_3^1 C_3^1 = 180$ 种涂法.故本题选择 D.

【例 50】(2022)某城市需要建造一个花园,分为 5 个部分,如图 7-7 所示.现要栽种 4 种不同颜色的花,每部分栽种一种并且相邻部分不能栽种同样颜色的花,则不同的栽种方案有(　　).

(A)12 种　　　　(B)24 种　　　　(C)32 种　　　　(D)48 种　　　　(E)96 种

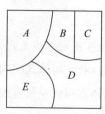

图 7-7

【解析】

根据题意可利用分步计数原理按照 $AEDBC$ 进行栽花,A 有 4 种情况,E 有 3 种情况,D 有 2 种情况,B 有 2 种情况,C 有 2 种情况,则共有 $4 \times 3 \times 2 \times 2 \times 2 = 96$ 种情况.故本题选择 E.

【例 51】如图 7-8 所示,在一花坛 A,B,C,D 四个区域种花,现有 4 种不同的花供选种,要求在每块地里种 1 种花,且相邻的两块种不同的花,则不同的种法总数为(　　).

(A)60　　　　(B)48　　　　(C)84　　　　(D)72　　　　(E)36

图 7-8

【解析】

根据题意可知,用分步计数原理进行求解,分四步依次为 A,B,C,D 选一种花,则 C 的选择会影响 D,所以分两种情况:① A,C 同色,$C_4^1 \times C_3^1 \times C_1^1 \times C_3^1 = 36$,② A,C 不同色,$C_4^1 \times C_3^1 \times C_2^1 \times C_2^1 = 48$,所以总的种法 $36 + 48 = 84$ 种.故本题选择 C.

命题点 2　几何计数问题★★

思路点拨

几何计数问题,核心考虑给定基本要素与目标图形之间的关系,将其转化为计数过程,再结合计数原理进行求解.

【例 52】(2015)平面上有 5 条平行直线,与另一组 n 条平行直线垂直,若两组平行直线共构成 280 个矩形,则 $n = ($　　$)$.

(A)5　　　　(B)6　　　　(C)7　　　　(D)8　　　　(E)9

【解析】

根据题意可知,从 5 条平行直线中任取两条,再从与之垂直的 n 条平行直线中任取两条,可得到一个矩形,则 $C_5^2 \cdot C_n^2 = 280$,解得 $n = 8$.故本题选择 D.

【例53】(2002)两线段 MN 和 PQ 不相交,线段 MN 上有 6 个点 $A_1, A_2, \cdots, A_6$,线段 PQ 上有 7 个点 $B_1, B_2, \cdots, B_7$,若将每一个 A_i 和每一个 B_j 连成不作延长线的线 $A_iB_j (i = 1, 2, \cdots, 6; j = 1, 2, \cdots, 7)$,则由这些线段 A_iB_j 相交而得到的交点最多有(　　).

(A) 315 个　　　　(B) 316 个　　　　(C) 317 个　　　　(D) 318 个

【解析】

根据题意可知,在 MN 任选 2 个点与 PQ 上任选 2 个点相连只能得到一个交点,如图 7-9 所示,线段 MN 上有 6 个点,线段 PQ 上有 7 个点,则在线段 MN 任选 2 点有 C_6^2 种,在线段 PQ 上任选 2 点有 C_7^2 种,则总交点数为 $C_6^2 C_7^2 = 315$ 个. 故本题选择 A.

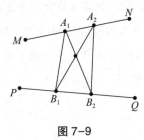

图 7-9

命题点3　路径问题★★

思路点拨

路径问题的关键在于将题目转化成计数过程,根据初始及结束位置,确定移动路径由几个节点构成,分步进行计数.

【例54】(2013)确定两人从 A 地出发经过 B,C 沿逆时针方向进行一圈回到 A 地的方案如图 7-10 所示. 当从 A 地出发时,每人均可选大路或山道,当经过 B,C 时,至多有一人可以更改道路,则不同的方案有(　　)种.

(A) 16　　　　(B) 24　　　　(C) 36　　　　(D) 48　　　　(E) 64

图 7-10

【解析】

根据题意可知,从 A 至 B,每人都有 2 种选择,则共有 $2 \times 2 = 4$ 种情况;从 B 至 C,共有 3 种情况:甲更改路线、乙更改路线、甲乙都不更改路线;从 C 至 A,共有 3 种情况:甲更改路线、乙更改路线、甲乙都不更改路线;则共有 $4 \times 3 \times 3 = 36$ 种. 故本题选择 C.

【例 55】如图 7-11 所示，某城市的街区由 12 个全等的矩形组成（实线表示马路），CD 段马路由于正在维修暂时不通，则从 A 到 B 的最短路径有(　　)条.

(A)23　　　　　(B)24　　　　　(C)25　　　　　(D)26　　　　　(E)27

图 7-11

【解析】

根据题意可知，如果 CD 是实线，可通行，则从 A 到 B 一共要走 7 步，在这 7 步中任意选 4 步横着走即可，一共有 $C_7^4 = 35$ 种情况，现在 CD 不可通行，则减去要从 CD 通行的情况即可，即先从 A 到 C，3 步中任选 2 步横着走 C_3^2，再走 CD，最后从 D 到 B，3 步中任选 1 步横着走 C_3^1，则一共有 $C_3^2 C_3^1 = 9$ 种情况，所以最终可通行的文案有 $35 - 9 = 26$ 种. 故本题选择 D.

第三节　章节总结

▌一、计数原理

1.计数原理

(1)穷举法是最基础的计数方法.

(2)分类加法.

(3)分步乘法.

2.排列与组合:有序用排列,无序用组合.

3.排列数和组合数公式

(1)排列数公式:

① $A_n^m = n(n-1)\cdots(n-m+1)$;

② $A_n^n = n(n-1)(n-2)\cdots3\times2\times1 = n!$;

③ $A_n^0 = 1$, $A_n^1 = n$.

(2)组合数公式

① $C_n^m = \dfrac{A_n^m}{A_m^m} = \dfrac{n(n-1)\cdots(n-m+1)}{m(m-1)\cdots3\times2\times1}$;

② $C_n^m = C_n^{n-m}$;

③ $C_n^0 = C_n^n = 1$, $C_n^1 = n$.

▌二、二项式定理

1.对于任意正整数 n ,有: $(a+b)^n = C_n^0 a^n + C_n^1 a^{n-1}b + \cdots + C_n^k a^{n-k}b^k + \cdots + C_n^n b^n$,式中的 $C_n^k a^{n-k}b^k$ 是展开式中的第 $k+1$ 项,用 T_{k+1} 表示,即 $T_{k+1} = C_n^k a^{n-k}b^k$.

2. $C_n^0 + C_n^1 + \cdots + C_n^{n-1} + C_n^n = 2^n$.

▌三、典型计数问题

1.住店问题

n 个不同对象从 m 个不同元素中进行选择,且每个对象只能选择1次,每个元素可被重复选择,则所有的排列总数为 m^n .

2.相邻问题:捆绑法

相邻对象看作一个整体与其他剩余对象进行全排列,然后再考虑相邻对象的内部排序问题.

3.不相邻问题:插空法

先可把其他剩余对象先排好,然后把不相邻对象排列到其他对象所形成的空当中去.

4.错排问题

(1)错排递推公式：$D(n) = (n-1)[D(n-1) + D(n-2)]$，$n \in N^*$ 且 $n > 2$

(2)错排问题常用结论

元素个数	2	3	4	5	6
方法数	1	2	9	44	265

5.相同元素分组问题：隔板法

(1)将 n 个相同元素分给 m 个不同对象，每个对象至少分 1 个，方法数为 C_{n-1}^{m-1}.

(2)将 n 个相同元素分给 m 个不同对象，每个对象至少分 2 个，方法数为 C_{n-m-1}^{m-1}.

(3)将 n 个相同元素分给 m 个不同对象，分得数量可以为 0 个，方法数为 C_{n+m-1}^{m-1}.

6.不同元素分组问题：逐组挑选法

(1)大原则：先分组，后分配，是否需要分配须结合题意进行辨别.

(2)在分组过程中，有均分(组内数量相同)，要消序；有 k 个组平均分组，要除以 $k!$.

四、计数原理综合应用

1.选人问题

(1)有限定条件的选人问题，优先满足限定条件.

(2)成双成对问题，先选双后选只.

(3)万能元素问题，围绕万能元素进行分类.

2.排列的应用

(1)部分元素定序问题，运用消序法.

(2)数字问题，注意特殊要求，比如首项不能为 0.

3.分步计数的应用

(1)涂色问题：优先考虑两两相邻的区域.

(2)几何问题：考虑目标图形与给定元素之间的关系.

(3)路径问题：确定路径的关键节点.

第四节 强化训练

一、问题求解

第1~15小题,每小题3分,共45分,下列每题给出的A、B、C、D、E 五个选项中,只有一项是符合试题要求的,请在答题卡上将所选项的字母涂黑.

1. 某次乒乓球单打比赛中,先将8名选手等分为2组进行小组单循环赛,若一位选手只打了1场比赛后因故退赛,则小组赛的实际比赛场数是( ).
   (A)24   (B)19   (C)12   (D)11   (E)10

2. 安排3名支教老师去6所学校任教,每校至多去2人,则不同的分配方法有( )种.
   (A)30   (B)90   (C)120   (D)160   (E)210

3. 用0~5这六个数字,组成没有重复数字的三位数,其中偶数共有( )个.
   (A)30   (B)36   (C)48   (D)52   (E)66

4. 将5人排成一排,甲、乙之间至少有1人,则不同的排法共有( )种.
   (A)12   (B)24   (C)36   (D)64   (E)72

5. 将3名男生,3名女生排成一排,三名女生中有两名相邻,但三名女生不能排到一起,则不同的排法有( )种.
   (A)432   (B)216   (B)144   (D)96   (E)72

6. 将1,2,3,4这4个数字分别放到标号为1,2,3,4的4个盒子中,则至少有一个盒子的标号与数字相同的放法共有( )种.
   (A)6   (B)8   (C)14   (D)15   (E)16

7. 6 把椅子摆成一排,3人随机就座,任何两人不相邻的坐法种数为( ).
   (A)24   (B)36   (C)72   (D)120   (E)144

8. 某公司有7个车队,每个车队的车型相同,且不少于4辆,现在从这7个车队中抽取10辆,且每个车队至少抽1辆,组成运输队,则不同的抽法有( )种.
   (A)20   (B)35   (C)40   (D)84   (E)120

9. 将不同颜色的6个小球放在3个相同的盒子里,每个盒子的数量为1,2,3,则放置的结果共有( )种.
   (A)30   (B)36   (C)48   (D)60   (E)72

10. 某校高二年级共有六个班级,现从外地转入4名学生,要安排到该年级的两个班级且每班安排2名,则有( )种不同的安排方案.
    (A)60   (B)48   (C)30   (D)90   (E)45

11. 5 名志愿者分到3所学校支教,每个学校至少去一名志愿者,则不同的分配方法有( )种.
    (A)120   (B)150   (C)180   (D)200   (E)280

12.某部门共有 3 人,从周一到周五,每天安排一人值班,每人至少值 1 天班,则不同的排法共有( )种.

  (A)150   (B)180   (C)90   (D)120   (E)60

13.从 0,1,2,3,5,7,11 七个数字中每次取两个相乘,不同的积有( )种.

  (A)15   (B)16   (C)19   (D)23   (E)21

14.有 8 名同学争夺 3 项冠军,获得冠军的结果有( )种.

  (A)56   (B)336   (C)512   (D)3 072   (E)5 661

15.同寝室五个人各写一张贺年卡,先集中起来,然后每人从中拿一张贺卡,则恰有一人拿到自己贺卡的方式有( )种.

  (A)9   (B)27   (C)36   (D) 44   (E) 45

二、条件充分性判断

第 16~25 小题,每小题 3 分,共 30 分.要求判断每题给出的条件(1)和(2)能否充分支持题干所陈述的结论. A、B、C、D、E 五个选项为判断结果,请选择一项符合试题要求的判断,在答题卡上将所选项的字母涂黑.

(A)条件(1)充分,但条件(2)不充分

(B)条件(2)充分,但条件(1)不充分

(C)条件(1)和条件(2)单独都不充分,但条件(1)和条件(2)联合起来充分

(D)条件(1)充分,条件(2)也充分

(E)条件(1)和条件(2)单独都不充分,条件(1)和条件(2)联合起来也不充分

16.(2010.10)12 支篮球队进行单循环比赛,完成全部比赛共需 11 天.

  (1)每天每队只比赛 1 场.

  (2)每天每队比赛 2 场.

17.某餐厅供应午饭,每位顾客可以在餐厅提供的菜肴中任选 2 荤 2 素共 4 种不同的品种,现在餐厅准备了 5 种不同的荤菜,则每位顾客有 200 种以上的不同的选择.

  (1)餐厅至少还需准备不同的素菜品种 7 种.

  (2)餐厅至少还需准备不同的素菜品种 6 种.

18.$M < N$.

  (1)有 4 名学生争夺数学、物理、化学竞赛冠军,有 M 种不同的结果.

  (2)有 4 名学生报名参加数学、物理、化学竞赛,每人限报一科,有 N 种不同结果.

19.从 1,2,3,…,10 的正整数中任取 3 个,则不同的选法总数有 100 种.

  (1)至少选 1 个奇数.

  (2)至少选 1 个偶数.

20.现有 3 名男生,2 名女生参加面试,则面试顺序的排法有 72 种.

(1)第一位面试的是男生.

(2)第二位面试的是指定的某位男生.

21.将 4 名男生,3 名女生排成一排,则不同的排法总数有 1 440 种.

(1)女生必须站在一起.

(2)女生两两互不相邻.

22.安排 3 个相声和 2 个小品节目演出,则不同的安排方法共有 72 种.

(1)两个小品节目相邻.

(2)两个小品之间至少安排一个相声.

23.将 3 名男生,3 名女生排成一排,则有 A_5^5 种排法.

(1)甲男生不站在排头.

(2)男生不站在排头.

24.有 6 名运动员,则有 45 种分组方法.

(1)将运动员平均分成 3 组.

(2)将运动员分成 3 组,每组至少 1 人.

25.(2013)三个科室的人数分别为 6,3,2,因工作需要,每晚需要排 3 人值班,则在两个月中可使每晚的值班人员不完全相同.

(1)值班人员不能来自同一科室.

(2)值班人员来自三个不同科室.

参考答案:1~5 EEDEA　6~10 DADDD　11~15 BABCE　16~20 AACCA　21~25 BBEEA

第五节　强化训练参考答案及解析

▍一、问题求解

1.E 【解析】根据题意可知,该选手比赛一场退赛,组内其他选手之间再比赛有 $1 + C_3^2 = 4$ 场,另一小组比赛正常共比赛 $C_4^2 = 6$ 场,两小组总共比赛 $6 + 4 = 10$ 场. 故本题选择 E.

2.E 【解析】根据题意可知,每名老师有 6 所学校可选择,选择数为 6^3,考虑反面其中这 3 名老师去同一所学校的可能性为 6 种,所以总的分配方法有 $6^3 - 6 = 210$ 种. 故本题选择 E.

3.D 【解析】根据题意可知,个位必须是偶数,具体情况有三种:①0 在个位的偶数有 $A_5^2 = 20$;②0 在十位的偶数有 $C_2^1 C_4^1 = 8$;③没有 0 的偶数有 $C_2^1 A_4^2 = 24$,共有 $20 + 8 + 24 = 52$ 个. 故本题选择 D.

4.E 【解析】根据题意可知甲、乙之间至少有 1 人即甲、乙两人不相邻,故将其余三人全排有 A_3^3 种,然后将甲、乙两人插到三人形成的空隙中,有 A_4^2 种,则共有 $A_3^3 A_4^2 = 72$ 种排法. 故本题选择 E.

5.A 【解析】根据题意可知先将三名男生进行排列,然后从三名女生中选两名捆绑到一起,与剩下的一个女生插到三名男生所形成的 4 个空里,则不同的排法有 $A_3^3 C_3^2 A_2^2 A_4^2 = 432$ 种. 故本题选择 A.

6.D 【解析】根据题意可知,至少有一个盒子标号与数字相同的情况有:1 个相同 3 个不同,2 个相同 2 个不同,4 个均相同这三种情况,则放法共有 $C_4^1 \times 2 + C_4^2 \times 1 + 1 = 15$ 种. 故本题选择 D.

7.A 【解析】根据题意可知,先放三把空椅子,有 4 个空,把 3 人插入这 4 个空有 $A_4^3 = 24$ 种结果. 故本题选择 A.

8.D 【解析】根据题意可知,10 辆相同的车从七个不同的车队中抽取,每个车队至少抽取一辆,因此总的情况数为 $C_9^6 = 84$. 故本题选择 D.

9.D 【解析】根据题意可知,放置的结果为 $C_6^1 C_5^2 C_3^3 = 60$ 种. 故本题选择 D.

10.D 【解析】根据题意可知,先从六个班级中选出两个班级安排学生有 C_6^2 种,然后将四名学生平均分成两组分配到两个班级里面有 $\frac{C_4^2 C_2^2}{A_2^2} \cdot A_2^2$ 种,所以总的安排方案数为 $C_6^2 \cdot \frac{C_4^2 C_2^2}{A_2^2} \cdot A_2^2 = 90$. 故本题选择 D.

11.B 【解析】根据题意可知,5 名志愿者的有两种分组情况,分别为 1、1、3 和 1、2、2,即分组数为 $\frac{C_5^1 C_4^1 C_3^3}{A_2^2} + \frac{C_5^1 C_4^2 C_2^2}{A_2^2}$,再分配到不同的学校,总的分配方法为 $(\frac{C_5^1 C_4^1 C_3^3}{A_2^2} + \frac{C_5^1 C_4^2 C_2^2}{A_2^2}) A_3^3 = 150$. 故本题选择 B.

12.A 【解析】根据题意可知,值班情况可以分为两类:一人值班三天,其余两人每人各值一天班,有 $\frac{C_5^3 C_2^1 C_1^1}{2!} \cdot A_3^3 = 60$ 种排法,有两人各值班两天,剩余一人值班 1 天,有 $\frac{C_5^2 C_3^2 C_1^1}{2!} \cdot A_3^3 = 90$ 种排法,则不同的排法共有 $60 + 90 = 150$ 种. 故本题选择 A.

13.B 【解析】根据题意可知,7 个数任取 2 个共 $C_7^2 = 21$ 种情况,由于 0 与任何数的积都为零,有 6 种情况均为 0,也就是重复计算了 5 次,所以取两个相乘不同的积有 $C_7^2 - 5 = 16$ 种. 故本题选择 B.

14.C 【解析】根据题意可知,每一个冠军奖杯各自都有 8 个同学可供选择,有 $8^3 = 512$ 种结果. 故本题选择 C.

15. E 【解析】根据题意可知,这 5 人中有一人拿到了自己的贺卡为 C_5^1,其他 4 人错拿贺卡的排法有 9 种,所以共有 $9C_5^1 = 45$ 种. 故本题选择 E.

▍二、条件充分性判断

16. A 【解析】根据题意可知,12 支篮球队进行单循环比赛,则每支球队有 11 场比赛.

条件(1):根据条件可知,每天每队只比赛 1 场,共需 11 天,所以条件(1)充分;

条件(2):根据条件可知,每天每队比赛 2 场,共需 $\frac{11}{2} = 5.5$ 天,所以条件(2)不充分. 故本题选择 A.

17. A 【解析】根据题意可设至少需准备 x 种不同素菜. 根据排列组合原理,有 $C_5^2 C_x^2 \geqslant 200$,化简得 $x(x-1) \geqslant 40$,且 $x \in N^+$,所以 $x \geqslant 7$.

条件(1):$x \geqslant 7$,是转化结论的非空子集,所以条件(1)充分;

条件(2):$x \geqslant 6$,不是转化结论的非空子集,所以条件(2)不充分. 故本题选择 A.

18. C 【解析】条件(1):根据条件可知,每个冠军都由一个学生获得,每个冠军有 4 名学生可以选择,所以 $M = 4^3$,所以条件(1)不充分;

条件(2):根据条件可知,每个学生都要选择一科竞赛,每个学生有 3 项竞赛可以选择,所以 $N = 3^4$,所以条件(2)不充分;

(1)+(2):条件(1)和条件(2)联合可得 $M < N$,所以条件(1)和条件(2)联合充分. 故本题选择 C.

19. C 【解析】条件(1):根据条件可知至少选 1 个奇数,则可以是 3 奇和 2 奇 1 偶及 1 奇 2 偶,则共有 $C_5^3 + C_5^2 C_5^1 + C_5^1 C_5^2 = 10 + 50 + 50 = 110$ 种,所以条件(1)不充分;

条件(2):根据条件可知至少选 1 个偶数,则可以是 3 偶和 2 奇 1 偶及 1 奇 2 偶,则共有 $C_5^3 + C_5^2 C_5^1 + C_5^1 C_5^2 = 10 + 50 + 50 = 110$ 种,所以条件(2)不充分;

(1)+(2):至少选 1 个奇数,至少选 1 个偶数,则可以是 1 奇 2 偶和 2 奇 1 偶,则共有 $C_5^2 C_5^1 + C_5^1 C_5^2 = 100$ 种. 故本题选择 C.

20. A 【解析】条件(1):根据条件可知,第一步对第一位面试的男生进行选择,则方案有 C_3^1 种,第二步对剩余四个面试者进行全排列,则方案有 A_4^4 种,故面试顺序的排法有 $C_3^1 A_4^4 = 72$ 种,所以条件(1)充分;

条件(2):根据条件可知,第一步对第二位面试指定的男生进行选择,则方案仅有 1 种,第二步对剩余四个面试者进行全排列,则方案有 A_4^4 种,故面试顺序的排法有 $1 \times A_4^4 = 24$ 种,所以条件(2)不充分. 故本题选择 A.

21. B 【解析】条件(1):根据条件可得,女生必须站在一起,将女生捆绑在一起,当成一个新的整体与其他剩余对象进行全排列,再考虑三个女生的内部排序,则不同的排法总数有 $A_5^5 A_3^3 = 720$ 种,所以条件(1)不充分;

条件(2):根据条件可得女生两两互不相邻,先将男生进行全排列,然后再把三个女生插到 4 名男生所形成的 5 个空里,则不同的排法总数有 $A_4^4 A_5^3 = 1440$ 种,所以条件(2)充分. 故本题选择 B.

22.B 【解析】条件(1):根据条件可知,2个小品相邻,则将2个小品捆绑到一起,与剩下的3个相声进行全排列,再考虑小品之间的内部排序,共有 $A_4^4 A_2^2 = 48$ 种,所以条件(1)不充分;

条件(2):根据条件可知,两个小品之间至少安排一个相声,只需将3个相声进行全排列,然后将2个小品插到其中形成的4个空中,不同的安排方法共有 $A_3^3 A_4^2 = 72$ 种,所以条件(2)充分. 故本题选择 B.

23.E 【解析】条件(1):排头可以是其他5个人中任意一个,然后剩下的5个人全排列,则有 $C_5^1 A_5^5$ 种,所以条件(1)不充分;

条件(2):站排头的可以是3个女生当中的任意一个,然后剩下的5个人全排列,则有 $C_3^1 A_5^5$ 种,所以条件(2)不充分;

(1)+(2):即男生不站在排头,同条件(2),所以条件(1)和条件(2)联合不充分. 故本题选择 E.

24.E 【解析】条件(1):根据题意6人平均分成3组,即 $\dfrac{C_6^2 C_4^2 C_2^2}{A_3^3} = 15$,所以条件(1)不充分;

条件(2):根据题意 $6 = 1+1+4 = 1+2+3 = 2+2+2$,一共有三种情况,$\dfrac{C_6^1 C_5^1 C_4^4}{A_2^2} + C_6^1 C_5^2 C_3^3 + \dfrac{C_6^2 C_4^2 C_2^2}{A_3^3} = 90$,所以条件(2)不充分;

(1)+(2):联合后同条件(1),所以条件(1)和条件(2)联合不充分. 故本题选择 E.

25.A 【解析】条件(1):根据条件可知,可用总的情况数减来自同一科室,即 $C_{11}^3 - C_6^3 - C_3^3 = 165 - 20 - 1 = 144 > 62$ 种,所以条件(1)充分;

条件(2):根据条件可知,方案有 $C_6^1 C_3^1 C_2^1 = 36 < 62$ 种,所以条件(2)不充分. 故本题选择 A.

第八章　统计与概率

第一节　章节导读

┃一、考纲解读

管理类联考考试大纲中统计与概率运算部分如下：

> 1.数据描述
>
> (1)平均值
>
> (2)方差与标准差
>
> (3)数据的图表表示(直方图,饼图,数表)
>
> 2.概率
>
> (1)事件及其简单运算
>
> (2)加法公式
>
> (3)乘法公式
>
> (4)古典概型
>
> (5)伯努利概型

数据描述每年最多考一道题,且整体偏简单,不需要花太多时间学习练习,熟记公式,掌握一定的做题技巧即可;概率较难,需要重点去理解和分类,不同类别用不同的方法去解决.

数据描述和概率在考试当中占比约8%~20%,题目数量2~5道.本章节整体难度适中.

┃二、重难点及真题分布

1.重难点解读

(1)古典概型概率:每年都会考查,结合到其他知识点中进行考查,属于重点考点.

(2)相互独立事件和伯努利概型概率:经常考察,且考察形式灵活多变,平时需要多加练习.

2.真题分布

年份	考点	占比
2024	古典概型	12%
2023	平均数与方差、古典概型	12%
2022	古典概型	8%
2021	平均数与方差、古典概型、独立事件的概率	16%

年份	考点	占比
2020	统计图、古典概型	16%
2019	平均数与方差、统计图、古典概型、独立事件的概率	16%
2018	平均数与方差、古典概型、独立事件的概率	12%
2017	平均数与方差、古典概型、伯努利概型、独立事件的概率	20%

▌三、考点框架

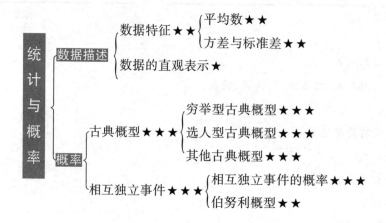

本章划分为 2 讲、4 个考点、8 个命题点,其中包含 3 个两星命题点、4 个三星命题点.

第二节　考点精讲

第一讲　数据描述

考点一　数据特征★★

▌一、知识梳理

对数据进行收集、整理和分析,可以有助于我们进行科学的决策.

对于给定的一组数据,相比较某一个数值,更多时候我们关心的是能反映这组数据特征的一些值.常用的数据特征有:最值、平均值、方差等.

1.最值

一组数据的最值指的是数据中的最大值与最小值,一般用 max 表示最大值,用 min 表示最小值.最值表示的是一组数据中最极端的情况.

2.平均数

给定一组数据 $x_1, x_2, \cdots, x_n$,这组数据的平均数为

$$\bar{x} = \frac{1}{n}(x_1 + x_2 + \cdots + x_n)$$

可简写为

$$\bar{x} = \frac{1}{n}\sum_{i=1}^{n} x_i$$

其中 $\sum$ 表示求和,右侧的 i 表示求和的范围,范围的最大值和最小值分别写在 $\sum$ 上下.平均数表示的是一组数据的平均水平.

3.极差、方差与标准差

一组数据的极差指的是这组数据的最大值与最小值之差.极差是一组数据的变化范围,表示了一组数据的离散程度.

极差仅仅和最大值最小值相关,仅用两个数据来反映一组数据的离散程度,是比较粗糙的.可以更精细地描述一组数据的离散程度的量还有方差和标准差.

给定一组数据 $x_1, x_2, \cdots, x_n$,这组数据的方差为

$$s^2 = \frac{1}{n}\left[(x_1 - \bar{x})^2 + (x_2 - \bar{x})^2 + \cdots + (x_n - \bar{x})^2\right]$$

可简写为

$$s^2 = \frac{1}{n}\sum_{i=1}^{n}(x_i - \bar{x})^2$$

将上式中的平方展开可进一步整理为

$$s^2 = \frac{1}{n}(x_1^2 + x_2^2 + \cdots + x_n^2) - (\bar{x})^2.$$

方差的算术平方根称为标准差. 即

$$s = \sqrt{\frac{1}{n}\left[(x_1 - \bar{x})^2 + (x_2 - \bar{x})^2 + \cdots + (x_n - \bar{x})^2\right]}$$

可简写为

$$s = \sqrt{\frac{1}{n}\sum_{i=1}^{n}(x_i - \bar{x})^2}.$$

方差、标准差的计算中,主体部分是每个数据与平均值的差值. 即方差、标准差反映的是每个数据与平均值的差距. 若每个数据均相同,那方差、标准差则为 0,说明数据没有波动;反过来,若方差和标准差较大,说明数据与平均值差值较大,数据波动幅度也较大. 因此方差和标准差表示的是一组数据的离散程度.

给定一组数据 $ax_1 + b$,$ax_2 + b$,$\cdots$,$ax_n + b$,其中 a,b 为常数,即该组数据是基于上一组数据做的变化. 则这组的平均值为 $a\bar{x} + b$,方差为 a^2s^2,标准差为 $|a|s$. 可直接套用上述公式,整理之后即可得到该结论,此处不做详细说明.

例:计算 1,2,3,4,5 与 4,5,6,7,8 两组数据的方差.

这两组数据均为连续的 5 个整数,易得到平均值分别为 3,6,计算方差可得

$$s_1^2 = \frac{1}{5}\left[(1-3)^2 + (2-3)^2 + (3-3)^2 + (4-3)^2 + (5-3)^2\right] = 2$$

$$s_2^2 = \frac{1}{5}\left[(4-6)^2 + (5-6)^2 + (6-6)^2 + (7-6)^2 + (8-6)^2\right] = 2$$

通过该例题,我们能够意识到:

(1)连续的奇数个整数的平均值一定为中间的数值;

(2)任意连续的 n 个整数,方差、标准差一定相等;

(3)连续的 5 个整数方差一定为 2.

▎二、命题点精讲

命题点1 平均数★★

思路点拨

求一组数据的平均值,习惯先将数据由小到大排列. 若数据为等差数列,则平均值即为中间数值;若数据无规律且较大,可以找某一基准值,计算各数值与该基准值的差值再求平均数;若涉及平均数的比较,不一定非求出具体平均值,可通过观察对比得出结论.

【例1】中央气象督查组派气象调查员到甲、乙、丙三个地区进行空气质量检测,一周后气象员将空气PM2.5指数进行反馈,如下表所示:

监测日 / 地区	2021.1.1	2021.1.2	2021.1.3	2021.1.4	2021.1.5	2021.1.6	2021.1.7
甲	35	44	38	41	50	53	47
乙	67	71	75	73	69	77	65
丙	44	58	56	60	42	59	77

三个地区在监测期间空气质量由好到坏的排名顺序为(　　　).(PM2.5指数越低,空气质量越好.)

(A)乙、丙、甲　　　(B)乙、甲、丙　　　(C)甲、丙、乙　　　(D)丙、甲、乙　　　(E)丙、乙、甲

【解析】

观察表格中的甲、乙、丙三组数据,每组数据按从小到大的顺序来看,丙组数据均比甲组数据大,同时乙组数据均比丙组数据大,则很容易得出三组数据的平均值大小顺序为 $\overline{x}_{甲} < \overline{x}_{丙} < \overline{x}_{乙}$,则三个地区在监测期间空气质量由好到坏的排名顺序为甲、丙、乙.故本题选择C.

【例2】(2018)为了解某公司员工的年龄结构,按男、女人数的比例进行了随机抽样,结果如下:

男员工年(岁)	23　26　28　30　32　34　36　38　41
女员工年(岁)	23　25　27　27　29　31

根据表中数据估计该公司男员工的平均年龄与全体员工的平均年龄分别是(单位:岁)(　　　).

(A)32,30　　　(B)33,29.5　　　(C)32,27　　　(D)30,27　　　(E)29.5,27

【解析】

观察表格中的数据,两组数据均是按从小到大的顺序排列,不难发现男员工数据去掉首个数值23和末尾数值41,中间7个数值是成等差数列的,则平均值为中间值32,首个数值23和末尾数值41的平均值也是32,可得男员工平均年龄为32;女员工数据也是成等差数列且中间项为27,则可得女员工平均年龄为27,全体员工的年龄是在27到32之间,结合选项.故本题选择A.

【例3】(2012)甲、乙、丙三个地区的公务员参加测评,其人数和考分情况如下表:

分数 / 地区人数	6	7	8	9
甲	10	10	10	10
乙	15	15	10	20
丙	10	10	15	15

三个地区按平均分由高到低的排名顺序为( ).

(A)乙、丙、甲　　(B)乙、甲、丙　　(C)甲、丙、乙　　(D)丙、甲、乙　　(E)丙、乙、甲

【解析】

计算平均值可得 $\overline{x}_甲=7.5,\overline{x}_乙\approx7.6,\overline{x}_丙=7.7$,可直接得到大小关系,但是计算过程较烦琐.本题还可以直接通过观察比较得到大小关系,甲地区各分数人数相同,平均值为中间值,得到 $\overline{x}_甲=7.5$;乙地区若各分数均为 15 人,则平均值与甲相等,实际相当于减少了 5 个 8 分,增加了 5 个 9 分,分数整体增加了,则 $\overline{x}_甲<\overline{x}_乙$;丙地区若各分数均为 10 人,则平均值与甲相等,实际相当于增加了 5 个 8 分和 5 个 9 分,整体分数增加且增加的幅度比乙还要大,则可判断出 $\overline{x}_甲<\overline{x}_乙<\overline{x}_丙$.故本题选择 E.

【例4】(2019)某校理学院五个系每年的录取人数,如下表:

系别	数学系	物理系	化学系	生物系	地学系
录取人数	60	120	90	60	30

今年与去年相比,物理系的录取平均分没变.则理学院的录取平均分升高了.

(1)数学系的录取平均分升高了 3 分,生物系的录取平均分降低了 2 分

(2)化学系的录取平均分升高了 1 分,地学系的录取平均分降低了 4 分

【解析】

条件(1):根据条件不能得到化学系和地学系的录取平均分数变化,所以不能判断理学院录取平均分数变化,所以条件(1)不充分;

条件(2):根据条件不能得到数学系和生物系的录取平均分数变化,所以不能判断理学院录取平均分数变化,所以条件(2)不充分;

(1)+(2):两条件联合可得理学院总的录取分数变化为 $60\times3+120\times0+90\times1-60\times2-30\times4=30$,所以总的录取分数上升了,招生人数不变,则录取平均分升高了,所以条件(1)和(2)联立充分.故本题选择 C.

命题点2　方差与标准差★★

思路点拨　　方差标准差的比较,通常不需要具体计算,通过观察对比数据的离散程度即可,可直接用极差来进行比较.

【例5】若 $x_1,x_2,\cdots,x_{2018}$ 的平均数为 3,标准差为 4,且 $y_i=-3(x_i-2)$, $i=1,2,3,\cdots,2018$,则数据 $y_1,y_2,\cdots,y_{2018}$ 的平均数和标准差分别为( ).

(A)-9,12　　(B)-9,36　　(C)3,36　　(D)-3,12　　(E)-3,36

【解析】

根据题意可得，$\dfrac{x_1+x_2+\cdots+x_{2018}}{2\,018}=3$，$\dfrac{(x_1-3)^2+(x_2-3)^2+\cdots+(x_{2018}-3)^2}{2\,018}=4^2=16$，$y_i=-3$

$(x_i-2)=-3x_i+6$，所以所求平均值 $\dfrac{y_1+y_2+\cdots+y_{2018}}{2\,018}=\dfrac{-3(x_1+x_2+\cdots+x_{2018})+6\times2018}{2\,018}=-3\times3+6=$

-3 所求方差为 $\dfrac{(y_1+3)^2+(y_2+3)^2+\cdots+(y_{2018}+3)^2}{2\,018}=\dfrac{(-3x_1+9)^2+(-3x_2+9)^2+\cdots+(-3x_{2018}+9)^2}{2\,018}=$

$\dfrac{(-3)^2\left[(x_1-3)^2+(x_2-3)^2+\cdots+(x_{2018}-3)^2\right]}{2\,018}=4^2\times(-3)^2=144$，所以标准差就是 $\sqrt{144}=12$. 故本题选 D.

注　本题可以直接利用记忆结论来做：平均值为 $a\bar{x}+b$，方差为 a^2s^2，标准差为 $|a|s$.

【例6】(2016) 设有两组数据 S_1:3,4,5,6,7 和 S_2:4,5,6,7,a，则能确定 a 的值.

(1) S_1 与 S_2 的均值相等.

(2) S_1 与 S_2 的方差相等.

【解析】

根据题意可知 $\bar{x_1}=\dfrac{3+4+5+6+7}{5}=5$，$S_1^2=\dfrac{1}{5}\left[(3-5)^2+(4-5)^2+(5-5)^2+(6-5)^2+\right.$

$\left.(7-5)^2\right]=2$.

条件(1)：根据条件可知 $\bar{x_1}=\bar{x_2}\Rightarrow\dfrac{4+5+6+7+a}{5}=5\Rightarrow a=3$，所以条件(1)充分；

条件(2)：根据条件可知 $S_1^2=S_2^2\Rightarrow\dfrac{1}{5}\left[4^2+5^2+6^2+7^2+a^2-5\left(\dfrac{4+5+6+7+a}{5}\right)^2\right]=2$，整理

得 $a^2-11a+24=0$，解得 $a=3$ 或 8，所以条件(2)不充分. 故本题选择 A.

注　本题条件(2)可以直接利用结论，即任意连续的五个整数的方差均为 2，则可得 $a=3$ 或 8.

【例7】(2014) 已知 $M=\{a,b,c,d,e\}$ 是一个整数集合，则能确定集合 M.

(1) a,b,c,d,e 平均值为 10.

(2) 方差为 2.

【解析】

条件(1)：$\dfrac{a+b+c+d+e}{5}=10$，不能确定 a,b,c,d,e，所以条件(1)不充分；

条件(2)：5个连续整数方差为 2，不能确定 a,b,c,d,e，所以条件(2)不充分；

(1)+(2)：两个条件联合可得 $(a-10)^2+(b-10)^2+(c-10)^2+(d-10)^2+(e-10)^2=10$，

而 10 以内的平方数只有 0,1,4,9，其中 a,b,c,d,e 均为不相等整数，则满足条件的五个数为 0,1,1,4,4，且

a,b,c,d,e 互不相等，解得 $M=\{8,9,10,11,12\}$，所以条件(1)和(2)联合充分. 故本题选择 C.

【例8】(2017) 甲、乙、丙三人每轮各投篮 10 次，投了三轮，投中数如下表：

	第一轮	第二轮	第三轮
甲	2	5	8
乙	5	2	5
丙	8	4	9

记 σ_1, σ_2, σ_3 分别为甲,乙,丙投中数的方差,则(　　).

(A) $\sigma_1 > \sigma_2 > \sigma_3$　　　　　　　(B) $\sigma_1 > \sigma_3 > \sigma_2$

(C) $\sigma_2 > \sigma_1 > \sigma_3$　　　　　　　(D) $\sigma_2 > \sigma_3 > \sigma_1$

(E) $\sigma_3 > \sigma_2 > \sigma_1$

【解析】

若只是简单比较方差或是标准差的大小,可以通过极差的大小,即数据的离散程度来进行判断,极差越大,离散程度越大,方差和标准差就越大,根据表中数据可得甲的极差为6,乙的极差为3,丙的极差为5,则可得 $\sigma_1 > \sigma_3 > \sigma_2$. 故本题选择 B.

【例9】(2019)10名同学的语文和数学成绩如下表:

语文成绩	90	92	94	88	86	95	87	89	91	93
数学成绩	94	88	96	93	90	85	84	80	82	98

语文和数学成绩的均值分别记为 E_1 和 E_2,标准差分别记为 σ_1 和 σ_2,则(　　).

(A) $E_1 > E_2$, $\sigma_1 > \sigma_2$　　　　　　(B) $E_1 > E_2$, $\sigma_1 < \sigma_2$

(C) $E_1 > E_2$, $\sigma_1 = \sigma_2$　　　　　　(D) $E_1 < E_2$, $\sigma_1 > \sigma_2$

(E) $E_1 < E_2$, $\sigma_1 < \sigma_2$

【解析】

根据题意可知,将两组数据按照从小到大顺序排列可得,语文成绩为公差为1的等差数列,数学成绩可等价为公差为2的等差数列,易得 $E_1 = 90.5$, $E_2 = 89$,则 $E_1 > E_2$,观察可得数学成绩的离散程度更大,所以 $\sigma_1 < \sigma_2$. 故本题选择 B.

考点二　数据的直观表示★

▌一、知识梳理

多数情况下,数据是杂乱的,我们对数据进行处理后,为了使数据的特征能够直观地展现出来,常常会以图表的形式来进行形象化的表示. 常见的表示方法有:柱形图、折线图、扇形图、直方图等.

1.数表

表格是最基础的数据表现形式,由表头和数据组成,表格是对杂乱的数据按不同维度进行了整理,使数据变得有条理. 前边的题目中表格已经在频繁出现.

2.柱形图

在横纵两条轴组成的平面内,用柱形长条,来表示数据的形式,叫作柱形图. 如图 8-1 所示.

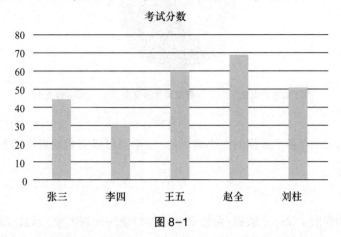

图 8-1

一般横轴表示数据的不同类型,纵轴表示数据的数量、比例等. 柱形图可以直观地得到各数据之间的大小关系.

3.折线图

在横纵两条轴组成的平面内,用点表示各个数据,然后将各点用直线连接,所得到的图叫作折线图. 如图 8-2 所示.

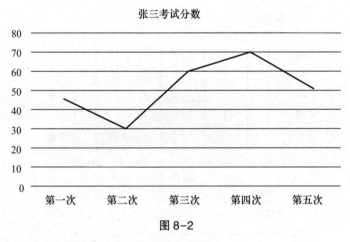

图 8-2

折线图可以直观地表示随横轴的变化,数据的变化情况.

4.扇形图

将圆分成若干个扇形,标注出各个量及占比,所形成的图叫作扇形图. 如图 8-3 所示.

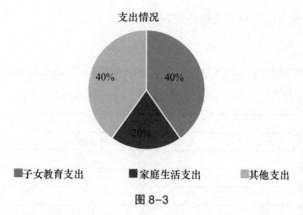

图 8-3

一般每个扇形的大小与各个数据的大小成正比. 扇形图可以直观地表示出各部分数据与全部数据之间的关系.

5.直方图

前面几种图表均列出了每一个数据,在数据量较少时使用比较方便. 当数据较多时,将每一个数据均展现在图表上,显然不太方便,为了直观地表示出数据的大致分布情况,可采用直方图.

将数据按大小分成若干组,每组的计数区间长度通常是相等的,该区间长度叫作组距. 每一组的数据个数叫作频数,频数除以总数叫作频率.

直方图中,用条状矩形来表示各数据,通常以组距作为横轴,以频数作为纵轴的图叫作频数直方图;以 $\dfrac{\text{频率}}{\text{组距}}$ 为纵轴的图叫作频率直方图. 如图 8-4、图 8-5 所示.

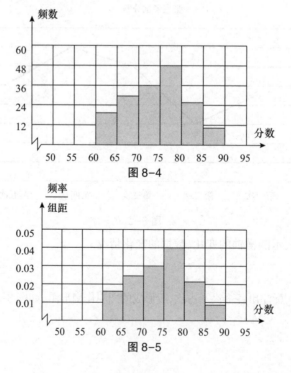

图 8-4

图 8-5

直方图中表现的并不是每一个数据的情况,而是对整体数据进行了"压缩",表现的数据整体分步情况.

二、命题点精讲

命题点 1　图表★

> 思路点拨
>
> 图表用于直观表现数据的特征,图表的题目并不难,主要就是从图表中来获取信息,关键是要细心,要认真查看表头、横纵轴表示的数据等.

【例 10】(2019)某影城统计了一季度的观众人数,如图 8-6 所示,则一季度的男女观众人数之比为(　　).

(A) 3 : 4　　　　(B) 5 : 6　　　　(C) 12 : 13　　　　(D) 13 : 12　　　　(E) 4 : 3

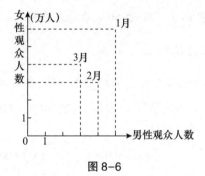

图 8-6

【解析】

根据图表可知男观众人数为 $5 + 4 + 3 = 12$ 万人,女观众人数为 $6 + 3 + 4 = 13$ 万人,则男女观众人数之比为 12 : 13. 故本题选择 C.

【例 11】(2020)某人在同一观众群体中调查了对五部电影的看法,得到如下数据:

电影	第一部	第二部	第三部	第四部	第五部
好评率	0.25	0.5	0.3	0.8	0.4
差评率	0.75	0.5	0.7	0.2	0.6

据此数据,观众意见分歧最大的前两部电影依次是(　　).

(A)第一部、第三部　　　　　　　(B)第二部、第三部

(C)第二部、第五部　　　　　　　(D)第四部、第一部

(E)第四部、第二部

【解析】

根据题意可知,好评率与差评率越接近,表示分歧越大. 则观众意见分歧最大的前两部依次是第

二部、第五部. 故本题选择 C.

【例12】如图 8-7 所示,对某运动俱乐部会员的爱好进行调查,调查时只可选填一项爱好,发现喜欢足球的有 8 人,与喜欢羽毛球的人数一样多,喜欢篮球的会员人数是喜欢足球的人数的 8 倍,则喜欢排球的人数为(   ).

(A) 16   (B) 80   (C) 160   (D) 60   (E) 120

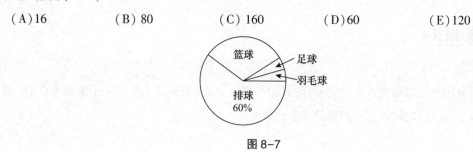

图 8-7

【解析】

根据题意可知,喜欢羽毛球的也是 8 人,喜欢篮球的有 $8 \times 8 = 64$ 人,所以喜欢足球、羽毛球和篮球的一共有 $8 + 8 + 64 = 80$ 人,由图 8-7 可知,这 80 人占总人数的 $1 - 60\% = 40\%$,所以喜欢排球的人数为 $\frac{80}{40\%} \times 60\% = 120$ 人.故本题选择 E.

【例13】为了了解化学学院 1 000 名学生的实验安全意识,随机抽取部分学生化学实验安全的成绩(均为整数),绘制如图 8-8 所示,若成绩为 80 分以上(含 80 分)的同学不需要重修此门课程,则估计全学院约有(   )人需要重修此门课程.

(A) 300   (B) 400   (C) 500   (D) 600   (E) 700

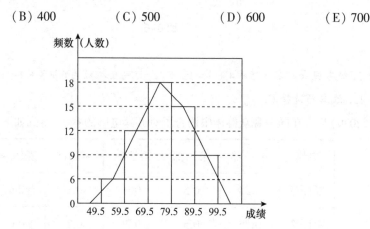

图 8-8

【解析】

根据题意可知,80 分以下的人需要重修此课程,由图可知,在抽取的样本中,需要重修的人数在样本人数中的占比是 $\frac{6 + 12 + 18}{6 + 12 + 18 + 15 + 9} \times 100\% = 60\%$,化学学院总人数是 1 000,所以需要重修的人数是 $1\,000 \times 60\% = 600$ 人.故本题选择 D.

【例14】某直播间从参与购物的人群中随机选出 200 人,并将这 200 人按年龄分组,得到的频率分布直方图如图 8-9 所示,则估计在这 200 人中,年龄在 $[25,35)$ 的人数 n 及直方图中 a 值是(　　).

(A) $n = 35, a = 0.032$　　　　(B) $n = 35, a = 0.32$

(C) $n = 30, a = 0.035$　　　　(D) $n = 30, a = 0.35$

(E) $n = 30, a = 0.032$

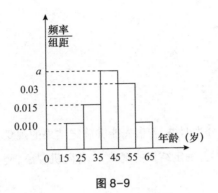

图 8-9

【解析】

根据题意可知,频率分布直方图中所有矩形的面积加起来等于 1,则有 $(0.01 + 0.015 + a + 0.03 + 0.01) \times 10 = 1$,解得 $a = 0.035$,年龄在 $[25,35)$ 的人数 $n = 0.015 \times 10 \times 200 = 30$.故本题选择 C.

第二讲　概　率

考点一　古典概型★★★

一、知识梳理

1.概率相关概念

对于生活中的任何现象,可分为两类,若事先能够确定结果的现象,叫作必然现象,例如太阳东升西落、苹果会落到地上等.事先不能确定结果的现象,叫作随机现象,例如抛硬币结果为正面.

（1）随机试验

对于随机现象,其结果是不确定的,但其结果往往也具有一定规律.为了方便,对随机现象所进行的观察或实验称为随机试验,简称试验.例:抛骰子、抛硬币,均可看成随机试验.通常随机试验满足以下特征:

①在相同条件下可重复进行;

②每次试验结果可能不止一个,但试验之前能明确所有可能结果;

③每次试验前不能确定哪一个结果会出现.

我们把随机试验中每一种可能出现的结果,都称为样本点,所有样本点所形成的集合称为样本空间,记为 S .

（2）随机事件

一般我们称随机试验的样本空间 S 的子集称为随机事件,简称事件.通常用大写字母 A , B , C … 来表示.子集中的一个样本点出现时,称这一事件发生.

由单个样本点组成的子集,称为基本事件.由于样本空间 S 属于自身的子集,且每次试验中,它总是发生的,因此 S 又称为必然事件.空集 $\varnothing$ 不包含任何样本点,每次试验中它都不会发生,因此 $\varnothing$ 称为不可能事件.

例:抛一枚骰子,观察朝上的点数,则样本空间为 $S = \{1,2,3,4,5,6\}$,该试验包含 6 个基本事件 $\{1\}$, $\{2\}$,…, $\{6\}$.若事件 A 为"抛出点数为奇数",则 $A = \{1,3,5\}$.

（3）事件的关系与运算

结合上述概念,我们能发现,事件是一个集合.因此事件的关系及运算,均可按集合的关系与运算来考虑.

设一个随机试验的样本空间为 S , A , B 为 S 的子集.若 $A \subseteq B$,则称事件 A 包含于事件 B ,如果事件 A 发生,那么事件 B 一定发生.若 $A \subseteq B$ 且 $B \subseteq A$,即 $A=B$,则称事件 A 与事件 B 相等.

事件 $A \cup B$ 称为事件 A 与 B 的和事件,也可表示为 $A + B$.如果事件 A 和 B 至少有一个发生,那么

$A + B$ 发生.

事件 $A \cap B$ 称为事件 A 与 B 的积事件,也可表示为 AB . 如果事件 A 和 B 同时发生,那么 AB 发生.

事件 $A \cap \overline{B}$ 称为事件 A 与 B 的差事件,也可表示为 $A - B$. 如果事件 A 发生且事件 B 不发生,那么 $A - B$ 发生.

若 $A \cap B = \varnothing$,则称事件 A 与 B 互斥. 表示事件 A 和 B 不能同时发生.

若 $A \cup B = S$ 且 $A \cap B = \varnothing$,则称事件 A 与 B 互为对立事件,也称事件 A 与 B 互为逆事件. 事件 A 的对立事件也可记为 $\overline{A}$, $\overline{A} = S - A$. 互为对立事件的两个事件,有且仅有一个发生.

2.随机事件的概率

随机事件是否发生是不确定的,但是某一随机事件发生的可能性是可评估的,我们用概率来衡量随机事件发生的可能性大小. 事件 A 发生的概率通常用 $P(A)$ 表示.

不可能事件总是不会发生,必然事件一定会发生,因此

$$P(\varnothing) = 0 , P(S) = 1$$

对于任意事件 A ,显然

$$0 \leqslant P(A) \leqslant 1$$

结合集合之间的关系来看,若事件 A 与 B 互斥,则

$$P(A + B) = P(A) + P(B)$$

该式称为互斥事件的概率加法公式. 一般地,若事件 A_1 , $A_2 \cdots A_n$ 两两互斥,则

$$P(A_1 + A_2 + \cdots + A_n) = P(A_1) + P(A_2) + \cdots + P(A_n)$$

对于任意的事件 A 与 B ,则

$$P(A + B) = P(A) + P(B) - P(AB)$$

对于任意事件 A ,有

$$P(A) = 1 - P(\overline{A})$$

3.古典概型

若随机试验的样本空间所包含的样本点个数是有限的,即试验包含的基本事件数是有限的,并且每个基本事件发生的可能性大小是相等的,则称该试验为古典概型.

例:抛硬币试验中,样本空间包含 2 个样本点,即正面、反面,通常情况下认为硬币是均匀的,可认为每个样本点出现的可能性相等,则每个基本事件发生的概率为 $\frac{1}{2}$. 同理在抛骰子试验中,样本空间包含 6 个样本点,通常情况下认为每个样本点出现的可能性相等,则每个基本事件发生的概率为 $\frac{1}{6}$.

古典概型中,事件 A 发生的概率该如何计算.

设样本空间共包含 n 个样本点,古典概型中每个基本事件的发生是等可能的,由于每个基本事件是互斥的,必然事件发生的概率为所有基本事件概率之和,因此每个基本事件发生的概率为 $\frac{1}{n}$,若事

件 A 中包含 m 个样本点,因此可得到古典概型的概率计算公式

$$P(A) = \frac{m}{n}$$

潮哥敲黑板

本模块基础概念的篇幅较大,但是基础概念不会直接考查,做到明白各个概念的含义即可,考查重点主要是古典概型的概率计算问题.古典概型的计算最后回到了事件所包含的样本点个数上,相当于回到了计数问题上.

二、命题点精讲

命题点1 穷举型古典概型★★★

思路点拨

古典概型的概率计算,本质是计算样本点个数,属于计数问题,对分子和分母分别进行计数.分母通常是最容易计数的,考虑总的情况即可,分子是题目最终所要求的事件的情况数.当题目无明显计数特征时,可直接考虑穷举法.

【例15】(2018)从标号为1到10的10张卡片中随机抽取2张,2张标号之和可以被5整除的概率为(   ).

(A) $\frac{1}{5}$ (B) $\frac{1}{9}$ (C) $\frac{2}{9}$ (D) $\frac{2}{15}$ (E) $\frac{7}{45}$

【解析】

根据题意可知从10张卡片中选出2张有 $C_{10}^2 = 45$ 种方式,其中可以被5整除的组合有 $\{1,4\}$,$\{1,9\}$,$\{2,3\}$,$\{2,8\}$,$\{3,7\}$,$\{4,6\}$,$\{5,10\}$,$\{6,9\}$,$\{7,8\}$ 共9种,故所求事件的概率为 $\frac{9}{45} = \frac{1}{5}$. 故本题选择A.

【例16】(2017)甲从 $1,2,3$ 中抽取一个数,记为 a;乙从 $1,2,3,4$ 中抽取一个数,记为 b;规定当 $a > b$ 或者 $a + 1 < b$ 时甲获胜,则甲取胜的概率是(   ).

(A) $\frac{1}{6}$ (B) $\frac{1}{4}$ (C) $\frac{1}{3}$ (D) $\frac{5}{12}$ (E) $\frac{1}{2}$

【解析】

根据题意可知,该题为古典概型概率的计算问题,甲乙各取一数总共有 $3 \times 4 = 12$ 种情况,满足 $a > b$ 或 $a + 1 < b$ 的情况有 $\{2,1\}$,$\{3,1\}$,$\{3,2\}$,$\{1,3\}$,$\{1,4\}$,$\{2,4\}$ 共6种,所求概率为 $\frac{6}{12} = \frac{1}{2}$. 故本题选择E.

【例17】(2022)如图8-10所示,相邻的圆均相切,随机从六个圆中选择两个圆,则这两个圆不相邻的概率为(   ).

(A) $\dfrac{8}{15}$ (B) $\dfrac{7}{15}$ (C) $\dfrac{3}{5}$ (D) $\dfrac{2}{5}$ (E) $\dfrac{2}{3}$

图 8-10

【解析】

将六个圆按照顺序标上 1-6 号,如图 8-11 所示,基本事件总数为 $C_6^2 = 15$ 种,不相邻的情况有 $(1-3),(1-5),(1-6),(2-4),(2-6),(3-4),(3-5),(4-6)$ 共 8 种,所以不相邻的概率为 $P = \dfrac{8}{C_6^2} = \dfrac{8}{15}$. 也可考虑相邻的结果数,最终再用总结果数减去相邻的. 故本题选择 A.

图 8-11

【例 18】(2023) 如图 8-12 所示,在矩形 $ABCD$ 中, $AD = 2AB$, E , F 分别为 AD , BC 的中点,从 $ABCDEF$ 中任意取 3 个点,则这 3 个点为顶点可组成直角三角形的概率为(   ).

(A) $\dfrac{1}{2}$ (B) $\dfrac{11}{20}$ (C) $\dfrac{3}{5}$ (D) $\dfrac{13}{20}$ (E) $\dfrac{7}{10}$

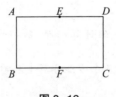

图 8-12

【解析】

方法一:

根据题意可得,从 A,B,C,D,E,F 六个点中任选 3 个点,总的情况有 $C_6^3 = 20$ 种,现在要组成一个直角三角形,以会出现分别以 A,B,C,D,E,F 为直角的三角形,逐一数出来即可.①以 A 为直角的三角形有: ΔBAE , ΔBAD 共 2 个,以此类推以 B,C,D 为直角的三角形也各有 2 个,即有 8 个直角三角形;②以 E 为直角的三角形有: ΔAEF , ΔDEF , ΔBEC 共 3 个,以此类推以 F 为直角的三角形也有 3 个,所求概率为 $\dfrac{8+3+3}{20} = \dfrac{7}{10}$. 故本题选择 E.

方法二:

根据题意可得,从反面分析,从 A,B,C,D,E,F 六个点中任选 3 个点,总的情况有 $C_6^3 = 20$ 种,反面情况是无法得到直角三角形,不是直角三角形的三角形一共有 ΔAFC , ΔBDF , ΔCAE , ΔDBE 共 4 个,除此外,还有可能选到共线的三点 A,E,D 或 B,F,C 这 2 种情况,则概率为 $1 - \dfrac{4+2}{20} = \dfrac{7}{10}$. 故本题选择 E.

命题点2 选人型古典概型★★★

思路点拨 选人问题是计数问题中一类典型的组合数应用,古典概型中也属于常考的一类题型,凡是遇到选人(物)的问题,直接利用组合数进行计数即可.

【例19】从 4 名男生和 2 名女生中任选 2 人参加志愿者活动,则选中的 2 人都是男生的概率为(   ).

(A) 0.8   (B) 0.6   (C) 0.4   (D) 0.5   (E) 0.2

【解析】

根据题意可知,共有 6 名学生,任选两人有 $C_6^2 = 15$ 种情况,选中的 2 人都是男生情况数有 $C_4^2 = 6$ 种情况,所以最终概率是 $\dfrac{C_4^2}{C_6^2} = \dfrac{2}{5} = 0.4$. 故本题选择 C.

【例20】(2011)现从 5 名管理专业、4 名经济专业和 1 名财会专业的学生中随机派出一个 3 人小组,则该小组中 3 个专业各有 1 名学生的概率为(   ).

(A) $\dfrac{1}{2}$ (B) $\dfrac{1}{3}$ (C) $\dfrac{1}{4}$ (D) $\dfrac{1}{5}$ (E) $\dfrac{1}{6}$

【解析】

根据题意可知,该题为古典概型概率的计算问题,第一步可以先计算随机派出三人总的方案有 $C_{10}^3 = \dfrac{10 \times 9 \times 8}{3 \times 2 \times 1} = 120$ 种,第二步再计算 3 个专业各有 1 名学生的方案有 $C_5^1 C_4^1 C_1^1 = 20$ 种,则所求事件的概率为 $\dfrac{20}{120} = \dfrac{1}{6}$. 故本题选择 E.

【例21】(2020)从 1 至 10 这 10 个整数中任取 3 个数,则恰有一个质数的概率是(   ).

(A) $\dfrac{2}{3}$ (B) $\dfrac{1}{2}$ (C) $\dfrac{5}{12}$ (D) $\dfrac{2}{5}$ (E) $\dfrac{1}{120}$

【解析】

根据题意可知从 1 至 10 共 10 个数,其中质数有 2,3,5,7,共 4 个. 从这 10 个数中任取三个数的取法有 C_{10}^3,恰有一个质数的取法有 $C_4^1 C_6^2$,则恰有一个质数的概率为 $\dfrac{C_4^1 C_6^2}{C_{10}^3} = \dfrac{60}{120} = \dfrac{1}{2}$. 故本题选择 B.

【例22】从甲、乙等 8 名大学生中选取 3 名参加演讲比赛,则甲、乙 2 人至多有 1 人参加演讲比赛的概率为(   ).

(A) $\dfrac{15}{28}$ (B) $\dfrac{13}{28}$ (C) $\dfrac{25}{28}$ (D) $\dfrac{27}{28}$ (E) $\dfrac{3}{28}$

【解析】

根据题意可知,8名大学生中选取3名参加演讲比赛,共有 $C_8^3 = 56$ 种情况,甲、乙2人至多有1人参加,从正面来看,可以有1人参加,可以有0人参加,反而情况是2人都参加了,所以正难则反,用总的概率1减去反面情况的概率,即所求的概率 $1 - \dfrac{C_2^2 C_6^1}{C_8^3} = \dfrac{25}{28}$.故本题选择C.

【例23】(2000)袋中有6只红球、4只黑球,今从袋中随机取出4只球,设取到一只红球得2分,取到一只黑球得1分,则得分不大于6分的概率是(   ).

(A) $\dfrac{23}{42}$ (B) $\dfrac{4}{7}$ (C) $\dfrac{25}{42}$ (D) $\dfrac{13}{21}$

【解析】

根据题意可知10个球中任取4个有 C_{10}^4 种,其中得分不大于6分的有以下三种情况:①4只全是黑球得4分,有 C_4^4 种;②3只黑球1只红球得5分,有 $C_4^3 C_6^1$ 种;③2只黑球2只红球得6分,有 $C_4^2 C_6^2$ 种,则得分不大于6分总有 $C_4^4 + C_4^3 C_6^1 + C_4^2 C_6^2$ 种,其概率为 $\dfrac{C_4^4 + C_4^3 C_6^1 + C_4^2 C_6^2}{C_{10}^4} = \dfrac{1 + 24 + 90}{210} = \dfrac{23}{42}$.故本题选择A.

命题点3 其他古典问题★★★

思路点拨

由于古典概型本质是考查计数问题,因此理论上来讲,任何一类计数问题都可以改编成一道古典概型问题.遇到不常见的古典概型问题,对应到相应排列组合知识中进行解决即可.

【例24】(2020)如图8-13所示,节点 A,B,C,D 两两相连,从一个节点沿线段到另一个节点当作一步,若机器人从节点 A 出发,随机走了三步,则机器人不过节点 C 的概率为(   ).

(A) $\dfrac{4}{9}$ (B) $\dfrac{11}{27}$ (C) $\dfrac{10}{27}$ (D) $\dfrac{19}{27}$ (E) $\dfrac{8}{27}$

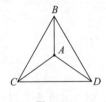

图8-13

【解析】

根据题意可知,走到每一个点时,均有三种选择,所以随机走三步共 3^3 种方法;走到每一个点时,若不经过点 C ,均有两种选择,所以共 2^3 种方法,则不经过 C 点的概率为 $\dfrac{2^3}{3^3} = \dfrac{8}{27}$.故本题选择E.

【例25】(1998)有3个人,每人都以相同的概率被分配到4间房的每一间中,某指定房间中恰有2

人的概率是( ).

(A) $\dfrac{1}{64}$ (B) $\dfrac{3}{64}$ (C) $\dfrac{9}{64}$ (D) $\dfrac{5}{32}$ (E) $\dfrac{3}{16}$

【解析】

根据题意可知每人被分配到 4 间房的每一间的概率相同, 总情况数为 4^3, 某指定房间中恰有 2 人有 C_3^2 种, 剩余 1 人从剩余 3 间非指定房间中的选一间 C_3^1, 共有 $C_3^2 C_3^1$ 种, 则其概率为 $P = \dfrac{C_3^2 C_3^1}{4^3} = \dfrac{9}{64}$. 故本题选择 C.

【例 26】(2021)某商场利用抽奖方式促销, 100 个奖券中设有 3 个一等奖, 7 个二等奖, 则一等奖先于二等奖抽完的概率为( ).

(A) 0.3   (B) 0.5   (C) 0.6   (D) 0.7   (E) 0.73

【解析】

根据题意可知有奖的奖券共计 10 张, 分母: 10 张奖券全排列 A_{10}^{10}. 分子: 只需最后一张抽出的是二等奖即可保证一等奖先抽完, 即 7 张二等奖选出一张放最后一位, 其余全排列 $C_7^1 A_9^9$. 则所求概率为 $\dfrac{C_7^1 A_9^9}{A_{10}^{10}} = 0.7$. 故本题选择 D.

【例 27】甲、乙、丙、丁、戊、己共 6 人随机地排成一行, 则甲、乙不相邻, 丁戊相邻的概率为( ).

(A) $\dfrac{2}{5}$ (B) $\dfrac{3}{5}$ (C) $\dfrac{1}{5}$ (D) $\dfrac{1}{15}$ (E) $\dfrac{2}{15}$

【解析】

根据题意可知 6 人排成一行一共有 A_6^6 种情况, 甲、乙不相邻, 丁戊相邻的情况数是 $A_3^3 A_2^2 A_4^2$, 所以最终概率是 $\dfrac{A_3^3 A_2^2 A_4^2}{A_6^6} = \dfrac{1}{5}$. 故本题选择 C.

【例 28】(2011)10 名网球选手中有 2 名种子选手, 现将他们分成两组, 每组 5 人, 则 2 名种子选手不在同一组的概率为( ).

(A) $\dfrac{5}{18}$ (B) $\dfrac{4}{9}$ (C) $\dfrac{5}{9}$ (D) $\dfrac{1}{2}$ (E) $\dfrac{2}{3}$

【解析】

设 2 名种子选手不在同一组为事件 A, 则 2 名选手在同一组为事件 $\bar{A}$, 则 $P(A) = 1 - P(\bar{A})$. 10 名选手平均分为两组, 共 $\dfrac{C_{10}^5 C_5^5}{A_2^2}$ 种结果, 两名种子选手同组, 剩余 8 人分为 3 和 5 两组, 共 $C_8^3 C_5^5$ 种, 则 $P(A) = 1 - \dfrac{C_8^3 C_5^5 A_2^2}{C_{10}^5 C_5^5} = \dfrac{5}{9}$. 故本题选择 C.

考点二　相互独立事件★★★

一、知识梳理

1.相互独立事件

例：甲、乙两人选数字,甲从 $\{1,2,3\}$ 中任选一个数字,乙从 $\{1,2\}$ 中任选一个数字,记"甲选到数字1"为事件 A ,"乙选到数字1"为事件 B ,计算 $P(A)$, $P(B)$, $P(AB)$.

为了方便,我们用 (x,y) 表示甲选到的数字为 x ,乙选到的数字为 y ,则样本空间为

$$S = \{(1,1),(1,2),(2,1),(2,2),(3,1),(3,2)\}$$

共包含6个样本点,事件 A 和 B 包含的样本点如下

$$A = \{(1,1),(1,2)\}$$
$$B = \{(1,1),(2,1),(3,1)\}$$

A 包含2个样本点, B 包含3个样本点. 事件 AB 表示事件 A 和 B 同时发生,则

$$AB = \{(1,1)\}$$

包含1个样本点. 由此,可计算出

$$P(A) = \frac{1}{3} , P(B) = \frac{1}{2} , P(AB) = \frac{1}{6}$$

从结果上来看,我们能够发现,恰好 $P(AB) = P(A) \cdot P(B)$.

一般情况下,对于事件 A 与 B ,若两个事件的概率满足

$$P(AB) = P(A) \cdot P(B)$$

则称事件 A 与 B 相互独立.上述公式也称为独立事件的概率乘法公式.

对于相互独立可以有更直观的理解,若事件 A 与 B 相互独立,则事件 A , B 发不发生互不影响. 若事件 A 和事件 B 相互独立,则事件 $\overline{A}$ 与 B , A 与 $\overline{B}$, $\overline{A}$ 与 $\overline{B}$ 均相互独立.

> 注意分辨以下互斥和独立的两个概念. 独立是没关系,互不影响,互斥是互不相容,而互不相容就已经是相互影响了. 互斥针对的是同一个样本空间内无交集的两个子集,独立针对的是不同样本空间内的两个子集.

2.伯努利概型

例：若甲、乙、丙三人准备参加今年的研究生考试,已知三人能够成功"上岸"的概率分别为0.7,0.8,0.9,且三人能否"上岸"是相互独立的,求恰好只有甲"上岸"的概率.

即"甲'上岸'"、"乙'上岸'"、"丙'上岸'"分别为事件 A , B , C ,则三人分别未"上岸"为事件 $\overline{A}$, $\overline{B}$, $\overline{C}$,根据题意可知 $P(\overline{A}) = 1 - P(A) = 0.3$, $P(\overline{B}) = 1 - P(B) = 0.2$, $P(\overline{C}) = 1 - P(C) = 0.1$. 恰好甲

"上岸",意为甲"上岸",同时乙丙未"上岸",即求 $P(A\overline{B}\overline{C})$,三个事件相互独立,根据独立事件概率乘法公式可得

$$P(A\overline{B}\overline{C}) = P(A) \cdot P(\overline{B}) \cdot P(\overline{C}) = 0.7 \cdot 0.2 \cdot 0.1$$

如果在上题基础上,进行调整"求恰好一人'上岸'的概率",该如何求解.

与上题相比,恰好一人"上岸",包含多种情况:恰好甲一人"上岸"、恰好乙一人"上岸"、恰好丙一人"上岸".记"恰好一人'上岸'"为事件 D ,则 $D = A\overline{B}\overline{C} + \overline{A}B\overline{C} + \overline{A}\overline{B}C$.三种情况互斥,则

$$P(D) = P(A\overline{B}\overline{C}) + P(\overline{A}B\overline{C}) + P(\overline{A}\overline{B}C)$$

三种情况的概率分别为

$$P(A\overline{B}\overline{C}) = 0.7 \cdot 0.2 \cdot 0.1$$

$$P(\overline{A}B\overline{C}) = 0.3 \cdot 0.8 \cdot 0.1$$

$$P(\overline{A}\overline{B}C) = 0.3 \cdot 0.2 \cdot 0.9$$

最终 $P(D)$ 可求.注意此处我们重点在于讲解计算方法,因此均未计算出最终结果.

上述两题,无本质区别,第二题只是情况变多了.现在在上述题目基础上再做变化,"若甲、乙、丙三人'上岸'的概率均为 0.9,求恰有一人'上岸'的概率"该如何求解.

本次变化只是概率发生了改变,其他情况与第二题无区别,仍记"恰好一人'上岸'"为事件 D ,则 $P(D) = P(A\overline{B}\overline{C}) + P(\overline{A}B\overline{C}) + P(\overline{A}\overline{B}C)$.计算各情况概率为,

$$P(A\overline{B}\overline{C}) = 0.9 \cdot 0.1 \cdot 0.1 = 0.9 \cdot 0.1^2$$

$$P(\overline{A}B\overline{C}) = 0.1 \cdot 0.9 \cdot 0.1 = 0.9 \cdot 0.1^2$$

$$P(\overline{A}\overline{B}C) = 0.1 \cdot 0.1 \cdot 0.9 = 0.9 \cdot 0.1^2$$

最终计算可得, $P(D) = 3 \cdot 0.9 \cdot 0.1^2$.

计算过程中,我们能发现,由于事件 A , B , C 单独发生的概率均相同,因此各情况单独计算的概率也相同.那我们可以换一种角度来理解,三人恰一人"上岸",无论谁"上岸",概率计算中,一定是一个 0.9 与两个 0.1 相乘,即 $0.9 \cdot 0.1^2$.而我们又知道恰一人"上岸"包含多种情况,共几种呢?结合组合数考虑即可,三人中有一人"上岸"共 C_3^1 种.因此最终结果可换一种表示方式

$$P(D) = C_3^1 0.9 \cdot 0.1^2 .$$

上述第三种变形的题目,就属于**伯努利概型**.符合伯努利概型的随机试验满足三个特征:①各次试验相互独立;②可看成同一个试验在相同条件下重复进行 n 次;③每次试验结果可看成仅有两个,即 A 和 $\overline{A}$.

上题中,甲、乙、丙是否"上岸",相互独立,且各个事件发生概率相同,即可看成同一个试验重复了三次,每个试验结果只有两个,"上岸"或未"上岸",因此上述第三题就属于伯努利概型.

现推广到一般情况,设事件 A 发生的概率为 p ,则不发生的概率为 $1 - p$,现对事件 A 在相同条件下重复进行 n 次,求 n 次重复试验中事件 A 发生 k 次的概率.

显然上述问题为伯努利概型, n 次重复试验发生 k 次,我们知道结果一定包含多种情况,但每一种

情况的概率是一样的,发生 k 次且未发生 $n-k$ 次,每种情况概率为 $p^k(1-p)^{n-k}$,再用组合数计算出总共包含的情况数为 C_n^k,因此可得到伯努利概型的概率计算公式

$$P_n^k = C_n^k p^k (1-p)^{n-k}.$$

潮哥敲黑板

　　伯努利概型是基于独立事件的概率计算,在独立事件基础上,每次事件发生的概率一旦相同,即可看成同一个事件的重复,即可看成伯努利概型.伯努利概型是相互独立事件的一种特殊情况.

二、命题点精讲

命题点 1　相互独立事件的概率★★★

思路点拨　　相互独立事件概率计算,直接套用公式 $P(AB)=P(A)P(B)$.需要注意题目中是否包含多种情况.

【例29】(2012)某产品由两道独立工序加工完成,则该产品是合格品的概率大于 0.8.

(1)每道工序的合格率为 0.81.

(2)每道工序的合格率为 0.9.

【解析】

条件(1):根据条件可知,该产品为合格品的概率为 $0.81 \times 0.81 = 0.6561 < 0.8$,所以条件(1)不充分;

条件(2):根据条件可知,该产品为合格品的概率为 $0.9 \times 0.9 = 0.81 > 0.8$,所以条件(2)充分. 故本题选择 B.

【例30】(2018)甲、乙两人进行围棋比赛,约定先胜 2 盘者赢得比赛,已知每盘棋甲获胜的概率是 0.6,乙获胜的概率是 0.4,若乙在第一盘获胜,则甲赢得比赛的概率为(　　).

(A) 0.144　　　　(B) 0.288　　　　(C) 0.36　　　　(D) 0.4　　　　(E) 0.6

【解析】

根据题意可知,第一盘乙胜,若甲赢得比赛,则甲第二盘、第三盘必须胜,设甲赢得比赛的概率为 P,则 $P = 0.6 \times 0.6 = 0.36$. 故本题选择 C.

【例31】(2017)某试卷由 15 道选择题组成,每道题有 4 个选项,只有一项是符合试题要求的,甲有 6 道题是能确定正确选项,有 5 道能排除 2 个错误选项,有 4 道能排除 1 个错误选项,若从每题排除后剩余的选项中选一个作为答案,则甲得满分的概率为(　　).

(A) $\dfrac{1}{2^4} \cdot \dfrac{1}{3^5}$

(B) $\dfrac{1}{2^5} \cdot \dfrac{1}{3^4}$

(C) $\dfrac{1}{2^5} + \dfrac{1}{3^4}$

(D) $\dfrac{1}{2^4} \cdot \left(\dfrac{3}{4}\right)^5$

(E) $\dfrac{1}{2^4} + \left(\dfrac{3}{4}\right)^5$

【解析】

根据题意可知,排除 2 个选项的每道题答对的概率为 $\dfrac{1}{2}$,排除 1 个选项的每道题答对的概率为 $\dfrac{1}{3}$,则全部答对的概率为 $\left(\dfrac{1}{2}\right)^5 \times \left(\dfrac{1}{3}\right)^4 = \dfrac{1}{2^5} \cdot \dfrac{1}{3^4}$. 故本题选择 B.

【例 32】(2021)如图 8-14 所示,由 P 到 Q 的电路中有三个元件,分别标有 T_1, T_2, T_3,电流能通过 T_1, T_2, T_3 的概率分别为 0.9, 0.9, 0.99,假设电流能否通过三个元件相互独立,则电流能在 PQ 之间通过的概率是( ).

(A) 0.8019　　(B) 0.9989　　(C) 0.999　　(D) 0.9999　　(E) 0.99999

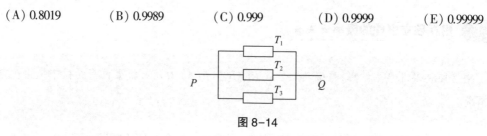

图 8-14

【解析】

根据题意可知,采用正难则反的思想,电流能通过的概率为 $1 - 0.1 \times 0.1 \times 0.01 = 0.9999$. 故本题选择 D.

【例 33】(2010)在一次竞猜活动中,设有 5 关,如果连续通过 2 关就算成功,小王通过每关的概率都是 $\dfrac{1}{2}$,他闯关成功的概率为( ).

(A) $\dfrac{1}{8}$　　(B) $\dfrac{1}{4}$　　(C) $\dfrac{3}{8}$　　(D) $\dfrac{4}{8}$　　(E) $\dfrac{19}{32}$

【解析】

根据题意可知,小王通过每关的概率都是 $\dfrac{1}{2}$,则其不通过的概率为 $1 - \dfrac{1}{2} = \dfrac{1}{2}$,小王若想闯关成功,共分五种情况,每种情况都是相互独立事件的概率计算,共有如下情况:

事件	一	二	三	四	五
A_1	√	√			
A_2	×	√	√		
A_3	√/×	×	√	√	
A_4	√/×	×	×	√	√
A_5	×	√	×	√	√

设小王闯关成功概率为 P，则 $P = P(A_1) + P(A_2) + P(A_3) + P(A_4) + P(A_5) = \left(\frac{1}{2}\right)^2 + \left(\frac{1}{2}\right)^3 +$

$1 \times \left(\frac{1}{2}\right)^3 + 1 \times \left(\frac{1}{2}\right)^4 + \left(\frac{1}{2}\right)^5 = \frac{19}{32}$．故本题选择 E．

命题点 2　伯努利概型概率★★

> **思路点拨**　伯努利概型基于相互独立事件，关键点在于看每次试验概率是否相同，每次的概率相同，即可通用伯努利概率公式进行计算．需要注意题目中是否包含多种情况，整个过程是伯努利还是部分过程是伯努利．当出现"至多"或"至少"时可考虑反面．

【例34】（1998.10）掷一枚不均匀的硬币，正面朝上的概率为 $\frac{2}{3}$，若将此硬币掷 4 次，则正面朝上 3 次的概率是（　　）．

(A) $\frac{8}{81}$　　　(B) $\frac{8}{27}$　　　(C) $\frac{32}{81}$　　　(D) $\frac{1}{2}$　　　(E) $\frac{26}{27}$

【解析】

根据题意可知，掷硬币是典型的伯努利概型，正面朝上 3 次的概率为 $P = C_4^3 \times \left(\frac{2}{3}\right)^3 \times \left(\frac{1}{3}\right)^1 = \frac{32}{81}$．故本题选择 C．

【例35】甲进行定点投篮比赛的命中率为 0.7，则其投篮 3 次中至少投进 1 球的概率是（　　）．

(A) 0.957　　　(B) 0.963　　　(C) 0.973　　　(D) 0.981　　　(E) 0.987

【解析】

根据题意可知，甲 3 次投篮均未投中的概率是 $C_3^0 0.7^0 (1-0.7)^3$，则所求概率是

$P = 1 - C_3^0 0.7^0 (1-0.7)^3 = 0.973$．故本题选择 C．

【例36】（2012）在某次考试中，3 道题中答对 2 道题即为及格，假设某人答对各题的概率相同，则此人及格的概率是 $\frac{20}{27}$．

(1) 答对各题的概率均为 $\frac{2}{3}$．

(2) 3 道题全答错的概率为 $\frac{1}{27}$．

【解析】

条件（1）：根据条件可知及格的情况分为两种，即答对两道或答对三道，则及格概率为

$C_3^2 \left(\frac{2}{3}\right)^2 \left(1-\frac{2}{3}\right)^1 + C_3^3 \left(\frac{2}{3}\right)^3 \left(1-\frac{2}{3}\right)^0 = \frac{20}{27}$，所以条件（1）充分；

条件（2）：根据条件可设每题答错的概率为 x，则 $C_3^3 x^3 (1-x)^0 = \frac{1}{27} \Rightarrow x = \frac{1}{3}$，故每题答对的概率

为 $\dfrac{2}{3}$,与条件(1)等价,所以条件(2)充分. 故本题选择 D.

【例 37】(2013)档案馆在一个库房中安装了 n 个烟火感应报警器,每个报警器遇到烟火成功报警的概率为 p ,该库房遇烟火发出报警的概率达到 0.999.

(1) $n = 3, p = 0.9$.

(2) $n = 2, p = 0.97$.

【解析】

根据题意可知 n 个烟火感应报警器能够成功报警的概率应达到 0.999,即

$1 - C_n^0 p^0 (1 - p)^{n-0} \geqslant 0.999$,

条件(1):根据条件可知, $n = 3$, $p = 0.9$,则 $1 - C_3^0 0.9^0 (1 - 0.9)^3 = 0.999 \geqslant 0.999$,所以条件(1)充分;

条件(2):根据条件可知, $n = 2$, $p = 0.97$,则 $1 - C_2^0 0.97^0 (1 - 0.97)^{2-0} = 0.9991 \geqslant 0.999$,所以条件(2)充分. 故本题选择 D.

【例 38】(2008)某乒乓球男子单打决赛在甲乙两选手间进行比赛用 7 局 4 胜制. 已知每局比赛甲选手胜乙选手的概率为 0.7,则甲选手以 4∶1 战胜乙的概率为(   ).

(A) 0.84×0.7^3 (B) 0.7×0.7^3 (C) 0.3×0.7^3

(D) 0.9×0.7^3 (E)以上结果均不正确

【解析】

根据题意可知,甲选手以 4∶1 战胜乙,则共进行 5 局比赛,甲胜 4 局败 1 局,由于比赛在第五局时结束,所以第五局必须是甲胜,在前四局中甲应三胜一负,设所求概率为 P ,则 $P = C_4^3 (0.7)^3 (1 - 0.7)^1 \times 0.7 = 0.84 \times (0.7)^3$. 故本题选择 A.

第三节　章节总结

一、数据特征

1.常用数据特征

(1)平均值：$\bar{x} = \dfrac{1}{n}(x_1 + x_2 + \cdots + x_n)$.

(2)方差：$s^2 = \dfrac{1}{n}\left[(x_1 - \bar{x})^2 + (x_2 - \bar{x})^2 + \cdots + (x_n - \bar{x})^2\right]$；$s^2 = \dfrac{1}{n}(x_1^2 + x_2^2 + \cdots + x_n^2) - (\bar{x})^2$.

(3)标准差：$s = \sqrt{\dfrac{1}{n}\left[(x_1 - \bar{x})^2 + (x_2 - \bar{x})^2 + \cdots + (x_n - \bar{x})^2\right]}$.

(4)极差：最大值与最小值的差.

2.极差、方差和标准差常用结论

(1)比较方差和标准差的大小时，可以利用极差的大小进行粗略比较，极差越大，数据的离散程度越大，则方差和标准差越大.

(2)连续的奇数个整数的平均值一定为中间的数值.

(3)任意连续的 n 个整数，方差、标准差一定相等.

(4)连续的 5 个整数方差一定为 2.

3.数据的直观表示方式有：数表、柱形图、折线图、扇形图、直方图.

二、概率

1.事件的关系与运算

(1)事件 A 与 B 的和事件，记为 $A + B$ 或 $A \cup B$，表示 A 和 B 至少有一个发生.

(2)事件 A 与 B 的积事件，记为 AB 或 $A \cap B$，表示 A 和 B 同时发生.

(3)事件 A 与 B 的差事件，记为 $A - B$ 或 $A \cap \bar{B}$，表示 A 发生且 B 不发生.

(4)若 $A \cap B = \varnothing$，则称事件 A 与 B 互斥，表示事件 A 和 B 不能同时发生.

(5)若 $A \cup B = S$ 且 $A \cap B = \varnothing$，则称事件 A 与 B 互为对立事件，事件 A 的对立事件也可记为 $\bar{A}$.

2.随机事件的概率

(1) $\varnothing$ 为不可能事件，S 为必然事件，$P(\varnothing) = 0$，$P(S) = 1$.

(2)对于任意事件 A，$0 \leqslant P(A) \leqslant 1$.

(3)互斥事件的概率加法公式：$P(A + B) = P(A) + P(B)$.

(4)对于任意事件 A，有 $P(A) = 1 - P(\bar{A})$.

三、古典概型

1.古典概型特征：

（1）随机试验包含的基本事件数是有限的；

（2）每个基本事件发生的可能性大小是相等的.

2.古典概型的计算公式：$P(A) = \dfrac{m}{n}$，其中 n 为总的情况数，m 为所求事件发生的情况数.

3.古典概型的常见类型：穷举型和选人型.

四、相互独立事件

1.相互独立事件概率乘法公式：$P(AB) = P(A) \cdot P(B)$.

2.伯努利概型的特征

（1）每次试验相互独立；

（2）可看成同一个试验在相同条件下重复进行 n 次；

（3）每次试验结果可看成仅有两个，即 A 和 $\bar{A}$.

3.伯努利概型计算公式

事件 A 发生的概率为 p，现重复进行 n 次，求 n 次重复试验中事件 A 发生 k 次的概率：
$P_n^k = C_n^k p^k (1-p)^{n-k}$.

4.题目中出现"至多""至少"等描述时，往往包含多种情况，正面考虑较为复杂时，可考虑正难则反.

第四节 强化训练

一、问题求解

第1~15小题,每小题3分,共45分,下列每题给出的 A、B、C、D、E 五个选项中,只有一项是符合试题要求的,请在答题卡上将所选项的字母涂黑.

1. 对于 $n(n > 3)$ 个数据,平均数是 60,若去掉最小数据 20 和最大数据 100,则得到一组新数据的平均值和方差( ).

   (A)平均数大于60,方差变大　　　　(B)平均数小于60,方差变大

   (C)平均数小于60,方差变小　　　　(D)平均数等于60,方差不变

   (E)平均数等于60,方差变小

2. 若 $x_1 , x_2 , \cdots , x_n$ 的平均数是 8,方差为 2,则关于 $-2x_1 + 1 , \cdots , -2x_n + 1$,下列说法正确的是( ).

   (A)平均数是-16,方差是4　　　　(B)平均数是-16,方差是8

   (C)平均数是-15,方差是4　　　　(D)平均数是-15,方差是8

   (E)平均数是-18,方差是4

3. 某学校统计了学生的成绩情况,结果如图 8-15 所示,已知 50~60 分,60~70 分,70~80 分的学生占总人数的比重分别的 10%,20%,24%,则图中的 m ,70~80 分的学生人数分别是( ).

   (A) 15,36　　　(B) 15,32　　　(C) 16,36　　　(D) 16,32　　　(E) 15,34

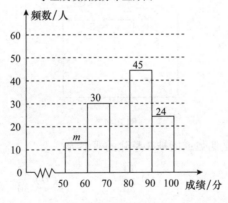

图 8-15

4. 某校向全校 3 000 名学生发起了爱心捐款活动,具体情况如图 8-16 所示,则可知捐款 10 元的有( )人.

   (A)900　　　(B)960　　　(C)940　　　(D)880　　　(E)860

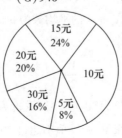

图 8-16

5. 宁夏某枸杞改良试验基地对新培育的甲、乙两个品种各试种一亩,从两块试验地中各随机抽取 10 棵,对其产量(千克/棵)进行整理分析如下

甲品种:2,3.2,3.1,3.2,3.1,2.5,3.2,3.6,3.8,3.9

乙品种:2.5,2.7,3.5,3,3.4,3.5,3.5,2.7,3.6,3.2

甲、乙产量的平均值记为 $\overline{x}_甲$,$\overline{x}_乙$,标准差记为 $s_甲$,$s_乙$,则有(　　).

(A) $\overline{x}_甲 > \overline{x}_乙$,$s_甲 > s_乙$

(B) $\overline{x}_甲 < \overline{x}_乙$,$s_甲 > s_乙$

(C) $\overline{x}_甲 = \overline{x}_乙$,$s_甲 > s_乙$

(D) $\overline{x}_甲 = \overline{x}_乙$,$s_甲 < s_乙$

(E) $\overline{x}_甲 > \overline{x}_乙$,$s_甲 < s_乙$

6. 掷一枚均匀的硬币若干次,当正面向上次数大于反面向上次数时停止,则 4 次之内停止的概率为(　　).

(A) $\dfrac{1}{8}$　　　　(B) $\dfrac{3}{8}$　　　　(C) $\dfrac{5}{8}$　　　　(D) $\dfrac{3}{16}$　　　　(E) $\dfrac{5}{16}$

7. 如图 8-17 所示是一个简单的电路图 S_1,S_2,S_3 表示开关,随机闭合 S_1,S_2,S_3 中的两个,灯泡发光的概率是(　　).

(A) $\dfrac{1}{6}$　　　　(B) $\dfrac{1}{4}$　　　　(C) $\dfrac{1}{3}$　　　　(D) $\dfrac{1}{2}$　　　　(E) $\dfrac{2}{3}$

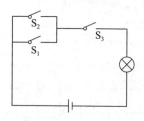

图 8-17

8. 从 1 至 30 中任取一个数,它是偶数或能被 3 整除的概率为(　　).

(A) $\dfrac{2}{3}$　　　　(B) $\dfrac{1}{3}$　　　　(C) $\dfrac{13}{30}$　　　　(D) $\dfrac{17}{30}$　　　　(E) $\dfrac{7}{10}$

9. 在共有 10 个座位的小会议室内随机地坐上 6 名参会者,则指定的 4 个座位被坐满的概率为(　　).

(A) $\dfrac{1}{14}$　　　　(B) $\dfrac{1}{13}$　　　　(C) $\dfrac{1}{12}$　　　　(D) $\dfrac{1}{11}$　　　　(E) $\dfrac{1}{10}$

10. 已知一组数据 $2x_1 + 4$,$2x_2 + 4$,$\cdots$,$2x_n + 4$ 的平均数为 a,则另一组数据 x_1,x_2,$\cdots$,x_n 的平均数为(　　).

(A) $\dfrac{1}{4}a$　　　(B) $\dfrac{1}{2}a$　　　(C) $\dfrac{1}{2}a - \dfrac{1}{2}$　　　(D) $\dfrac{1}{2}a - 2$　　　(E) $\dfrac{1}{4}a - 2$

11. 某剧院正在上演一部新歌剧,前座票价为 50 元,中座票价为 35 元,后座票价为 20 元,如果购到任何一种票是等可能的,现任意购买 2 张票,则其值不超过 70 元的概率是(　　).

(A) $\dfrac{1}{3}$　　　(B) $\dfrac{1}{2}$　　　(C) $\dfrac{3}{5}$　　　(D) $\dfrac{2}{3}$　　　(E) $\dfrac{1}{5}$

12. 某车间有 3 台机床,每台机床由于某些原因需要时常停车,各台机床是否停车是相互独立的,且每台机床停车的概率是 0.6,则至多有 2 台机床停车的概率为(　　).

(A) 0.064　　　(B) 0.217　　　(C) 0.192　　　(D) 0.576　　　(E) 0.784

13. 某俱乐部有 5 名登山爱好者,其中只有 2 人成功登顶珠穆朗玛峰,若从这 5 人中任选 2 人进行登山分享,则被选中的 2 人恰有 1 人成功登顶珠穆朗玛峰的概率是(　　).

(A) $\dfrac{3}{10}$　　　(B) $\dfrac{1}{5}$　　　(C) $\dfrac{2}{5}$　　　(D) $\dfrac{3}{5}$　　　(E) $\dfrac{4}{5}$

14. 中国古典乐器一般按"八音"分类,这是我国最早按乐器的制造材料来对乐器分类的方法,最早见于《周礼》,分为"金、石、土、革、丝、木、匏、竹"八类,其中"金、石、木、革"为打击乐器,"土、匏、竹"为吹奏乐器,"丝"为弹拨乐器,现从"金、石、木、土、竹、丝"中任取"两音",则这"两音"同为打击乐器的概率为(　　).

(A) $\dfrac{1}{5}$　　　(B) $\dfrac{3}{10}$　　　(C) $\dfrac{2}{5}$　　　(D) $\dfrac{3}{5}$　　　(E) $\dfrac{1}{3}$

15. 在一个不透明的袋中有 4 个红球和 n 个黑球,现从袋中随机摸出一个球,再放回袋子,再随机摸出一个球,已知两次取出的球中至少有一个红球的概率是 $\dfrac{8}{9}$,则 $n=$(　　).

(A) 1　　　(B) 2　　　(C) 3　　　(D) 4　　　(E) 5

二、条件充分性判断

第 16～25 小题,每小题 3 分,共 30 分. 要求判断每题给出的条件(1)和(2)能否充分支持题干所陈述的结论. A、B、C、D、E 五个选项为判断结果,请选择一项符合试题要求的判断,在答题卡上将所选项的字母涂黑.

(A) 条件(1)充分,但条件(2)不充分

(B) 条件(2)充分,但条件(1)不充分

(C) 条件(1)和条件(2)单独都不充分,但条件(1)和条件(2)联合起来充分

(D) 条件(1)充分,条件(2)也充分

(E) 条件(1)和条件(2)单独都不充分,条件(1)和条件(2)联合起来也不充分

16. 某部门五个工作小组对员工进行第二季度考核,小组人数如下表:

组别	一组	二组	三组	四组	五组
小组人数	6	12	9	6	3

已知第二季度与第一季度相比,二组的考核平均分没变,则该部门的考核平均分升高.

(1) 一组的考核平均分升高了 3 分,四组的考核平均分降低了 2 分.

（2）三组的考核平均分升高了 1 分, 五组的考核平均分降低了 4 分.

17.某高校为了对该校研究生的思想道德进行教育指导, 对该校 120 名研究生进行考试, 并将考试的分值（百分制）分成 6 组, 制成如图 8-18 所示的频率分布直方图, 则分值在 80 分及以上的人数为 48 人.

(1) $2b = a + c$.

(2) $2a = b + c$.

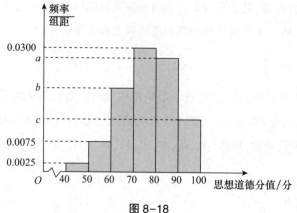

图 8-18

18.甲向目标连续射击 4 次, 至少命中一次的概率是 $\dfrac{65}{81}$.

（1）甲每次射击的命中率是 $\dfrac{1}{3}$.

（2）甲每次射击的命中率是 $\dfrac{2}{3}$.

19.为回馈广大消费者对商场的支持与关心, 商场决定开展抽奖活动, 已知一抽奖箱中放有 8 只除颜色外其他完全相同的球, 其中只有 5 只球是红色的, 则恰好取到 2 个红色球的概率是 $\dfrac{15}{28}$.

（1）有放回地抽取, 抽 3 次.

（2）一个一个地取出球, 共取 3 次.

20.某人参加资格考试, 有 A 类和 B 类选择, A 类的合格标准是抽 3 道题至少会做 2 道, B 类的合格标准是抽 2 道题需都会做, 则此人参加 A 类合格的机会大.

（1）此人 A 类题中有 60% 会做.

（2）此人 B 类题中有 80% 会做.

21.乒乓球比赛, 三局二胜制, 任一局甲胜的概率是 $p(0 < p < 1)$, 甲赢得比赛的概率是 q, 则 $q > p$.

（1）$\dfrac{1}{2} < p < 1$.

（2）$\dfrac{1}{2} \leqslant p < \dfrac{2}{3}$.

22.甲、乙两名篮球运动员进行投篮比赛, 每轮投篮由甲、乙两人各投篮一次, 已知每轮甲投中的概率是

$\dfrac{4}{5}$,乙投中的概率是 p,每轮甲和乙投中与否互不影响,且各轮结果也互不影响,则 $p = \dfrac{3}{4}$.

(1)在一轮投篮中,甲、乙都没投中的概率是 $\dfrac{1}{20}$.

(2)在两轮投篮中,甲、乙两人投中 3 个球的概率是 $\dfrac{21}{50}$.

23.一袋子中装有大小和形状都相同的 2 个白球,n 个红球和 2 个黑球,现从袋子中任取 3 个球,则取出的白球个数多于黑球的概率是 $\dfrac{3}{10}$.

(1) $n = 3$.

(2) $n = 4$.

24.从含有 2 件次品,$n - 2(n > 2)$ 件正品的一批零件中随机抽查 2 件,则其中恰有 1 件次品的概率为 0.6.

(1) $n = 5$.

(2) $n = 6$.

25.(2015)已知袋中有红、黑、白三球若干个,则红球最多.

(1)随机取出一球是白球的概率为 $\dfrac{2}{5}$.

(2)随机取出两球,两球中至少一个黑球的概率小于 $\dfrac{1}{5}$.

参考答案:1~5 EDABC   6~10 CEAAD   11~15 DEDAB   16~20 CAABC   21~25 AAEAC

第五节　强化训练参考答案及解析

一、问题求解

1. E 【解析】根据题意可知,去掉的 20,100 的平均数也是 60,所以得到的新数据平均数仍然是 60 不变,去掉了最小值和最大值,数据的波动性变小,所以方差会变小,本题选 E.

2. D 【解析】根据题意可得新的数据的平均数是 $-2 \times 8 + 1 = -15$,方差是 $2 \times (-2)^2 = 8$. 故本题选择 D.

3. A 【解析】根据图 8-14 可知,60~70 分的有 30 人,占总人数的 20%,所以总人数是 $\dfrac{30}{20\%} = 150$ 人, 50~60 分人数占比 10%,则是 $m = 150 \times 10\% = 15$ 人,70~80 分的是 $150 \times 24\% = 36$ 人. 故本题选择 A.

4. B 【解析】根据图 8-15 可得,捐款 10 元的人占比为 $1 - 24\% - 20\% - 16\% - 8\% = 32\%$,所以人数是 $3000 \times 32\% = 960$. 故本题选择 B.

5. C 【解析】根据题意可算得 $\bar{x}_甲 = \bar{x}_乙 = 3.16$,可以算出甲组数据的极差是 $3.9 - 2 = 1.9$,乙组数据的极差是 $3.6 - 2.5 = 1.1$,可见甲组数据波动性更大,所以 $s_甲 > s_乙$,综合看来,本题选 C.

6. C 【解析】根据题意可知,有两种情况:①第一次正面即停止,概率为 $\dfrac{1}{2}$;②第一次反面,第二次正面,第三次正面则停止,概率为 $\dfrac{1}{2} \times \dfrac{1}{2} \times \dfrac{1}{2} = \dfrac{1}{8}$,所以 4 次内停止的概率为 $\dfrac{1}{2} + \dfrac{1}{8} = \dfrac{5}{8}$. 故本题选择 C.

7. E 【解析】根据题意可知,三个开关随机闭合两个,共有 $C_3^2 = 3$ 种可能,若使灯泡发光则 S_3 必须闭合,共有 $C_2^1 = 2$ 种可能,则灯泡发光概率为 $\dfrac{2}{3}$. 故本题选择 E.

8. A 【解析】根据题意可知,从 1 至 30 中任取一个数共有 30 种情况,其中能被 3 整除的数共有 10 个,偶数共有 15 个,其中既能被 3 整除又是偶数的数有 5 个:6,12,18,24,30,即偶数或能被 3 整除的数共有 $15 + 10 - 5 = 20$ 个,所以所求的概率 $P = \dfrac{20}{30} = \dfrac{2}{3}$. 故本题选择 A.

9. A 【解析】根据题意可知,10 个座位坐 6 个人共有 $C_{10}^6 A_6^6$ 种,指定的 4 个座位被坐满,有 $C_6^4 A_4^4$ 种情况,剩余 2 人坐剩下 6 个位置的 2 个,有 $C_6^2 A_2^2$ 种,其概率为 $P = \dfrac{C_6^4 A_4^4 \cdot C_6^2 A_2^2}{C_{10}^6 A_6^6} = \dfrac{1}{14}$. 故本题选择 A.

10. D 【解析】根据题意可设 $x_1, x_2, \cdots, x_n$ 的平均数为 $\bar{x}$,则由公式可知 $2x_1 + 4, 2x_2 + 4, \cdots, 2x_n + 4$ 的平均数为 $2\bar{x} + 4$. 故可得等式 $2\bar{x} + 4 = a$,解得 $\bar{x} = \dfrac{1}{2}a - 2$. 故本题选择 D.

11. D 【解析】记买到的两张票价为 (a, b),则总的情况有 $3 \times 3 = 9$ 种,要求 $a + b \le 70$,有 $(20, 20)$, $(20, 35)$,$(20, 50)$,$(35, 20)$,$(35, 35)$,$(50, 20)$ 共 6 种情况,所以最终概率为 $\dfrac{2}{3}$. 故本题选择 D.

12. E 【解析】根据题意可知,这 3 台机床都停车的概率是 $C_3^3 0.6^3$,则所求概率是 $P = 1 - C_3^3 0.6^3 = 0.784$. 故

本题选择 E.

13.D 【解析】5人中任选2人,有 $C_5^2 = 10$ 种情况,2人恰有1人成功登顶珠穆朗玛峰有 $C_2^1 C_3^1 = 6$ 种情况,最终概率是 $\frac{6}{10} = \frac{3}{5}$. 故本题选择 D.

14.A 【解析】从"金、石、木、土、竹、丝"中任取"两音",一共有 $C_6^2 = 15$ 种情况,"两音"同为打击乐器有 $C_3^2 = 3$ 种情况,所以最终概率是 $\frac{3}{15} = \frac{1}{5}$. 故本题选择 A.

15.B 【解析】根据题意可知,每次取到红球的概率是 $\frac{4}{4+n}$,取到黑球的概率是 $\frac{n}{4+n}$,至少一个红球的反面情况是两次都是黑球,即 $1 - \left(\frac{n}{4+n}\right)^2 = \frac{8}{9}$, $n = 2$. 故本题选择 B.

二、条件充分性判断

16.C 【解析】条件(1):根据条件不能得到三组和五组的考核平均分变化,所以不能判断该部门考核平均分的变化,所以条件(1)不充分;

条件(2):根据条件不能得到一组和四组的考核平均分变化,所以不能判断该部门考核平均分的变化,所以条件(2)不充分;

(1)+(2):两个条件联立,可得该部门考核总分变化为 $6 \times 3 - 6 \times 2 + 9 \times 1 - 3 \times 4 = 3$ 分,所以考核总分升高,部门人数不变,则考核平均分升高,所以条件(1)+(2)联立充分. 故本题选择 C.

17.A 【解析】条件(1):根据图可知 $a + b + c = 0.06$,又有 $2b = a + c$,即 $a + c - 2b = 0$,可得 $\begin{cases} b = 0.02, \\ a + c = 0.04, \end{cases}$ 所以80分及以上的人数是 $0.04 \times 10 \times 120 = 48$,所以条件(1)充分;

条件(2):根据题意可知 $\begin{cases} a + b + c = 0.06, \\ b + c - 2a = 0, \end{cases}$ 得 $\begin{cases} a = 0.02, \\ b + c = 0.04, \end{cases}$ 无法得出80分及以上的人数,所以条件(2)不充分. 故本题选择 A.

18.A 【解析】条件(1):根据条件可知,甲没有命中的概率是 $C_4^0 \left(1 - \frac{1}{3}\right)^4$,则所求概率是

$P = 1 - C_4^0 \left(1 - \frac{1}{3}\right)^4 = \frac{65}{81}$,所以条件(1)充分;

条件(2):根据条件可知,甲没有命中的概率是 $C_4^0 \left(1 - \frac{2}{3}\right)^4$,则所求概率是 $P = 1 - C_4^0 \left(1 - \frac{2}{3}\right)^4 = \frac{80}{81}$,所以条件(2)不充分. 故本题选择 A.

19.B 【解析】条件(1):有放回地抽取,属于伯努利概型,则每次抽到红球的概率都是 $\frac{5}{8}$,恰取到2个红色球的概率为 $C_3^2 \left(\frac{5}{8}\right)^2 \left(1 - \frac{5}{8}\right) = \frac{15^2}{8^3} \neq \frac{15}{28}$,所以条件(1)不充分;

条件(2):无放回,属于古典概型,$\dfrac{C_5^2 C_3^1}{C_8^3} = \dfrac{15}{28}$,所以条件(2)充分. 故本题选择 B.

20. C 【解析】条件(1):根据条件可知,答 A 类题合格的概率为 $P_A = C_3^2(0.6)^2(0.4)^1 + C_3^3(0.6)^3$ $(0.4)^0 = 0.648$,无法确定答 B 类题合格的概率,所以条件(1)不充分;

条件(2):根据条件可知,答 B 类题的合格概率 $P_B = C_2^2(0.8)^2(0.2)^0 = 0.64$,无法确定答 A 类题合格的概率,所以条件(2)不充分;

(1)+(2):两个条件联合得 $0.648 > 0.64$,故此人参加 A 类考试合格的机会大,所以条件(1)和(2)联合充分. 故本题选择 C.

21. A 【解析】根据题意可得,甲赢得比赛有三种情况:甲甲,甲乙甲,乙甲甲,所以 $q = p^2 + 2p^2(1-p)$,要比较 q,p 大小,可作差,只需要满足 $q-p>0$ 即可. $q - p = p^2 + 2p^2(1-p) - p = 2p^2(1-p) - p(1-p) =$ $(1-p)(2p^2 - p)$,其中 $(1-p) > 0$,要使 $q - p > 0$,则只需 $2p^2 - p > 0$,即 $\dfrac{1}{2} < p < 1$.

条件(1):是转化结论的非空子集,所以条件(1)充分;

条件(2):不是转化结论的非空子集,所以条件(2)不充分. 故本题选择 A.

22. A 【解析】条件(1)甲没投中的概率是 $1 - \dfrac{4}{5} = \dfrac{1}{5}$,乙没投中的概率是 $1-p$,有 $\dfrac{1}{5}(1-p) = \dfrac{1}{20}$,可得 $p = \dfrac{3}{4}$,所以条件(1)充分;

条件(2)甲、乙两人投中 3 个球有两类情况:第一类:甲投中了 2 个球,乙投中了 1 个 $\left(\dfrac{4}{5}\right)^2 \cdot C_2^1 p(1-p)$;

第二类:甲投中了 1 个球,乙投中了 2 个 $p^2 \cdot C_2^1 \dfrac{4}{5}\left(1 - \dfrac{4}{5}\right)$. 有 $\left(\dfrac{4}{5}\right)^2 \cdot C_2^1 p(1-p) + p^2 \cdot C_2^1 \dfrac{4}{5}\left(1 - \dfrac{4}{5}\right) = \dfrac{21}{50}$,解得 $p = \dfrac{3}{4}$ 或 $\dfrac{7}{12}$,所以条件(2)不充分. 故本题选择 A.

23. E 【解析】根据题意可知,白球多于黑球的个数,有两类情况:一是白球有 1 个,没有黑球,有 2 个红球,二是白球有 2 个,另一个球可以是红球也可以是黑球,所以其概率是 $P = \dfrac{C_2^1 C_n^2 + C_2^2 C_{n+2}^1}{C_{4+n}^3}$.

条件(1):将 $n = 3$ 代入得 $P = \dfrac{C_2^1 C_3^2 + C_2^2 C_5^1}{C_7^3} = \dfrac{11}{35}$,所以条件(1)不充分;

条件(2):将 $n = 4$ 代入得 $P = \dfrac{C_2^1 C_4^2 + C_2^2 C_6^1}{C_8^3} = \dfrac{9}{28}$,所以条件(2)不充分.

(1)+(2):两个条件明显无法联合,所以条件(1)和(2)联合也不充分. 故本题选择 E.

24. A 【解析】根据题意可知,从这批零件中随机抽查 2 件,其中恰有 1 件次品的概率为 $P = \dfrac{C_{n-2}^1 C_2^1}{C_n^2} = 0.6$,解得 $n = 5$ 或 $\dfrac{8}{3}$(舍).

条件(1):条件是转化结论的非空子集,所以条件(1)充分;

条件(2):条件不是转化结论的非空子集,所以条件(2)不充分. 故本题选择 A.

25.C 【解析】若干个球中任取一球的概率能够代表球的数量.

条件(1):根据条件可知,随机取出一球是白球的概率为 $\frac{2}{5}$,不确定另外两种颜色的球的情况,不

能说明红球最多,所以条件(1)不充分;

条件(2):根据条件可知,随机取出两球中至少一个黑球的概率小于 $\frac{1}{5}$,不确定另外两球的情况,

不能说明红球最多,所以条件(2)不充分;

(1)+(2):条件(2)中,两球至少一球为黑的概率小于 $\frac{1}{5}$,则任取一球为黑球的概率小于 $\frac{1}{5}$,任取

一球为白球的概率为 $\frac{2}{5}$,则任取一球为红球的概率大于 $\frac{2}{5}$,说明红球最多,所以条件(1)和(2)联

合充分. 故本题选择 C.

第九章　平面几何及空间几何体

第一节　章节导读

▌一、考纲解读

管理类联考考试大纲中平面几何及空间几何体部分如下：

> 1.平面几何
> (1)三角形
> (2)四边形
> (3)圆和扇形
> 2.空间几何体
> (1)长方体
> (2)柱体
> (3)球体

平面几何及空间几何体内容较为广泛,但整体难度不大,三角形考查为重点,可以和其他图形结合考察,相对难度会稍微增加一些,但是主要考察的还是三角形、四边形的面积计算与对应性质的综合应用.

平面几何及空间几何体在考试当中占比约 12%~20%,题目数量 3~5 道.本章节整体难度适中,相对容易掌握.

▌二、重难点及真题分布

1.重难点解读

(1)三角形:几乎每年都会考查,结合到其他知识点中进行考查,属于重点考点.

(2)四边形:结合三角形进行考察,主要考察面积及性质,属于重点考点.

(3)圆和扇形:结合三角形、四边形进行考察,圆还会结合球体进行考察,主要考察面积计算,属于重点考点.

2.真题分布

年份	考点	占比
2024	三角形面积、平行四边形、圆与扇形、组合体	16%
2023	三角形面积、正方体	8%

年份	考点	占比
2022	三角形面积、圆与扇形、正方体、梯形、三角形相似	20%
2021	三角形面积、三角形相似、正方体、梯形	20%
2020	三角形相似、圆与扇形、组合体	12%
2019	三角形、圆与扇形、长方体	16%
2018	三角形五线四心、正方形、正方体、球	12%
2017	三角形、任意四边形、圆柱体	12%

三、考点框架

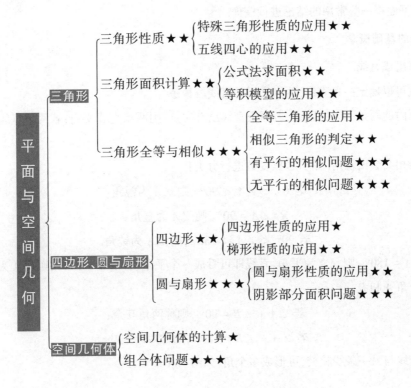

本章划分为 3 讲、6 个考点、14 个命题点，其中包含 7 个两星命题点、4 个三星命题点.

第二节　考点精讲

第一讲　三角形

考点一　三角形性质★★

┃一、知识梳理

几何图形均建立在点、线、面的基础上,对几何的学习,主要是掌握必备的一些结论,能够在题目中灵活应用. 下面将一些常用的结论进行梳理.

1.点和线的基础概念

由点可以组成直线.

经过两点可以确定一条直线;两点之间的直线段最短.

对于平面内的两条不同的直线,若两条直线没有交点,则两条直线平行;若两条直线有交点,则两条直线相交.

两条直线相交会出现角. 角可根据度数进行分类:

$$若 0° < \angle A < 90° ,则 \angle A 为锐角;$$

$$若 \angle A = 90° ,则 \angle A 为直角;$$

$$若 90° < \angle A < 180° ,则 \angle A 为钝角.$$

特殊的,若 $\angle A = 180°$,则 $\angle A$ 为平角,直线即可看成一个平角;若 $\angle A = 360°$,则 $\angle A$ 为周角.

对于两个角 A 和 B ,

$$若 \angle A + \angle B = 90° ,则称两角互余;$$

$$若 \angle A + \angle B = 180° ,则称两角互补.$$

两条平行线与另一条线相交,可形成多个角,如图 9-1 所示.

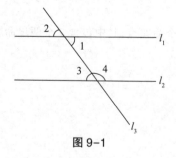

图 9-1

其中 ∠1 与 ∠2 互为对顶角，∠2 与 ∠3 互为同位角，∠1 与 ∠3 互为内错角，∠1 与 ∠4 互为同旁内角. 有如下结论，在平行线与另外一条直线相交所得的角中：

任意一对对顶角相等；

任意一对同位角相等；

任意一对内错角相等；

任意一对同旁内角互补.

两直线相交，若两直线夹角为 90°，则两直线垂直，交点称为垂足. 过一个点做一条直线的垂线，有且仅有一条. 一个点与直线上的点的连线中，垂线段最短. 该垂线段称为点到直线距离.

2. 三角形的基本性质

（1）三角形分类

三条直线两两相交所形成的封闭图形为三角形. 三角形可根据内角的大小的情况有如下分类

$$
三角形
\begin{cases}
斜三角形
\begin{cases}
锐角三角形 \\
钝角三角形
\end{cases} \\
直角三角形
\end{cases}
$$

按边的不同情况有如下分类

$$
三角形
\begin{cases}
不等边三角形 \\
等腰三角形
\begin{cases}
底边和腰不等的三角形 \\
等边三角形
\end{cases}
\end{cases}
$$

（2）三角形基本性质

三角形具有如下基本性质：

①三角形的内角之和为 180°；

②三角形的外角等于与之不相邻两个内角之和；

③三角形中大边对大角、小边对小角、等边对等角；

④三角形中任意两边之和大于第三边，任意两边之差小于第三边.

现对①②进行简要证明. 在 ΔABC 中，过 A 作 BC 的平行线，延长 BC 到 D，如图 9-2 所示.

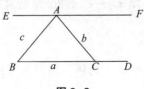

图 9-2

$\angle BAE$ 与 $\angle B$，$\angle CAF$ 与 $\angle ACB$ 互为内错角，因此 $\begin{cases}\angle BAE = \angle B \\ \angle CAF = \angle ACB\end{cases}$，显然 $\angle BAE + \angle BAC + \angle CAF = 180°$，即 $\angle B + \angle BAC + \angle ACB = 180°$. 三角形性质①得证. $\angle ACD$ 为 ΔABC 的一个外角，$\angle ACD + \angle ACB = 180°$，又 $\angle B + \angle BAC + \angle ACB = 180°$，因此 $\angle ACD = \angle BAC + \angle B$. 三角

形性质②得证.

（3）三角形五线四心

三角形中存在一些重要的线和点,具有一些重要的结论,通常称为三角形的五线四心.

从三角形的顶点向其对边或对边的延长线作垂线段,称为该对边上的高.三角形三边上的高或它们的延长线相交于一点,称为三角形的垂心.有垂线长可求三角形面积.通常用 a , b , c 来表示 ΔABC 三边长,设 h 为 a 对应的高,则三角形面积 $S = \dfrac{1}{2}ah$.面积计算相关问题在后面章节中还会单独进行展开讲解.

连接三角形的顶点与对边上的中点所得的线叫作中线,三条中线相交于一点叫作重心.连接两个中点所得到的线叫作三角形的中位线.

将角分成大小相等的两个角的线叫作角平分线.三角形中三条角平分线相交于一点叫作内心.

过一条线段的中点且垂直于该线段的线叫作垂直平分线.三角形中三条垂直平分线相交于一点叫作外心.

3.特殊三角形的性质

（1）直角三角形

有一个角为 90° 的三角形叫作直角三角形.

设 ΔABC 为直角三角形, $\angle C = 90°$, a , b 为两条直角边, c 为斜边,则存在如下性质：

①由于直角三角形两条直角边相互垂直,则面积可直接由直角边得到, $S = \dfrac{1}{2}ab$.

②直角三角形三边满足 $c^2 = a^2 + b^2$,该式称为勾股定理.勾股定理是非常重要的结论,在多种图形中均有应用.常见的勾股数有 (3,4,5) , (6,8,10) , (5,12,13) .

③直角三角形中,两锐角互余,即 $\angle A + \angle B = 90°$.

④直角三角形中,斜边上中线等于斜边的一半.

⑤直角三角形中,若 $\angle A = 30°$,则 $a = \dfrac{1}{2}c$.即30°角所对直角边为斜边的一半.结合勾股定理可得到三边关系, $a:b:c = 1:\sqrt{3}:2$.

⑥直角三角形中,若 $\angle A = \angle B = 45°$,则该三角形为等腰直角三角形,斜边长为直角边的 $\sqrt{2}$ 倍,即 $a:b:c = 1:1:\sqrt{2}$.

（2）等腰三角形

两条边相等的三角形叫作等腰三角形.相等的两条边叫作腰,第三条边叫作底.

设 ΔABC 为等腰三角形, AB,AC 为两腰, $AB = AC = b,BC = a$ 为底边, h 为高,如图9-3所示,则存在如下性质：

①等腰三角形的两腰相等,两底角相等.

②等腰三角形为轴对称图形,对称轴为底边上的高. 底边上的高,同时也是底边的中线、底边的垂直平分线、顶角的角平分线,具有四线合一的性质.

③若等腰三角形中,$\angle B = \angle C = 30°$,作出底边上的高,显然该三角形可看成由两个 30° 直角三角形拼在了一起,结合 30° 直角三角形的三边关系,可得

$$b : b : a = 1 : 1 : \sqrt{3}$$

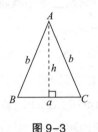

图 9-3

（3）等边三角形

三条边均相等的三角形叫作等边三角形,也叫作正三角形. 等边三角形是特殊的等腰三角形.

设 ΔABC 为等腰三角形,三边均为 a ,高为 h ,如图 9-4 所示,则存在如下性质:

①等边三角形的三边相等,三角相等且均为 60° .

②等边三角形中,每个边上的高均为对应的中线、角平分线、垂直平分线. 即每个边上均四线合一.

③等边三角形中,作一条高线,则等边三角形可看成由两个 30° 直角三角形拼在了一起,结合 30° 直角三角形的三边关系,可得 $h = \dfrac{\sqrt{3}}{2}a$,进一步可得到等边三角形的面积公式

$$S = \frac{\sqrt{3}}{4}a^2$$

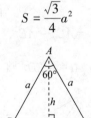

图 9-4

4.三角形的五线四心的性质

（1）中线及重心

已知 ΔABC ,三边上的中点为 P , M , N ,连接顶点与各边上的中点得到三条中线,三条中线相交于点 O , O 即重心,三条中线将三角形分为 6 部分,分别用 S_1 , S_2 ,…, S_6 表示各部分的面积,如图 9-5 所示,则存在如下性质.

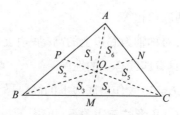

图 9-5

①中线将三角形分为面积相等的两部分,三条中线将三角形分为面积相等的六个部分. 即

$$S_{ABM} = S_{ACM}$$

$$S_1 = S_2 = S_3 = S_4 = S_5 = S_6$$

在 ΔABM 与 ΔACM 中,底边 $BM = CM$,高为同一条,均为 A 点向 BC 做垂线,因此 $S_{ABM} = S_{ACM}$,即 $S_1 + S_2 + S_3 = S_4 + S_5 + S_6$. 同理在 ΔAOB,ΔAOC,ΔBOC 中,P,M,N 底边中点,则 $S_1 = S_2$,$S_5 = S_6$,$S_3 = S_4$,进一步可得 6 部分面积均相等. 上述结论得证.

②重心是每条中线的三等分点. 有

$$AO : OM = BO : ON = CO : OP = 2 : 1$$

在 ΔABO 与 ΔBOM 中,以 AO 与 MO 为底,则高为同一条,均为 B 点向 AM 做垂线,由于 $S_1 = S_2 = S_3$,可得 $S_{ABO} = 2S_{BMO}$,因此可得 $AO = 2MO$. 上述结论得证.

③ΔABC 中,给定一条中线 AD,则三边与中线之间存在如下关系

$$AB^2 + AC^2 = \frac{1}{2}BC^2 + 2AD^2$$

作 $AE \perp BC$,如图 9-6 所示,在直角三角形 ΔABE 与 ΔACE 中,$BE^2 = AB^2 - AE^2$,又

$$\begin{cases} BE = \frac{1}{2}BC - ED, \\ CE = \frac{1}{2}BC + ED, \end{cases}$$ 可得 $$\begin{cases} \left(\frac{1}{2}BC - ED\right)^2 = AB^2 - AE^2, \\ \left(\frac{1}{2}BC + ED\right)^2 = AC^2 - AE^2, \end{cases}$$ 两式展开相加可得,$\frac{1}{2}BC^2 + 2ED^2 = AB^2 +$

$AC^2 - 2AE^2$,在直角三角形 ΔAED 中,$AE^2 = AD^2 - ED^2$,将 AE^2 代入上式,即可得到上述结论.

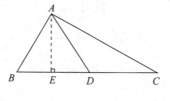

图 9-6

④三角形的中位线平行且等于底边的一半. ΔABC 中,若 D,E 分别为 AB,AC 的中点,如图 9-7 所示,则

$$DE \underline{\underline{/\!/}} \frac{1}{2}BC$$

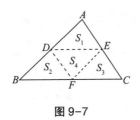

图 9-7

（2）角平分线及内心

已知 ΔABC ，作三个角的角平分线，分别交对边于 D ，E ，F ，三条角平分线相交于点 O ，如图 9-8 所示．则存在如下性质．

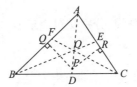

图 9-8

① 角平分线上的任意一点到两边的距离相等．AD 为 ΔABC 的一条角平分线，P 为 AD 上任意一点，过点 P 作 $PQ \perp AB$ ，$PR \perp AC$ ，则 $PQ = PR$ ．

对于 ΔAQP 与 ΔARP ，因为 AD 为角平分线，$PQ \perp AB$ ，$PR \perp AC$ ，所以 $\begin{cases} \angle QAP = \angle RAP, \\ \angle AQP = \angle ARP, \end{cases}$ 又因为 AP 为一条公共边，所以 $\Delta AQP \cong \Delta ARP$ ，故 $PQ = PR$ ．上述结论得证．

三条角平分线的交点 O 到三边的距离均相等．若作一个圆内切于三角形的三边，圆心到三边距离应相等．因此角平分线的交点可以看成三角形内切圆的圆心．

② 任意三角形面积与周长之比等于内切圆半径的一半．ΔABC 的三边为 a ，b ，c ，作三角形内切圆，分别与三边相切于 P ，N ，M ，内切圆圆心为 O ，半径为 r ，如图 9-9 所示．三角形面积为 S ，周长为 C ．则

$$\frac{S}{C} = \frac{1}{2}r$$

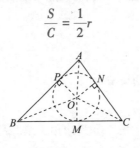

图 9-9

连接顶点与圆心，得到三个三角形 ΔAOB ，ΔAOC ，ΔBOC ，OP ，ON ，OM 垂直于各边，且 $OP = ON = OM = r$ ，则

$$S = S_{AOB} + S_{AOC} + S_{BOC}$$

$$= \frac{1}{2}cr + \frac{1}{2}br + \frac{1}{2}ar$$

$$= \frac{1}{2}(a + b + c)r$$

$$= \frac{1}{2}Cr$$

进一步变形,则可得到上述结论.

(3)中垂线及外心

已知 ΔABC ,作三条边的垂直平分线,分别交对边于 D , E , F ,三条垂直平分线相交于点 O ,如图 9-10 所示. 则存在如下性质.

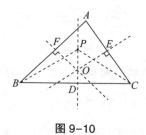

图 9-10

垂直平分线上的点到两端点的距离相等. 在 BC 的垂直平分线上任意找一点 P ,连接 PB , PC ,则 $PB = PC$.

由于 PD 为 BC 的垂直平分线,因此在 ΔBDP 与 ΔCDP 中,由于 $\begin{cases} BD = CD, \\ \angle PDB = \angle PDC, \end{cases}$ 又因为 PD 为公共边,故 $\Delta BDP \cong \Delta CDP$,故 $PB = PC$. 上述结论得证.

三条垂直平分线的交点 O 到三个顶点的距离均相等. 若作一个圆外接于三角形的三个顶点,圆心到三个顶点距离应相等. 因此垂直平分线的交点可以看成三角形外接圆的圆心.

二、命题点精讲

命题点 1 **特殊三角形性质的应用★★**

思路点拨 　特殊三角形的考查,无非是考查三角形边角关系. 要熟悉各种特殊三角形的常用性质. 多数三角形均涉及直角三角形,要重点掌握勾股定理以及 30° , 45° 直角三角形的性质.

【例 1】(1997.10)在直角三角形中,若斜边与一直角边的和为 8,差是 2,则另一直角边的长度是(　　).

(A)3　　　　　　(B)4　　　　　　(C)5　　　　　　(D)10　　　　　　(E)9

【解析】

根据题意可设一直角边长为 a，斜边长为 b，可得 $\begin{cases} a+b=8, \\ b-a=2 \end{cases} \Rightarrow \begin{cases} a=3, \\ b=5, \end{cases}$ 则可得另一直角边长为

$\sqrt{5^2-3^2}=4$. 故本题选择 B.

【例2】(2013.10) 如图 9-11 所示，$AB=AC=5$，$BC=6$，E 是 BC 的中点，$EF \perp AC$，则 $EF=$

（　　）.

(A) 1.2 　　　　(B) 2 　　　　(C) 2.2 　　　　(D) 2.4 　　　　(E) 2.5

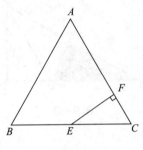

图 9-11

【解析】

根据题意可连接 AE，则 $AE \perp BC$，如图 9-12 所示，由常见勾股数 $(3,4,5)$ 得 $AE=4$，在三角形

AEC 中，$S_{\triangle AEC}=\dfrac{1}{2} \times AE \times EC = \dfrac{1}{2} \times AC \times EF$，解得 $EF=\dfrac{12}{5}=2.4$. 故本题选择 D.

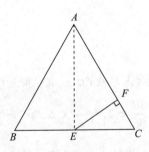

图 9-12

【例3】(2011) 已知三角形 ABC 的三条边长分别为 a，b，c，则三角形 ABC 是等腰直角三角形.

(1) $(a-b)(c^2-a^2-b^2)=0$.

(2) $c=\sqrt{2}b$.

【解析】

条件(1)：根据题意可知 $a-b=0$ 或 $c^2-a^2-b^2=0$，即 $a=b$ 或 $c^2=a^2+b^2$，则三角形为等腰三角

形或直角三角形，所以条件(1)不充分；

条件(2)：根据题意可知 $c=\sqrt{2}b$，不能确定 a，b，c 之间的关系，所以条件(2)不充分；

(1)+(2)：两个条件联合可知有两种情况：① $\begin{cases} a=b, \\ c=\sqrt{2}b, \end{cases}$ 则 $c=\sqrt{2}b=\sqrt{2}a$，即 $a:b:c=1:1:\sqrt{2}$，

则三角形为等腰直角三角形;② $\begin{cases} c^2 = a^2 + b^2, \\ c = \sqrt{2}b, \end{cases}$ 则 $(\sqrt{2}b)^2 = a^2 + b^2$,即 $a = b$,则三角形为等腰直角三角形,以上两种情况均能推出三角形为等腰直角三角形,所以条件(1)和(2)联合充分. 故本题选择 C.

【例4】(2009)直角三角形 ABC 的斜边 $AB = 13$cm,直角边 $AC = 5$cm,把 AC 对折到 AB 上去与斜边重合,点 C 与 E 重合,折痕为 AD 如图 9-13 所示,则图中阴影部分的面积为(   ) cm².

(A) 20　　　　(B) $\dfrac{40}{3}$　　　　(C) $\dfrac{38}{3}$　　　　(D) 14　　　　(E) 12

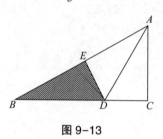

图 9-13

【解析】

根据题意可知在 $Rt\triangle ABC$ 中,$AC = 5$,$AB = 13$,则 $BC = \sqrt{AB^2 - AC^2} = 12$,设 CD 长为 x,在 $Rt\triangle BDE$ 中,根据勾股定理有 $x^2 + 8^2 = (12 - x)^2$,解得 $x = \dfrac{10}{3}$,则 $S_{\triangle BDE} = \dfrac{1}{2} \times \dfrac{10}{3} \times 8 = \dfrac{40}{3}$ cm². 故本题选择 B.

【例5】(2020)已知 $\triangle ABC$ 中,$AB = c$,$BC = a$,$AC = b$,$\angle B = 60°$,则 $\dfrac{c}{a} > 2$.

(1) $\angle C < 90°$.

(2) $\angle C > 90°$.

【解析】

条件(1):根据条件可作图 9-14,如图过点 C 做 $CD \perp BC$,则 $\angle CDB = 30°$,根据性质可得 $BD = 2BC \Rightarrow \dfrac{BD}{BC} = 2$,当 $\angle C < 90°$ 时,$AB < BD$,则 $\dfrac{AB}{BC} < 2$,即 $\dfrac{c}{a} < 2$,所以条件(1)不充分;

条件(2):根据条件可作图 9-15,如图过点 C 做 $CD \perp BC$,同理可得 $\dfrac{BD}{BC} = 2$,当 $\angle C > 90°$ 时,$AB > BD$,则 $\dfrac{AB}{BC} > 2$,即 $\dfrac{c}{a} > 2$,所以条件(2)充分. 故本题选择 B.

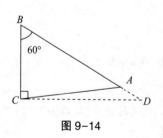

图 9-14

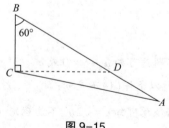

图 9-15

【例6】(2008)若 $\triangle ABC$ 的三边为 a,b,c 满足 $a^2 + b^2 + c^2 = ab + ac + bc$,则 $\triangle ABC$ 为(   ).

（A）等腰三角形　　　　　　　（B）直角三角形

（C）等边三角形　　　　　　　（D）等腰直角三角形

（E）以上结论均不正确

【解析】

根据题意整理得 $a^2 + b^2 + c^2 - ab - ac - bc = 0$，即 $\frac{1}{2}\left[(a-b)^2 + (b-c)^2 + (a-c)^2\right] = 0$，由平方的非负性得 $a = b = c$，所以 ΔABC 是等边三角形. 故本题选择 C.

 命题点 2　**五线四心的应用★★**

 思路点拨

　　五线四心性质的应用,重点在中线与重心以及角平分线与内心. 要熟悉相关的结论.

【例7】如图9-16所示,菱形 $ABCD$ 中,$\angle ABC = 60°$,对角线交于点 O,过点 A 作 $AE \perp BC$ 于点 E,交 BD 于点 F,$AB = 2$,则图中阴影部分的面积为(　　).

（A）$\frac{\sqrt{3}}{3}$　　　　（B）$\frac{\sqrt{3}}{6}$　　　　（C）$\frac{\sqrt{3}}{2}$　　　　（D）$\frac{\sqrt{3}}{4}$　　　　（E）$\sqrt{3}$

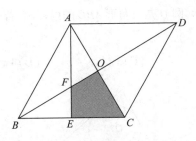

图 9-16

【解析】

根据题意可知四边形为 $ABCD$ 菱形,所以 $AC \perp BD$,ΔABC 为等边三角形,且 $AE \perp BC$,则点 F 为 ΔABC 的重心,所以阴影部分的面积为 ΔABC 面积的三分之一,即 $\frac{1}{3} \times \frac{\sqrt{3}}{4} \times 2^2 = \frac{\sqrt{3}}{3}$. 故本题选择 A.

【例8】如图9-17所示,在等腰三角形 ΔABC 中,两腰上的中线相交于点 G,若 $\angle BGC = 90°$ 且 $BC = 2\sqrt{2}$,则 BE 的长度为(　　).

（A）2　　　　（B）$2\sqrt{2}$　　　　（C）3

（D）4　　　　（E）$\sqrt{3}$

【解析】

根据题意可知 ΔABC 为等腰三角形,BE,CD 为中线,所以 AG 为 $\angle BAC$ 的

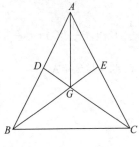

图 9-17

角平分线,在 ΔABG 和 ΔACG 中 $\begin{cases} AB = AC, \\ \angle BAG = \angle CAG, \\ AG = AG, \end{cases}$ 所以 $\Delta ABG \cong \Delta ACG$,则 $BG = CG$,ΔBCG 为等腰直角三

角形,$BG = \dfrac{\sqrt{2}}{2}BC = 2$,则 $BE = \dfrac{3}{2}BG = 3$. 故本题选择 C.

【例 9】(2019)在三角形 ABC 中,$AB = 4$,$AC = 6$,$BC = 8$,D 为 BC 的中点,则 $AD = ($).

(A) $\sqrt{11}$ (B) $\sqrt{10}$ (C)3   (D) $2\sqrt{2}$ (E) $\sqrt{7}$

【解析】

如图 9-18 所示,根据中线定理可知 $AB^2 + AC^2 = \dfrac{1}{2}BC^2 + 2AD^2$,即 $4^2 + 6^2 = \dfrac{1}{2} \times 8^2 + 2AD^2$,解得

$AD = \sqrt{10}$. 故本题选择 B.

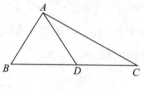

图 9-18

【例 10】(2018)如图 9-19 所示,圆 O 是三角形 ABC 的内切圆,若三角形 ABC 的面积与周长的大小

之比为 $1:2$,则圆 O 的面积为(   ).

(A) π (B) 2π (C) 3π (D) 4π (E) 5π

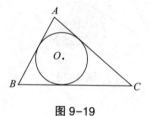

图 9-19

【解析】

根据题意可设圆的半径为 r,并连接三角形顶点和圆心,如图 9-20 所示,由题干可知 $S_{\Delta ABC} = \dfrac{1}{2}AB \cdot r +$

$\dfrac{1}{2}AC \cdot r + \dfrac{1}{2}BC \cdot r = \dfrac{1}{2}r(AB + AC + BC)$,即 $\dfrac{S_{\Delta ABC}}{AB + AC + BC} = \dfrac{1}{2}r = \dfrac{1}{2}$,解得 $r = 1$,所以 $S_{\text{圆}} = \pi \times 1^2 =$

π. 故本题选择 A.

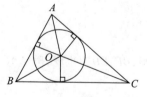

图 9-20

考点二 三角形面积计算★★

一、知识梳理

1.面积公式

已知 $\triangle ABC$，a，b，c 为三角形三边长，h 为 a 所对应的高，S 为三角形面积，则可得三角形面积公式，

$$S = \frac{1}{2}ah$$

该式的应用需要已知底边和高的值，若已知两边 a，b 与夹角 C，则可得到面积公式的另外一种形式，

$$S = \frac{1}{2}ab\sin C$$

理解上式需要补充三角函数的基础知识.

已知直角三角形 $\triangle ABC$，$\angle C = 90°$，a，b 为两直角边，c 为斜边，则 $\angle A$ 的对边与斜边之比叫作 $\angle A$ 的正弦，$\angle A$ 的邻边与斜边之比叫作 $\angle A$ 的余弦，$\angle A$ 的对边与邻边之比叫作 $\angle A$ 的正切，分别记为

$$\sin A = \frac{a}{c};$$

$$\cos A = \frac{b}{c};$$

$$\tan A = \frac{a}{b}.$$

常用角度的三角函数值如下表：

	30°	45°	60°	120°	135°	150°
sin	$\frac{1}{2}$	$\frac{\sqrt{2}}{2}$	$\frac{\sqrt{3}}{2}$	$\frac{\sqrt{3}}{2}$	$\frac{\sqrt{2}}{2}$	$\frac{1}{2}$
cos	$\frac{\sqrt{3}}{2}$	$\frac{\sqrt{2}}{2}$	$\frac{1}{2}$	$-\frac{1}{2}$	$-\frac{\sqrt{2}}{2}$	$-\frac{\sqrt{3}}{2}$
tan	$\frac{\sqrt{3}}{3}$	1	$\sqrt{3}$	$-\sqrt{3}$	-1	$-\frac{\sqrt{3}}{3}$

现回到上述三角形面积问题中，如图 9-21 所示，已知两边 a，b 与夹角 C，过 A 点作 $AD \perp BC$，AD 即为 h，在直角三角形 $\triangle ACD$ 中，利用三角函数知识可得 $\sin C = \frac{h}{b}$，进一步可得 $h = b\sin C$，则

$$S = \frac{1}{2}ah = \frac{1}{2}ab\sin C$$

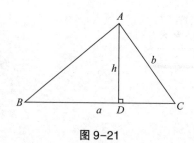

图 9-21

若已知 ΔABC 的三边 a，b，c，可直接求三角形面积，

$$S = \sqrt{p(p-a)(p-b)(p-c)}$$

其中 p 为半周长，即 $p = \dfrac{a+b+c}{2}$。该公式叫作海伦公式。海伦公式在此作为补充公式，考试中的应用较少，证明过程较为烦琐，此处不做详细说明。

2.等积模型的应用

三角形的面积问题，可根据题目中给出的不同条件，采用合适的公式进行求解，但有些题目中不会给出具体的边长、角度等信息，此时还可以考虑利用等积模型的应用来解决。

两个不同的三角形，或者三角形发生变化，变化前后，两个三角形面积相等，例如，两个三角形同底等高、等底同高、等底等高。可称这样的三角形为等积模型。

等积模型核心用到的仍然是面积公式 $S = \dfrac{1}{2}ah$，无非看底和高的关系，底相等高相等，面积自然相等。面积公式重在计算面积，而等积模型强调的是两个三角形面积之间的关系。

若不能确定三角形边和角的具体值时，不能直接用面积公式求面积，但是如果已知三角形的面积，和两个三角形边之间的关系，则可利用等积模型的应用，利用一个三角形的面积求出另一个三角形的面积。

（1）若两个三角形高相等，则面积之比等于底之比

例如，如图 9-22 所示，三个三角形的高为同一条高，则 $S_1 : S_2 : S_3 = a : b : c$；如图 9-23 所示 $l_1 \parallel l_2$，即两三角形高相等，则 $S_1 : S_2 = a : b$。

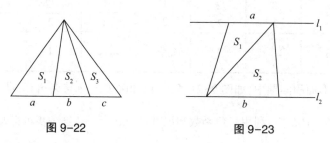

图 9-22　　　　　　　　　图 9-23

（2）若两个三角形底相等，则面积之比等于高之比

例如，如图 9-24 所示两三角形底为同一个，则 $S_{ABC} : S_{DBC} = h_1 : h_2$；如图 9-25 所示两三角形底为同一个，则 $S_{ABC} : S_{ADC} = h_1 : h_2$。

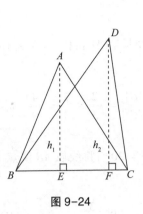

图 9-24

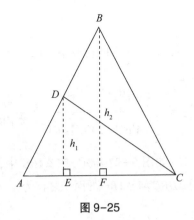

图 9-25

二、命题点精讲

命题点 1 　公式法求面积★★

思路点拨　计算三角形面积问题,若给定具体的边长、角度等信息,则考虑套用公式. 尤其注意 $S = \frac{1}{2}ab\sin C$,涉及角度相关的题目,要能产生思路,利用该式求解.

【例 11】(2010)如图 9-26 所示,在直角三角形 ABC 区域内部有座山,$\angle A = 90°$,现计划从 BC 边上的某点 D 开凿一条隧道到点 A ,要求隧道长度最短,已知 AB 长为 5km ,AC 长为 12km ,则所开凿的隧道 AD 的长度约为(　　).

(A)4.12km　　　　(B)4.22km　　　　(C)4.42km　　　　(D)4.62km　　　　(E)4.92km

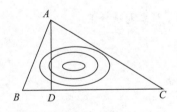

图 9-26

【解析】

根据题意可知 ΔABC 为直角三角形,由勾股定理解得 $BC = \sqrt{5^2 + 12^2} = 13$,要求 AD 距离最短,所以 AD 为 BC 边上的高,则根据三角形面积 $S = \frac{1}{2} \times 5 \times 12 = \frac{1}{2} \times 13 \times AD$,解得 $AD \approx 4.62\text{km}$. 故本题选择 D.

【例 12】(2017)已知 ΔABC 和 $\Delta A'B'C'$ 满足 $AB:A'B' = AC:A'C' = 2:3$,$\angle A + \angle A' = \pi$,则 ΔABC 和 $\Delta A'B'C'$ 的面积比为(　　).

(A)$\sqrt{2}:\sqrt{3}$　　　(B)$\sqrt{3}:\sqrt{5}$　　　(C)$2:3$　　　(D)$2:5$　　　(E)$4:9$

【解析】

由面积公式可得，$S = \dfrac{1}{2}|AB||AC|\sin A$，$S' = \dfrac{1}{2}|A'B'||A'C'|\sin A'$，因为 $\angle A + \angle A' = \pi$，所以

$\sin A = \sin A'$，则 $\dfrac{S}{S'} = \dfrac{\dfrac{1}{2}|AB|\cdot|AC|\sin A}{\dfrac{1}{2}|A'B'|\cdot|A'C'|\sin A'} = \dfrac{|AB|}{|A'B'|} \times \dfrac{|AC|}{|A'C'|} = \dfrac{2}{3} \times \dfrac{2}{3} = \dfrac{4}{9}$. 故本题选择 E.

【例 13】（2020）如图 9-27 所示，在 ΔABC 中，$\angle ABC = 30°$，将线段 AB 绕点 B 旋转至 DB，使 $\angle DBC = 60°$，则 ΔDBC 与 ΔABC 的面积之比为（   ）.

(A) 1   (B) $\sqrt{2}$ (C) 2   (D) $\dfrac{\sqrt{3}}{2}$ (E) $\sqrt{3}$

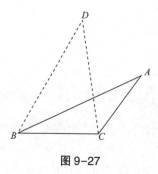

图 9-27

【解析】

根据题意可知，在 ΔDBC 中，$\angle DBC = 60°$，在 ΔABC 中，$\angle ABC = 30°$，$DB = AB$，所以

$\dfrac{S_{\Delta DBC}}{S_{\Delta ABC}} = \dfrac{\dfrac{1}{2}DB \cdot BC\sin 60°}{\dfrac{1}{2}AB \cdot BC\sin 30°} = \dfrac{\dfrac{\sqrt{3}}{2}}{\dfrac{1}{2}} = \sqrt{3}$. 故本题选择 E.

命题点 2　等积模型的应用★★

> **思路点拨**　等积模型的本质是两个三角形之间的面积关系. 若求三角形面积，但是题目中没有具体的边长角度等信息，而是给出的边长关系，则可考虑利用等积模型的应用进行解题.

【例 14】（2014）如图 9-28 所示，已知 $AE = 3AB$，$BF = 2BC$，若 ΔABC 的面积为 2，则 ΔAEF 的面积为（   ）.

(A) 14   (B) 12   (C) 10   (D) 8   (E) 6

【解析】

根据题意可知 $BF = 2BC$，即 $\dfrac{BC}{CF} = \dfrac{1}{1}$，由等积模型可得 ΔABC 与 ΔACF 的高相等，则 $\dfrac{S_{\Delta ABC}}{S_{\Delta ACF}} = \dfrac{BC}{CF} = \dfrac{1}{1}$，

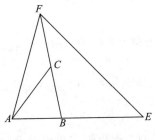

图 9-28

解得 $S_{\Delta ACF}=2$,所以 $S_{\Delta ABF}=4$;根据题意可知 $AE=3AB$,即 $\dfrac{AB}{BE}=\dfrac{1}{2}$,由等积模型可得 ΔABF 与 ΔBEF 的高相

等,则 $\dfrac{S_{\Delta ABF}}{S_{\Delta BEF}}=\dfrac{AB}{BE}=\dfrac{1}{2}$,解得 $S_{\Delta BEF}=8$,则 $S_{\Delta AEF}=S_{\Delta ABF}+S_{\Delta BEF}=12$. 故本题选择 B.

【例 15】如图 9-29 所示,在 ΔABC 中,$AB=8$,$AC=6$,$BC=10$,点 M 是 BC 的中点,点 P 是 AM 的

三等分点,则 ΔBPM 的面积为(　　).

(A)10　　　　(B)12　　　　(C)8　　　　(D)6　　　　(E)5

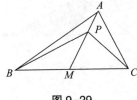

图 9-29

【解析】

根据题意可知,在 ΔABC 为直角三角形,点 M 是 BC 的中点,$S_{\Delta ABM}=\dfrac{1}{2}S_{\Delta ABC}=\dfrac{1}{2}\times\dfrac{1}{2}\times 6\times 8=12$,点

P 是 AM 的三等分点,则 $S_{\Delta BPM}=\dfrac{2}{3}S_{\Delta ABM}=\dfrac{2}{3}\times 12=8$. 故本题选择 C.

【例 16】(2019)如图 9-30 所示,已知正方形 $ABCD$ 的面积,O 为 BC 上一点,P 为 AO 的中点,Q 为

OD 上一点.则能确定三角形 PQD 的面积.

(1) O 为 BC 的三等分点.

(2) Q 为 DO 的三等分点.

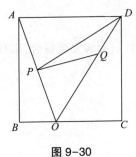

图 9-30

【解析】

根据题意可知,已知的正方形的面积为 $S = AD \times AB$,则 $S_{\Delta AOD} = \frac{1}{2} \times AD \times AB = \frac{1}{2}S$,又因为 P 为

AO 中点,则 ΔAPD 和 ΔOPD 等底同高,面积相等,则 $S_{\Delta POD} = \frac{1}{2}S_{\Delta AOD} = \frac{1}{4}S$,所以 ΔPQD 的面积仅与 Q 点

位置有关.

条件(1):根据条件可知 O 为 BC 的三等分点,ΔPQD 的面积与 O 点无关,所以条件(1)不充分;

条件(2):根据条件可知 Q 为 OD 的三等分点,$DQ = \frac{1}{3}OD$,则 $S_{\Delta PQD} = \frac{1}{3}S_{\Delta POD} = \frac{1}{3} \times \frac{1}{4}S = \frac{1}{12}S$,所

以条件(2)充分. 故本题选择 B.

【例 17】如图 9-31 所示,三角形 ABC 的面积是 24,且 $BE = 2EC$,D,F 分别是 AB,CD 的中点,那

么阴影部分的面积是( ).

(A)6 　　　　(B)7 　　　　(C)8 　　　　(D)9 　　　　(E)10

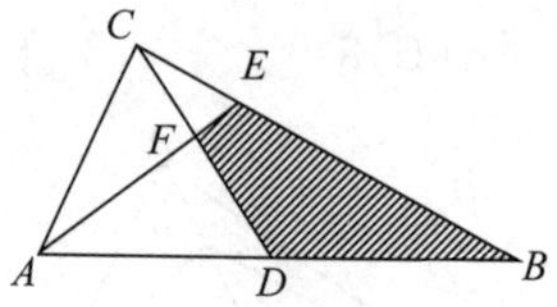

图 9-31

【解析】

根据题意可知 D 是 AB 的中点,则 $S_{\Delta ACD} = \frac{1}{2}S_{\Delta ABC} = 12$,又因为 F 是 CD 的中点,则 $S_{\Delta ADF} = \frac{1}{2}S_{\Delta ACD} = 6$,

由 $BE = 2EC$ 可知,$S_{\Delta AEC} = \frac{1}{3}S_{\Delta ABC} = 8$,则 $S_{阴影} = S_{\Delta ABC} - S_{\Delta AEC} - S_{\Delta ADF} = 24 - 8 - 6 = 10$. 故本题选择 E.

考点三 三角形全等与相似★★★

一、知识梳理

1.三角形全等

若两个三角形经过平移、旋转或翻转后能够完全重合,则称这两个三角形互为全等三角形. 用符号" $\cong$ "来表示.

显然,若两个三角形全等,则

(1)三边对应相等;

(2)三个角对应相等.

在题目中,往往需要利用已知条件来判定三角形是否全等,常用判定方法如下:

(1)已知三边长对应相等(SSS);

(2)已知两边长及夹角对应相等(SAS);

(3)已知两角及夹边对应相等(ASA);或者已知两角及一角对边对应相等(AAS);

(4)直角三角形中,已知一组直角边和斜边对应相等(HL).

上述判定(3)中,由于三角形内角和为180°,因此已知两角对应相等,则可得到三角形均相等,此时再任意已知一组对应边相等,即可得到三角形全等.(4)中,直角三角形中已知两边对应相等,再根据勾股定理,可得到第三边对应相等,则可得三角形全等.

2.三角形相似

两个三角形中,三个角分别对应相等,三边对应成比例,则称两个三角形为相似三角形.

相似三角形的定义中已经说明了三角形的边角关系:

(1)三边对应成比例,该比例称为相似比;

(2)三角对应相等.

题目中也会涉及三角形相似的判定,常用判定方法如下:

(1)已知三边对应成比例;

(2)已知两边对应成比例,且夹角相等;

(3)已知两角对应相等.

若已知两个三角形相似,除了基本的边角关系以外,还常用到下列结论:

(1)两个三角形对应线段长均成比例(高、中线等);

(2)两个三角形的面积之比等于相似比的平方.

3.相似模型

已知相似,可得到边和角的关系,题目中,利用已知条件判定相似往往成为解题的关键,掌握一些相似模型,有助于我们快速得到三角形相似.

(1)A字模型

若三角形中存在一条平行于一边的直线,则构成A字模型,如图9-32所示.A字模型中必然存在相似三角形.

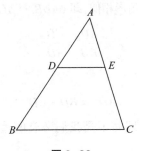

图9-32

由于$DE \parallel BC$,图中$\angle ADE$与$\angle B$,$\angle AED$与$\angle C$分别为同位角,则$\begin{cases} \angle ADE = \angle B, \\ \angle AED = \angle C, \end{cases}$两组对应角

相等可得三角形相似,即 $\Delta ADE \backsim \Delta ABC$,由相似进一步可得

$$\frac{AD}{AB} = \frac{AE}{AC} = \frac{DE}{BC}.$$

(2)8 字模型

若一组平行线间存在两条交叉的线,则构成 8 字模型,如图 9-33 所示. 8 字模型中必然存在相似三角形.

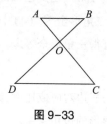

图 9-33

由于 $AB /\!/ CD$,图中 $\angle A$ 与 $\angle C$, $\angle B$ 与 $\angle D$ 分别为内错角,则 $\begin{cases} \angle A = \angle C, \\ \angle B = \angle D, \end{cases}$ 两组对应角相等可得三角形相似,即 $\Delta AOB \backsim \Delta COD$,由相似进一步可得

$$\frac{AO}{CO} = \frac{BO}{DO} = \frac{AB}{CD}.$$

(3)双直角模型

直角三角形中做一条垂直于斜边的线,则构成双直角模型,如图 9-34 所示. 双直角模型中必然存在相似三角形.

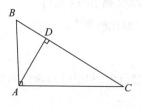

图 9-34

ΔABC 为直角三角形, $\angle A = 90°$, $AD \perp BC$, $\begin{cases} \angle C + \angle B = 90°, \\ \angle C + \angle CAD = 90°, \end{cases}$ 则 $\angle B = \angle CAD$,又 $\angle CDA = \angle ADB = 90°$,则两组对应角相等可得三角形相似,即 $\Delta ADB \backsim \Delta CDA$,由相似进一步可得

$$\frac{AD}{BD} = \frac{CD}{AD}$$

再将上式进行变形可得

$$AD^2 = BD \cdot CD$$

该式又称为射影定理. 需注意射影定理并不是我们考查的重点,且射影定理是相似关系的变形,此处仅仅作为延伸拓展.

实际上双直角模型中,存在三个直角三角形,三个直角三角形均相似,

$$\Delta ABC \backsim \Delta DBA \backsim \Delta DAC$$

需要指出的是,双直角模型中关键是利用到了角度的互余得到了对应角相等,其中的 AD 边并不一定过 A 点,也可构成相似,如图 9-35 所示.

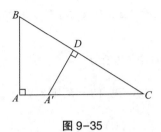

图 9-35

再进一步,此类模型中,甚至不一定必须基于直角三角形,只要是能够确定两角相等,即可得到相似,此处不做详细说明,后续题目中再进行讲解.

二、命题点精讲

命题点 1　全等三角形的应用★

思路点拨　　全等三角形中两个三角形各个量均相等,题目中给出的条件涉及边或角的相等,则可考虑两三角形是否全等,得到全等后再利用全等的关系解决题目所求问题.

【例 18】(2018)如图 9-36 所示,在矩形 $ABCD$ 中,$AE = FC$,则三角形 AED 与四边形 $BCFE$ 可以拼成一个直角三角形.

(1) $EB = 2AE$.

(2) $ED = EF$.

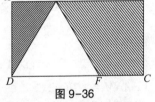

图 9-36

【解析】

根据题意作图,如图 9-37 所示,延长 EF,BC 相交于点 G,只需要证明 $\triangle EAD \cong \triangle FCG$ 即可推出题干结论.

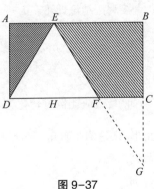

图 9-37

条件(1):根据条件可知,$\begin{cases} AE = FC, \\ EB = 2AE \end{cases} \Rightarrow FC$ 为 $\triangle EGB$ 中位线 $\Rightarrow CG = BC = AD$,又 $\angle A = \angle FCG = 90° \Rightarrow$

$\Delta EAD \cong \Delta FCG$,所以 ΔAED 与四边形 $BCFE$ 可以拼成一个直角三角形,所以条件(1)充分;

条件(2):根据条件可知,$ED = EF$,则 ΔDEF 是等腰三角形,得 $\angle AED = \angle EDF = \angle EFD = \angle CFG$,又 $\angle A = \angle FCG = 90°$,则 $\Delta FCG \cong \Delta EAD$,所以 ΔAED 与四边形 $BCFE$ 可以拼成一个直角三角形,所以条件(2)充分. 故本题选择 D.

【例19】如图 9-38 所示,在 ΔABC 中,$\angle ACB = 90°$,M,N 分别是 AB,AC 的中点,将 BC 延长至点 D,使 $CD = \dfrac{1}{3}BD$,连接 DM,DN,MN,若 $AB = 6$,则 $DN = ($ $)$.

(A)3   (B)4   (C)5   (D)6   (E)7

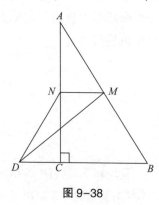

图 9-38

【解析】

根据题意可知 M,N 是 AB,AC 的中点,则 $MN \parallel BD$,且 $MN = CD = \dfrac{1}{2}BC$,在 ΔANM 和 ΔCDN 中

$$\begin{cases} MN = CD, \\ AN = CN, \\ \angle ANM = \angle DCN, \end{cases}$$ 所以 $\Delta ANM \cong \Delta NCD$,则 $DN = AM = \dfrac{1}{2}AB = 3$. 故本题选择 A.

命题点 2 相似三角形的判定 ★★

判定两个三角形是否相似,直接利用结论即可:

①三边对应成比例;

②两边成比例且夹角相等;

③两角相等.

其中角相等的判定往往较为简单,边成比例可转化为代数式运算问题,相对变得复杂.

【例20】(2021)给定两个直角三角形,则这两个直角三角形相似.

(1)每个直角三角形边长成等比数列.

(2)每个直角三角形边长成等差数列.

【解析】

条件(1):根据条件可设两个直角三角形的三边分别为 a,aq_1,aq_1^2 和 b,bq_2,bq_2^2,根据勾股定理

$a^2 + (aq_1)^2 = (aq_1^2)^2$，$b^2 + (bq_2)^2 = (bq_2^2)^2$，解得 $q_1^2 = \dfrac{1 + \sqrt{5}}{2}$，$q_2^2 = \dfrac{1 + \sqrt{5}}{2}$，即 $\dfrac{q_1}{q_2} = 1$，则 $\dfrac{a}{b} = \dfrac{aq_1}{bq_2} =$

$\dfrac{aq_1^2}{bq_2^2}$，三边对应成比例则两个直角三角形相似，所以条件 (1) 充分;

条件 (2)：根据条件可设两个直角三角形的三边分别为 a，$a + d_1$，$a + 2d_1$ 和 b，$b + d_2$，$b + 2d_2$，根据勾股定理 $a^2 + (a + d_1)^2 = (a + 2d_1)^2$，$b^2 + (b + d_2)^2 = (b + 2d_2)^2$，解得 $a = 3d_1$，$b = 3d_2$，则两个三角形三边分别为 $3d_1$，$4d_1$，$5d_1$ 和 $3d_2$，$4d_2$，$5d_2$. 则 $\dfrac{3d_1}{3d_2} = \dfrac{4d_1}{4d_2} = \dfrac{5d_1}{5d_2}$，三边对应成比例则两个直角三角形相似，所以条件 (2) 充分. 故本题选择 D.

命题点 3 **有平行的相似问题** ★★★

思路点拨
对应边成比例或者对应角相等，可得到两个三角形相似. 但是多数题目中并不仅仅为了判定两个三角形是否相似，往往需要利用相似解决边或者面积的关系.

此类题目中通常是利用角相等得到相似，再利用相似得到边的关系.

有平行线必定存在角相等，A 字模型与 8 字模型均是由平行得到的相似.

【例 21】(2013) 如图 9-39 所示，在直角三角形 ABC 中，$AC = 4$，$BC = 3$，$DE \parallel BC$，已知梯形 $BCED$ 的面积为 3，则 DE 长为 (　　).

(A) $\sqrt{3}$　　　　(B) $\sqrt{3} + 1$　　　　(C) $4\sqrt{3} - 4$　　　　(D) $\dfrac{3\sqrt{2}}{2}$　　　　(E) $\sqrt{2} + 1$

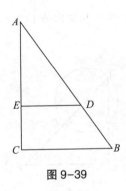

图 9-39

【解析】

根据题意可知 $S_{\triangle ABC} = \dfrac{1}{2}AC \cdot BC = \dfrac{1}{2} \times 4 \times 3 = 6$，$S_{\triangle ADE} = S_{\triangle ABC} - S_{梯形BCED} = 6 - 3 = 3$，因为 $DE \parallel BC$，

所以 $\triangle ADE \backsim \triangle ABC$，则 $\dfrac{DE^2}{BC^2} = \dfrac{S_{\triangle ADE}}{S_{\triangle ABC}} = \dfrac{1}{2}$，解得 $DE = \dfrac{\sqrt{2}}{2}BC = \dfrac{3\sqrt{2}}{2}$. 故本题选择 D.

【例 22】(2010) 如图 9-40 所示，在 $\triangle ABC$ 中，已知 $EF \parallel BC$，则 $\triangle AEF$ 的面积等于梯形 $EBCF$ 的面积.

(1) $AG = 2GD$.

(2) $BC = \sqrt{2}EF$.

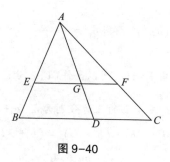

图 9-40

【解析】

根据题干等价转换得 $\dfrac{S_{\triangle AEF}}{S_{\triangle ABC}} = \dfrac{1}{2}$，则 $\dfrac{AG}{AD} = \dfrac{EF}{BC} = \dfrac{1}{\sqrt{2}}$．

条件（1）：根据条件可得 $\dfrac{AG}{GD} = 2$，则 $\dfrac{AG}{AD} = \dfrac{2}{3}$，与转化结论不一致，所以条件（1）不充分；

条件（2）：根据条件可得 $\dfrac{EF}{BC} = \dfrac{1}{\sqrt{2}}$，与转化结论一致，所以条件（2）充分．故本题选择 B．

【例 23】（2022）直角三角形 ABC，$\angle C$ 是直角，D 是 AB 边中点，以 AD 为直径作圆交 AC 于 E，若三角形 ABC 的面积是 8，则三角形 ADE 面积为（　　）．

（A）1　　　　　（B）2　　　　　（C）3　　　　　（D）4　　　　　（E）6

【解析】

根据题意可画图，如图 9-41 所示，连接 ED，由于 AD 为直径，则 $\angle AED = 90°$，而 $\triangle AED$ 和 $\triangle ACB$ 有一个公共角 $\angle A$，所以 $\triangle AED \backsim \triangle ACB$，其中相似比为 $1:2$，面积比为 $1:4$，所以 $S_{\triangle AED} = \dfrac{1}{4}S_{\triangle ACB} = 2$．故本题选择 B．

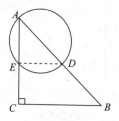

图 9-41

【例 24】（2016）如图 9-42 所示，在四边形 $ABCD$ 中，$AB /\!/ CD$，AB 与 CD 的边长分别为 4 和 8，若 $\triangle ABE$ 的面积为 4，则四边形 $ABCD$ 的面积为（　　）．

（A）24　　　　　（B）30　　　　　（C）32

（D）36　　　　　（E）40

【解析】

根据题意可知，$\triangle ABE \backsim \triangle CDE$，可得 $\dfrac{S_{\triangle ABE}}{S_{\triangle CDE}} = \dfrac{AB^2}{CD^2} \Rightarrow S_{\triangle CDE} = 16$，且

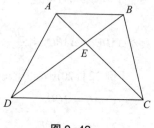

图 9-42

$\dfrac{BE}{DE} = \dfrac{AB}{DC} = \dfrac{AE}{EC} = \dfrac{1}{2}$,根据图可知 ΔAED 与 ΔAEB 是同高的两个三角形,ΔBEC 与 ΔAEB 也是同高的两个

三角形,可得 $\dfrac{S_{\Delta ABE}}{S_{\Delta AED}} = \dfrac{BE}{DE} = \dfrac{AB}{DC} = \dfrac{1}{2} \Rightarrow S_{\Delta AED} = 8$,$\dfrac{S_{\Delta ABE}}{S_{\Delta BEC}} = \dfrac{AE}{EC} = \dfrac{AB}{DC} = \dfrac{1}{2} \Rightarrow S_{\Delta BEC} = 8$,则四边形 $ABCD$ 的面积

为 $S_{\Delta ABE} + S_{\Delta CDE} + S_{\Delta AED} + S_{\Delta BEC} = 36$. 故本题选择 D.

命题点 4 无平行的相似问题 ★★★

思路点拨

　　双直角模型中,不存在平行关系,但利用互余关系也得到了两角相等;若三角形不是直角三角形,注意公共角,若存在公共角,再给一角相等,即可得到相似.

【例25】如图 9-43 所示,在 $Rt\Delta ABC$ 中,$\angle ACB = 90°$,$CD \perp AB$,$AC = 6$,$AD = 3.6$,则 $BC =$（　　）.

(A) 6　　　　(B) 7　　　　(C) 8　　　　(D) 9　　　　(E) 10

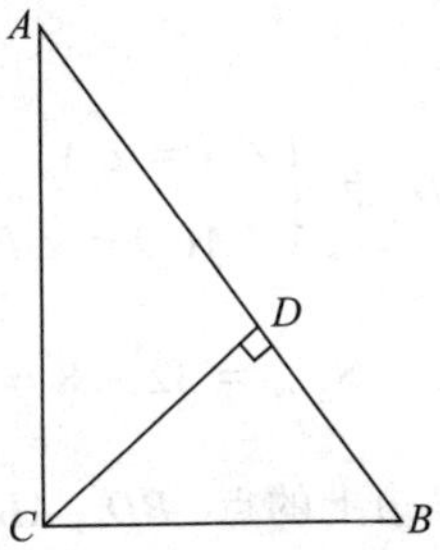

图 9-43

【解析】

根据双直角模型特性,可得 $\Delta ABC \backsim \Delta ACD$,则 $\dfrac{AC}{AD} = \dfrac{AB}{AC} \Rightarrow AB = \dfrac{AC^2}{AD} = \dfrac{6 \times 6}{3.6} = 10$,由勾股定理得

$BC = \sqrt{AB^2 - AC^2} = \sqrt{10^2 - 6^2} = 8$. 故本题选择 C.

【例26】如图 9-44 所示,已知 $\angle ADE = \angle C$,且 $\dfrac{AD}{AC} = \dfrac{2}{3}$,$DE = 10$,则 $BC =$（　　）.

(A) 13　　　　(B) 14　　　　(C) 15　　　　(D) 16　　　　(E) 17

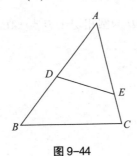

图 9-44

【解析】

根据题意可知在 ΔABC 和 ΔADE 中 $\begin{cases} \angle A = \angle A, \\ \angle ADE = \angle C, \end{cases}$ 所以 $\Delta ABC \backsim \Delta AED$, $\dfrac{AD}{AC} = \dfrac{DE}{BC} = \dfrac{2}{3}$, $BC = 15$. 故本题选择 C.

【例27】如图 9-45 所示,在 ΔABC 中,点 D 是 AB 边上的一点,若 $\angle ACD = \angle B$, $AD = 1$, $AC = 2$, ΔADC 的面积为 8,则 ΔBCD 的面积为(   ).

(A)8   (B)16   (C)24   (D)32   (E)48

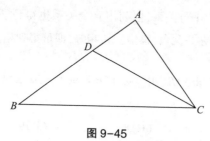

图 9-45

【解析】

根据题意可知,在 ΔABC 和 ΔACD 中 $\begin{cases} \angle A = \angle A, \\ \angle ACD = \angle B, \end{cases}$ 则 $\Delta ABC \backsim \Delta ACD$,利用相似可得

$\dfrac{S_{\Delta ACD}}{S_{\Delta ABC}} = \dfrac{AD^2}{AC^2} = \dfrac{1}{4} \Rightarrow S_{\Delta ABC} = 32$, $S_{\Delta BCD} = S_{\Delta ABC} - S_{\Delta ADC} = 32 - 8 = 24$. 故本题选择 C.

【例28】(2022)在 ΔABC 中,D 为 BC 边上的点,BD, AB, BC 成等比,则 $\angle BAC = 90°$.

(1) $BD = DC$.

(2) $AD \perp BC$.

【解析】

根据 BD, AB, BC 成等比可得 $AB^2 = BD \cdot BC$, 即 $\dfrac{AB}{BC} = \dfrac{BD}{AB}$, 由于 $\angle B$ 为共同角,所以 $\Delta BDA \backsim \Delta BAC$, 则 $\angle BAC = \angle BDA$.

条件(1):根据条件可知 $BD = DC$,无法得到结论,所以条件(1)不充分;

条件(2):根据条件可知 $AD \perp BC$ 可得 $\angle BDA = 90°$,则有 $\angle BAC = \angle BDA = 90°$,所以条件(2)充分. 故本题选择 B.

【例29】(2022)如图 9-46 所示,AD 与圆相切于 D 点,AC 与圆相交于点 B,则能确定 ΔABD 与 ΔBCD 的面积比.

(1)已知 $\dfrac{AD}{CD}$.

(2)已知 $\dfrac{BD}{CD}$.

【解析】

根据题意可连接圆心 O 与点 B, D,过点 O 做 BD 的垂线于点 E,如图 9-47 所示,三角形 OBD 是等腰三角形,所以 $\angle BOE = \angle DOE = \angle BCD$,而 $\angle DOE + \angle EDO = \angle ADB + \angle ODE = 90°$,所以 $\angle BCD = \angle ADB$,并且 $\angle A = \angle A$,所以 $\triangle ABD \backsim \triangle ADC$,则两个三角形面积比等于相似比的平方,而相似比等于对应边之比,即 $\dfrac{AD}{AC} = \dfrac{AB}{AD} = \dfrac{BD}{DC}$,已知 $S_{\triangle ABD}$ 与 $S_{\triangle ADC}$ 面积比,进而可确定 $\triangle ABD$ 与 $\triangle DBC$ 面积比.

条件(1):根据条件可知 $\dfrac{AD}{CD}$ 的值,无法确定,所以条件(1)不充分;

条件(2):根据条件可知 $\dfrac{BD}{CD}$ 的值,满足结论,所以条件(2)充分. 故本题选择B.

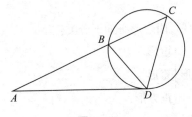

图 9-46

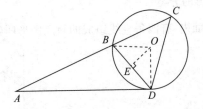

图 9-47

第二讲　四边形、圆与扇形

考点一　四边形★★

▎一、知识梳理

1.四边形的分类

同一平面内,有四条直线组成的封闭图形叫作四边形,四边形有如下分类:

$$
\text{四边形}
\begin{cases}
\text{平行四边形}
\begin{cases}
\text{矩形}\\
\text{菱形}\\
\text{正方形}
\end{cases}\\[2ex]
\text{梯形}
\begin{cases}
\text{一般梯形}\\
\text{等腰梯形}\\
\text{直角梯形}
\end{cases}\\[2ex]
\text{一般四边形}
\end{cases}
$$

连接四边形的对角所得线段称为对角线.一条对角线将四边形分为两个三角形,由三角形内角和可得,四边形的内角之和等于 $360°$. 四边形的很多问题经常会回到三角形进行求解.四边形中特殊的四边形是考查的重点.

2.平行四边形

两对边分别平行的四边形叫作平行四边形.如图 9-48 所示.

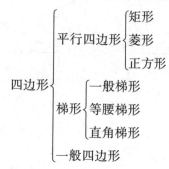

图 9-48

设平行四边形一边为 a ,与对边之间的距离为 h ,可得平行四边形的面积公式:

$$S = ah$$

平行四边形具有如下性质:

(1)两组对边分别平行;

(2)两组对边分别相等;

(3)两组对角分别相等;

(4)两条对角线相互平分.

对于任意四边形 $ABCD$ (注意书写时各顶点按顺序书写),如图 9-49 所示,四边中点分别为 E , F , M , N ,连接各中点得到四边形 $EFMN$,连接对角线 BD ,在 ΔABD 与 ΔCBD 中, MN 与 EF 分别为中位线,因此 $\begin{cases} MN \underline{\underline{\parallel}} \dfrac{1}{2}BD, \\[2mm] EF \underline{\underline{\parallel}} \dfrac{1}{2}BD, \end{cases}$ 可得 $MN \underline{\underline{\parallel}} EF$,因此四边形 $EFMN$ 为平行四边形,利用面积公式可得

$S_{EFMN} = \dfrac{1}{2}S_{ABCD}$. 由此可得如下结论:

依次连接任意四边形各边中点所得四边形为平行四边形,且面积为原四边形面积的一半.

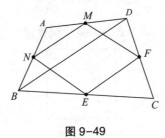

图 9-49

3.矩形

四个角为直角的平行四边形叫作矩形. 如图 9-50 所示.

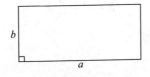

图 9-50

设矩形的两条邻边分别为 a,b,可得矩形的面积公式:

$$S = ab$$

矩形具有平行四边形的一切性质,此外还有:

(1)矩形的内角均为 90°;

(2)矩形的两条对角线长度相等.

4.菱形

两条邻边长度相等的平行四边形叫作菱形. 如图 9-51 所示.

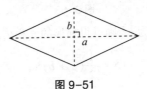

图 9-51

菱形具有平行四边形的一切性质,此外还有:

(1)菱形的邻边长度相等;

(2)菱形的两条对角线相互垂直.

对(2)做简要说明,菱形的一条对角线将菱形分成两个三角形,菱形的邻边相等,因此三角形为等腰三

角形,又因为对角线相互平分,因此两条对角线相互垂直.

设菱形的两条对角线分别为 a,b,又因为菱形对角线相互垂直,则菱形的面积公式为:

$$S = \frac{1}{2}ab$$

将菱形的面积看成两个三角形的面积和,可得上式. 进一步,不仅仅是菱形,任意对角线相互垂直的四边形,面积均可利用对角线乘积的一半来进行求解.

5.正方形

两条邻边长度相等的矩形,或者内角为直角的菱形叫作正方形. 如图 9-52 所示.

图 9-52

设正方形的边长为 a,则可得正方形的面积公式

$$S = a^2 = \frac{1}{2}b^2$$

正方形具有菱形和矩形的一切性质.

6.梯形

一组对边平行的四边形叫作梯形. 平行的两边分别称为上底和下底,不平行的两边称为腰,如图 9-53所示.

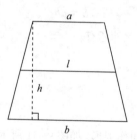

图 9-53

设梯形的上底为 a,下底为 b,高为 h,则可得梯形的面积公式

$$S = \frac{1}{2}(a + b)h$$

连接梯形两腰中点可得梯形中位线,设中位线为 l,则

$$l = \frac{a + b}{2}$$

连接梯形 $ABCD$ 的两条对角线,交于一点 O,设梯形的上底为 a,下底为 b,对角线将梯形分为四个三角形,分别用 S_1,S_2,S_3,S_4 代表其面积,如图 9-54 所示.

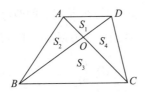

图 9-54

由于梯形上下两底平行,连接对角线后,构成 8 字模型,则

$$\Delta AOD \backsim \Delta COB$$

利用相似可得

$$\frac{AO}{CO} = \frac{DO}{BO} = \frac{AD}{CB} = \frac{a}{b}$$

$$\frac{S_1}{S_3} = \frac{a^2}{b^2}$$

在 ΔAOD 与 ΔCOD 中,以 AO 与 CO 为底,则两个三角形高为同一条,根据等积模型的应用,可得

$$\frac{S_1}{S_4} = \frac{a}{b}$$

同理在 ΔAOB 与 ΔCOB 中

$$\frac{S_2}{S_3} = \frac{a}{b}$$

上述两个结论,联合到一起再做变形可得

$$S_1 \times S_3 = S_2 \times S_4.$$

此结论不仅仅针对梯形,对于任意四边形,连接两条对角线,均符合此关系,可将此类问题总结成一个模型,称为蝴蝶模型.

在 ΔABC 与 ΔDBC 中,底为同一条,高均为梯形的高,因此两个三角形面积相等,又因为

$$\begin{cases} S_{ABC} = S_2 + S_3, \\ S_{DBC} = S_4 + S_3, \end{cases} \text{因此 } S_2 = S_4, \text{即}$$

任意梯形被对角线分成的四个三角形中,左右两个面积相等.

结合相似与蝴蝶模型的结论,可得梯形中四个三角形的面积关系

$$S_1 : S_3 : S_2 : S_4 = a^2 : b^2 : ab : ab.$$

二、命题点精讲

命题点 1 四边形性质的应用★

思路点拨

四边形的考查重点在于特殊四边形的性质,部分会结合三角形问题进行考查.

【例30】(2008) P 是以 a 为边长的正方形, P_1 是以 P 的四边中点为顶点的正方形, P_2 是以 P_1 的四边中点为顶点的正方形, P_i 是以 P_{i-1} 的四边中点为顶点的正方形,则 P_6 的面积是( ).

(A) $\dfrac{a^2}{16}$ (B) $\dfrac{a^2}{32}$ (C) $\dfrac{a^2}{40}$ (D) $\dfrac{a^2}{48}$ (E) $\dfrac{a^2}{64}$

【解析】

根据四边形性质可得,四边形四边中点的连线所得面积是原来的一半,即 $P_1 = \dfrac{1}{2}a^2$, $P_2 = \left(\dfrac{1}{2}\right)^2 a^2, \cdots, P_6 = \left(\dfrac{1}{2}\right)^6 a^2$. 故本题选择 E.

【例31】如图 9-55 所示,长方形 $ABCD$ 中, $BE:EC = 2:3$, $DF:FC = 1:2$, $S_{\triangle DEF} = 2$,则长方形 $ABCD$ 的面积为( ).

(A) 20   (B) 24   (C) 26   (D) 28   (E) 30

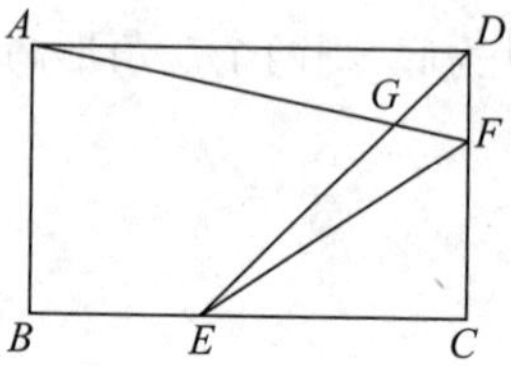

图 9-55

【解析】

根据题意可得, $\dfrac{S_{\triangle DEF}}{S_{\triangle EFC}} = \dfrac{DF}{FC} = \dfrac{1}{2} \Rightarrow S_{\triangle EFC} = 4$,则 $S_{\triangle DEC} = S_{\triangle DEF} + S_{\triangle EFC} = 6$,连接 AE ,如图 9-56 所示,根据题意可知 $\dfrac{S_{\triangle ABE}}{S_{\triangle DEC}} = \dfrac{BE}{EC} = \dfrac{2}{3} \Rightarrow S_{\triangle ABE} = 4$,则有 $S_{\triangle ADE} = S_{\triangle DEC} + S_{\triangle ABE} = 10$,即 $S_{\text{长方形} ABCD} = S_{\triangle ADE} + S_{\triangle DEC} + S_{\triangle ABE} = 20$. 故本题选择 A.

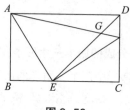

图 9-56

【例32】(2012.10)若菱形两条对角线的长分别为6和8,则这个菱形的周长和面积分别为( ).

(A) 14,24   (B) 14,48   (C) 20,12   (D) 20,24   (E) 20,48

【解析】

根据菱形性质可知菱形对角线互相平分且垂直,由勾股定理可得边长为5,周长为 $4 \times 5 = 20$,面积为 $\dfrac{1}{2} \times 6 \times 8 = 24$. 故本题选择 D.

【例33】(2016)如图 9-57 所示,正方形 $ABCD$ 由四个相同的长方形和一个小正方形拼成,则能确定小正方形的面积.

（1）已知正方形 $ABCD$ 的面积.

（2）已知长方形的长宽之比.

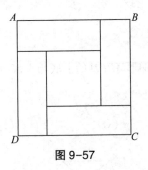

图 9-57

【解析】

根据题意可设长方形的长为 x，宽为 y，则大正方形的边长为 $x+y$，小正方形的边长为 $x-y$.

条件（1）：已知大正方形面积，即已知 $x+y$ 的值，不能确定 $x-y$，所以条件（1）不充分；

条件（2）：已知长方形的长宽之比 $\dfrac{x}{y}$，不能确定 $x-y$，所以条件（2）不充分；

（1）+（2）：已知 $x+y$ 和 $\dfrac{x}{y}$，则可求 x，y，即小正方形面积可求. 所以条件（1）和（2）联合充分. 本题选择 C.

【例 34】（2003）如图 9-58 所示，设 P 是正方形 $ABCD$ 外的一点，$PB = 10$ 厘米，$\triangle APB$ 的面积是 80 平方厘米，$\triangle CPB$ 的面积是 90 平方厘米，则正方形 $ABCD$ 的面积为（　　）平方厘米.

（A）720　　　　（B）580　　　　（C）640　　　　（D）600　　　　（E）560

【解析】

根据题意可作图如图 9-59 所示，过 P 作 AB，BC 的垂线 a，b，可设正方形边长为 c，则

$$\begin{cases} S_{\triangle APB} = \dfrac{1}{2}ac = 80, \\ S_{\triangle CPB} = \dfrac{1}{2}bc = 90, \end{cases}$$ 可得 $PB^2 = a^2 + b^2 = \left(\dfrac{160}{c}\right)^2 + \left(\dfrac{180}{c}\right)^2 = 100 \Rightarrow c^2 = 580$. 故本题选择 B.

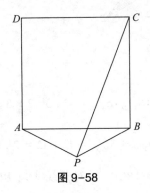

图 9-58

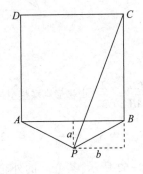

图 9-59

> **思路点拨**　连接梯形对角线则一定会出现三角形,梯形问题常常离不开对三角形的考查,要熟悉梯形相关的重要性质.

【例35】(2015)如图9-60所示,梯形$ABCD$的上底与下底分别为5,7,E为AC和BD的交点,MN过点E且平行于AD,则$MN=$(　　).

(A) $\dfrac{26}{5}$　　　　(B) $\dfrac{11}{2}$　　　　(C) $\dfrac{35}{6}$　　　　(D) $\dfrac{36}{7}$　　　　(E) $\dfrac{40}{7}$

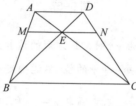

图 9-60

【解析】

根据题意可知$AD\ /\!/\ BC$,则$\Delta AED\backsim \Delta CEB$,$\dfrac{AD}{BC}=\dfrac{AE}{CE}=\dfrac{DE}{BE}=\dfrac{5}{7}$,则$\dfrac{AE}{AC}=\dfrac{5}{12}$,又因为$\Delta AME\backsim \Delta ABC$,

可得$\dfrac{ME}{BC}=\dfrac{AE}{AC}$,即$\dfrac{ME}{7}=\dfrac{5}{12}$,解得$ME=\dfrac{35}{12}$;同理可得$NE=\dfrac{35}{12}$,则$MN=ME+NE=\dfrac{35}{6}$.故本题选择C.

【例36】如图9-61所示,在梯形$ABCD$中,$AB\ /\!/\ CD$,$S_{\Delta COD}=8$,梯形的上底是下底的$\dfrac{2}{3}$,则阴影部分的面积是(　　).

(A)24　　　　(B)25　　　　(C)26　　　　(D)27　　　　(E)28

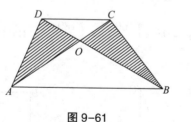

图 9-61

【解析】

根据题意可知$\dfrac{CD}{AB}=\dfrac{2}{3}$,由梯形蝴蝶模型得$S_{\Delta OCD}:S_{\Delta OAB}:S_{\Delta OAD}:S_{\Delta OBC}=2^2:3^2:2\times 3:2\times 3=4:9:6:6$.

已知$S_{\Delta OCD}=8$,则$S_{\Delta OAD}=S_{\Delta OBC}=\dfrac{8}{4}\times 6=12$,所以$S_{阴}=S_{\Delta OAD}+S_{\Delta OBC}=12+12=24$.故本题选择A.

【例37】如图9-62所示,某公园的外轮廓是四边形$ABCD$,被对角线AC,BD分成四个部分,ΔAOB面积为2平方千米,ΔBOC的面积为3平方千米,ΔCOD的面积为6平方千米,公园由面积13.5

平方千米的陆地和人工湖组成,则人工湖的面积为(　　)平方千米.

(A)0.5　　　　　(B)1　　　　　(C)1.5　　　　　(D)2　　　　　(E)2.5

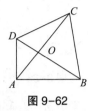

图 9-62

【解析】

根据题意由蝴蝶模型可得 $S_{\triangle AOD} = \dfrac{S_{\triangle AOB} \cdot S_{\triangle COD}}{S_{\triangle BOC}} = \dfrac{2 \times 6}{3} = 4$ 平方千米,则 $S_{ABCD} = 2 + 6 + 3 + 4 = 15$

平方千米,所以人工湖的面积为 $15 - 13.5 = 1.5$ 平方千米.故本题选择C.

考点二　圆与扇形★★★

一、知识梳理

1.圆与扇形的相关概念

到一定点的距离等于定长的所有点所形成图形叫作圆,该定点叫作圆心,定长叫作半径,通常用 r 表示.

圆上任意两点间的部分叫作弧,弧长通常用 l 表示,连接圆上任意两点所得到的线段叫作弦,圆心到弦的距离叫作弦心距,过圆心的弦叫作直径,通常用 D 表示.

顶点在圆心,两边为半径的角称为圆心角;顶点在圆上,两边为弦的角称为圆周角.圆心角连同角所对应的一段弧构成扇形,扇形是圆的一部分.

2.圆与扇形的基本性质

圆有如下常用性质:

(1)同一平面内不共线的三点确定一个圆;

(2)垂直于弦的直径平分这条弦,并且平分弦所对的弧;

(3)同弧所对应的圆周角是圆心角的一半;

(4)圆的切线与圆心和切点的连线相互垂直.

现对(3)进行简要说明,已知圆 O , A , B , C 分别为圆上的点,连接 AC , BC , BO , AO , $\angle ACB$ 与 $\angle AOB$ 为同一条弧所对应的圆周角与圆心角,如图 9-63 所示.

连接 CO 并延长,可将圆周角与圆心角各分为两个角,$\begin{cases} \angle ACB = \angle 3 + \angle 4, \\ \angle AOB = \angle 1 + \angle 2, \end{cases}$ $\triangle AOC$ 与 $\triangle BOC$ 分别为

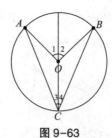

图 9-63

等腰三角形,则 $\begin{cases} \angle CAO = \angle 3, \\ \angle CBO = \angle 4, \end{cases}$ 又 $\angle 1$, $\angle 2$ 分别为 ΔAOC 与 ΔBOC 的外角,因此 $\begin{cases} \angle 1 = 2\angle 3, \\ \angle 2 = 2\angle 4, \end{cases}$

最终可得 $\angle AOB = 2\angle ACB$,结论(3)得证.

一条直径可看成 $180°$ 的圆心角,因此直径所对应的任意圆周角为 $90°$. 任意直角三角形的外接圆,圆心为斜边的中点,斜边上的中线等于斜边的一半,实际为外接圆半径. 此结论在三角形部分出现过,此处进行了简要证明.

3.圆与扇形的计算

圆与扇形相关的计算主要围绕面积与周长(弧长)展开. 设圆的半径为 r ,周长为 C ,面积为 S ,则

$$S = \pi r^2$$

$$C = 2\pi r$$

设圆所对应的扇形的圆心角为 α ,弧长为 l ,圆心角的大小有两种表示方式:角度制与弧度制. 其转换关系为 $1° = \dfrac{\pi}{180}$. 该转换关系利用特殊角进行对应即可,$180°$ 对应弧度制为 π .

扇形的计算公式为

$$S = \frac{\alpha \pi r^2}{360}$$

$$l = \frac{\alpha \pi r}{180}$$

由于扇形是圆的一部分,因此扇形的相关计算,可转化为圆心角占整圆(2π)的比例,便于公式的理解与计算.

若题目中涉及圆与扇形相关的其他计算问题,多数情况下,连接圆心与条件中的各点,建立直角三角形,再进行计算.

二、命题点精讲

命题点1 **圆与扇形性质的应用 ★★**

思路点拨
　　圆与扇形性质的应用,常结合其他图形(三角形为主)进行考查,要熟悉圆与扇形常用的性质. 若遇到不熟悉的性质,可连接圆心与各点,尝试构造直角三角形进行解决.

【例38】(2016)已知 M 是一个平面有限点集.则平面上存在到 M 中各点距离相等的点.

(1) M 中只有三个点.

(2) M 中的任意三点都不共线.

【解析】

条件(1):根据条件可知若三点共线,在平面上不存在到 M 中各点距离相等的点,所以条件(1)不充分;

条件(2):根据条件可知平面上到三个不共线点距离相等的点是唯一的,而任意第四个点到该点的距离不一定与其他三点相等,所以条件(2)不充分;

(1) + (2):两个条件联合可得平面内到三个不共线点距离相等的点是唯一的(三点确定的圆的圆心),所以条件(1)和(2)联合充分. 故本题选择C.

【例39】(2020)如图9-64所示,圆 O 的内接三角形 ΔABC 是等腰三角形,底边 $BC = 6$,顶角为 $\frac{\pi}{4}$,则圆 O 的面积为(　　).

(A) 12π　　　　(B) 16π　　　　(C) 18π　　　　(D) 32π　　　　(E) 36π

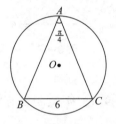

图 9-64

【解析】

根据题意可连接 OB , OC ,如图9-65所示,因为 $\angle BOC = 2\angle BAC = 90°$,又因为 $OB = OC$,所以 ΔBOC 为等腰直角三角形,所以 $r = OC = OB = \frac{BC}{\sqrt{2}} = \frac{6}{\sqrt{2}} = 3\sqrt{2}$,所以圆 O 的面积为 $S = \pi r^2 = \pi(3\sqrt{2})^2 = 18\pi$. 故本题选择C.

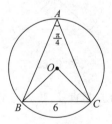

图 9-65

【例40】(2017)某种机器人可搜索到的区域是半径为1米的圆,若该机器人沿直线行走10米,则其搜索出的区域的面积(单位:平方米)为(　　).

(A) $10 + \frac{\pi}{2}$　　　(B) $10 + \pi$　　　(C) $20 + \frac{\pi}{2}$　　　(D) $20 + \pi$　　　(E) 10π

【解析】

根据题意可作图,如图 9-66 所示,机器人的搜索区域为两个半圆加一个以直径为宽,行走长度为长的矩形,所以面积为 $2 \times 10 + \pi \times 1^2 = 20 + \pi$. 故本题选择 D.

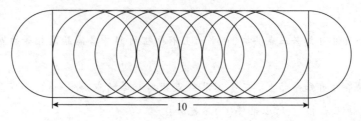

图 9-66

【例 41】如图 9-67 所示,已知圆 O 的半径为 1,弦 $AB = \sqrt{3}$,则 $\angle BOA = ($ $)$.

(A) 60°   (B) 90°   (C) 120°   (D) 135°   (E) 150°

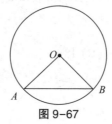

图 9-67

【解析】

根据题意可做 AB 的高线 OD,如图 9-68 所示,由圆的性质可知,$AD = BD = \dfrac{\sqrt{3}}{2}$,在 ΔAOD 中,

$OD = \sqrt{OA^2 - AD^2} = \sqrt{1^2 - \left(\dfrac{\sqrt{3}}{2}\right)^2} = \dfrac{1}{2}$,即 $OD = \dfrac{1}{2} OA$,所以 $\angle OAD = \angle OBD = 30°$,则 $\angle BOA = 120°$. 故

本题选择 C.

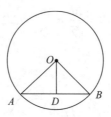

图 9-68

【例 42】如图 9-69 所示,在圆 O 中,CD 是直径,弦 $AB \perp CD$,连接 BC,若圆 O 的半径为 2,$\angle BCD = 30°$,则 $AB = ($ $)$.

(A) 2   (B) $\sqrt{2}$ (C) $\sqrt{3}$ (D) $2\sqrt{2}$ (E) $2\sqrt{3}$

【解析】

根据题意连接 OB,如图 9-70 所示,由圆的性质可知 $\angle BOD = 60°$,则 $BE = \dfrac{\sqrt{3}}{2} OB = \sqrt{3}$,所以

$AB = 2BE = 2\sqrt{3}$. 故本题选择 E.

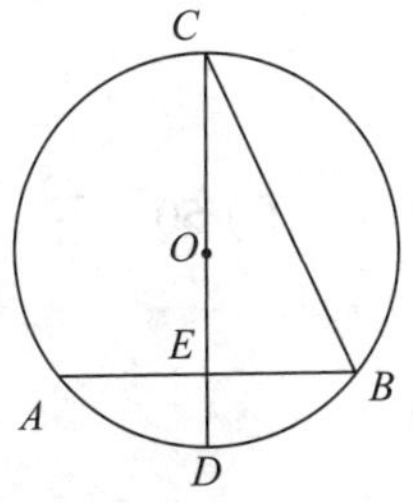

图 9-69 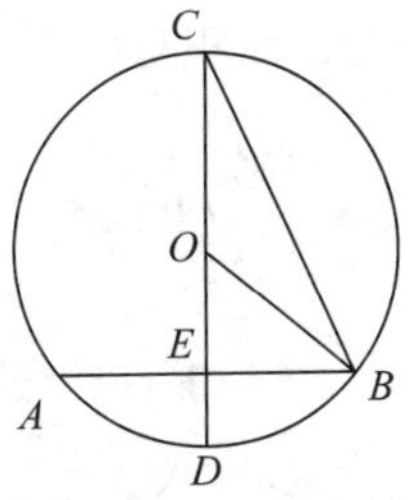　　　　　　　图 9-70

命题点 2　阴影部分面积问题★★★

思路点拨

圆与扇形的计算问题,常以求阴影部分面积的形式进行考查.

之所以出现阴影部分,多数情况下该部分为不规则图形,求解的关键是将不规则图形转化为规则图形,常用的方法有:

①和差法,将不规则图形转化为规则图形的和或差;

②割补法,通过对不规则图形的切割或补充,将不规则图形转化为规则图形.

【例 43】(2015)如图 9-71 所示,$BC = 4$,$\angle ABC = 30°$,则图中阴影部分的面积为(　　　).

(A) $\dfrac{4\pi}{3} - \sqrt{3}$　　(B) $\dfrac{4\pi}{3} - 2\sqrt{3}$　　(C) $\dfrac{4\pi}{3} + \sqrt{3}$　　(D) $\dfrac{4\pi}{3} + 2\sqrt{3}$　　(E) $2\pi - 2\sqrt{3}$

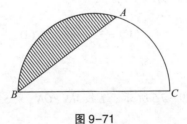

图 9-71

【解析】

根据题意可作图 9-72 所示,连接 OA,$BC = 4$,则 $r = BO = AO = \dfrac{BC}{2} = 2$,又因为 $\angle ABC = 30°$,则

$\angle AOC = 60°$,即 $\angle AOB = 120°$,则 $S_{阴影} = S_{扇形BOA} - S_{\triangle BOA} = \dfrac{120°}{360°}\pi r^2 - \dfrac{1}{2}OA \times OB \times \sin 120° = \dfrac{4\pi}{3} - \sqrt{3}$.

故本题选择 A.

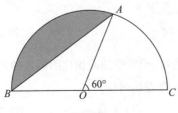

图 9-72

【例 44】(2008)如图 9-73 所示,长方形 $ABCD$ 中的 $AB = 10\text{cm}$,$BC = 5\text{cm}$,以 AB 和 AD 分别为半径作 $\frac{1}{4}$ 圆,则图中阴影部分的面积是(　　)cm^2.

(A) $25 - \frac{25}{2}\pi$　　　　　(B) $25 + \frac{125}{2}\pi$　　　　　(C) $50 + \frac{25}{4}\pi$

(D) $\frac{125}{4}\pi - 50$　　　　　(E) 以上选项均不正确

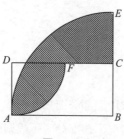

图 9-73

【解析】

根据图像可知阴影部分的面积 $S = S_{扇ABE} - S_{ABCF}$,$S_{ABCF} = S_{矩ABCD} - S_{扇ADF}$,则可得

$S = S_{扇ABE} + S_{扇ADF} - S_{矩ABCD} = \frac{1}{4}\pi \times 10^2 + \frac{1}{4}\pi \times 5^2 - 10 \times 5 = \frac{125}{4}\pi - 50$. 故本题选择 D.

【例 45】(2021)如图 9-74 所示,已知六边形边长为 1,分别以正六边形的顶点 O,P,Q 为圆心,以 1 为半径,作圆弧,则阴影部分面积为(　　).

(A) $\pi - \frac{3\sqrt{3}}{2}$　　　(B) $\pi - \frac{3\sqrt{3}}{4}$　　　(C) $\frac{\pi}{2} - \frac{3\sqrt{3}}{4}$　　　(D) $\frac{\pi}{2} - \frac{3\sqrt{3}}{8}$　　　(E) $2\pi - 2\sqrt{3}$

【解析】

根据题意可做辅助线如图 9-75 所示,连接 MN,QN,则 $S_① = S_{扇形QMN} - S_{正\triangle QMN} = \frac{60}{360}\pi \times 1^2 -$

$\frac{1}{2} \times 1^2 \times \sin 60° = \frac{\pi}{6} - \frac{\sqrt{3}}{4}$,阴影部分的面积为 $S_{阴影} = 6S_① = \pi - \frac{3\sqrt{3}}{2}$. 故本题选择 A.

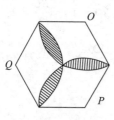

图 9-74

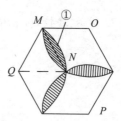

图 9-75

【例 46】(2010.10) 如图 9-76 所示,阴影甲的面积比阴影乙的面积多 28cm^2,$AB = 40\text{cm}$,CB 垂直 AB,则 BC 的长为(　　)(π 取到小数点后两位).

(A) 30cm　　　(B) 32cm　　　(C) 34cm　　　(D) 36cm　　　(E) 40cm

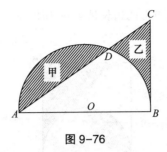

图 9-76

【解析】

根据题意可设空白面积为 $S_丙$，由图可得 $S_甲 = S_{半圆} - S_丙$，$S_乙 = S_{\triangle ABC} - S_丙$，$S_甲 - S_乙 = (S_{半圆} - S_丙) - (S_{\triangle ABC} - S_丙) = S_{半圆} - S_{\triangle ABC} = \frac{1}{2} \cdot \pi \cdot 20^2 - \frac{1}{2} \cdot 40 \cdot BC = 28$，解得 $BC = 30$. 故本题选择 A.

【例 47】（2022）如图 9-77 所示，$\triangle ABC$ 为等腰直角三角形，以 A 为圆心的圆弧交 AC 于 D，交 BC 于 E，交 AB 的延长线于 F，若曲边三角形 CDE 与 BEF 面积相等，则 $\frac{AD}{AC} = ($　　$)$.

(A) $\frac{\sqrt{3}}{2}$　　　(B) $\frac{2}{\sqrt{5}}$　　　(C) $\sqrt{\frac{3}{\pi}}$　　　(D) $\frac{\sqrt{\pi}}{2}$　　　(E) $\sqrt{\frac{2}{\pi}}$

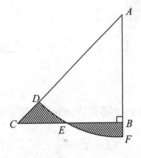

图 9-77

【解析】

根据题意可设 $AB = BC = 1$，则 $AC = \sqrt{2}$，由于曲边三角形 CDE 与 BEF 面积相等，则如图 9-78 所示 $S_① + S_③ = S_② + S_③$，即扇形 $S_{扇 ADF} = S_{\triangle ABC}$，$\frac{45°}{360°} \times \pi \cdot AD^2 = \frac{1}{2} \times 1 \times 1$，$\Rightarrow AD^2 = \frac{4}{\pi}$，所以 $\frac{AD^2}{AC^2} = \frac{2}{\pi} \Rightarrow$

$\frac{AD}{AC} = \sqrt{\frac{2}{\pi}}$. 故本题选择 E.

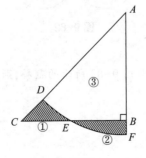

图 9-78

【例 48】如图 9-79 所示,已知正方形的边长是 4,则阴影部分的面积是(   ).

(A)4   (B) 6   (C)7   (D)8   (E)10

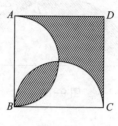

图 9-79

【解析】

根据题意可连接 BD , AC ,如图 9-80 所示,图中形成了四个全等的弓形,可采用割补法,把左下角的两个弓形补到右边,如图 9-81 所示,则阴影部分的面积实际上等于正方形面积的一半,所以 $S_{阴} = \frac{1}{2} \times 4^2 = 8$. 故本题选择 D.

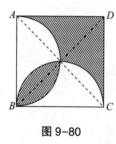

图 9-80

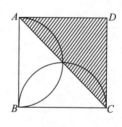

图 9-81

【例 49】如图 9-82 所示,四个圆的半径都是 1,则阴影部分的面积为(   ).

(A) $\pi + \frac{1}{2}$ (B) $\pi + 1$ (C) $\pi + \frac{3}{2}$ (D)4   (E)5

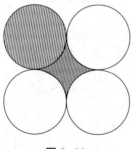

图 9-82

【解析】

根据题意可将阴影部分面积进行如图 9-83 所示的割补,则阴影部分面积即为正方形面积,面积为 4. 故本题选择 D.

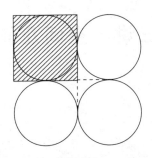

图 9-83

【例 50】如图 9-84 所示,三个完全相同的圆两两相交,三个圆的圆心距离正好等于半径,而且圆心都在交点上,若圆的半径是 8cm,则阴影部分面积为( )cm².

(A) $64\pi - 24\sqrt{3}$

(B) 64π

(C) $64\pi - 48\sqrt{3}$

(D) $32\pi - 48\sqrt{3}$

(E) 32π

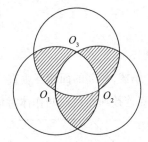

图 9-84

【解析】

根据题意可将阴影部分面积进行如图 9-85 所示的割补,则阴影部分面积可转化为三个 60° 扇形,所以阴影部分面积为 $3 \times \dfrac{60°}{360°} \times \pi \times 8^2 = 32\pi$. 故本题选择 E.

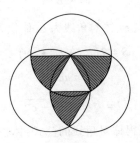

图 9-85

第三讲　空间几何体

考点一　空间几何体★★

▌一、知识梳理

　　管理类联考中涉及的空间几何体主要有:长方体、正方体、圆柱体、球. 重点在于体积与面积的相关计算.

　　1.长方体

　　长方体是由矩形组成的空间几何体.

　　长方体包含 6 个面、8 个顶点、12 条棱,相邻的面相互垂直,相对的两个面全等;12 条棱分为 3 组,通常称为长、宽、高;不共面的两个顶点连接所得线段叫作体对角线. 如图 9-86 所示.

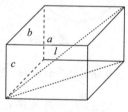

图 9-86

　　设长方体的长、宽、高分别为 a , b , c ,体对角线为 l ,体积为 V ,表面积为 S ,则

$$S = 2(ab + bc + ac)$$

$$V = abc$$

$$l = \sqrt{a^2 + b^2 + c^2}$$

其中,构造直角三角形利用勾股定理可得体对角线的公式;体积可理解为底面积与高的乘积,不仅长方体,凡是上下均匀的空间几何体体积均可用底面积与高的乘积来进行计算.

　　若长方体的长宽高均相等,则可得到特殊的长方体——正方体.

　　正方体的 6 个面均为正方形且全等,12 条棱均等长. 如图 9-87 所示.

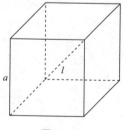

图 9-87

设正方体的棱长为 a ,则

$$S = 6a^2;$$

$$V = a^3;$$

$$l = \sqrt{3}\,a.$$

2.圆柱体

有一个矩形围绕其一边旋转一周所得到的几何体为圆柱体.

圆柱体包含两个底面和一个侧面,上下两个底面为圆且全等. 如图 9-88 所示.

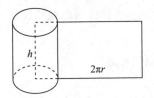

图 9-88

设圆柱体底面半径为 r ,高为 h ,体积为 V ,表面积为 S ,则

$$S = 2\pi rh + 2\pi r^2$$

$$V = \pi r^2 h$$

其中表面积由侧面积和上下两个底面积相加得到,侧面展开之后为矩形,长为原底面的周长 $2\pi r$,宽为圆柱体的高 h .

3.球

以圆的直径为轴将圆旋转一周所形成的几何体为球体.

用一个平面截球体,截面是圆,经过球心的截面圆称为大圆;球心与截面圆心的连线垂直于截面. 如图 9-89 所示.

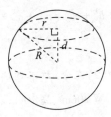

图 9-89

设球的半径为 R ,一截面半径为 r ,球心到截面的距离为 d ,则

$$S = 4\pi r^2$$

$$V = \frac{4}{3}\pi r^3$$

$$d = \sqrt{R^2 - r^2}$$

其中球心到截面的距离,是通过连接球心到截面上一点构造直角三角形求得.

二、命题点精讲

命题点 1　空间几何体的计算★

　空间几何体主要考查体积与表面积的计算,要熟悉相关计算公式.

【例 51】(2020)在长方体中,能确定长方体体对角线的长度.

(1)已知某顶点的三个面的面积.

(2)已知某顶点的三个面的面对角线长度.

【解析】

根据题意可设长方体的长宽高分别为 a,b,c,则对角线长度为 $\sqrt{a^2+b^2+c^2}$.

条件（1）：根据条件可设长方体一个顶点的三个面的面积分别为 m,n,k,即

$$\begin{cases} ab=m, \\ bc=n, \\ ac=k \end{cases} \Rightarrow \begin{cases} a=\sqrt{\dfrac{mk}{n}}, \\ b=\sqrt{\dfrac{mn}{k}}, \\ c=\sqrt{\dfrac{nk}{m}}, \end{cases}$$ 即 a,b,c 的值可确定,因此 $\sqrt{a^2+b^2+c^2}$ 的值可以确定,所以条件(1)充分;

条件（2）：根据条件可设长方体一个顶点的三个面的面对角线分别为 m,n,k,即

$$\begin{cases} \sqrt{a^2+b^2}=m, \\ \sqrt{b^2+c^2}=n, \\ \sqrt{a^2+c^2}=k \end{cases} \Rightarrow \begin{cases} a^2+b^2=m^2, \\ b^2+c^2=n^2, \\ a^2+c^2=k^2 \end{cases} \Rightarrow 2(a^2+b^2+c^2)=m^2+n^2+k^2 \Rightarrow \sqrt{a^2+b^2+c^2}=\sqrt{\dfrac{m^2+n^2+k^2}{2}},$$ 因

此 $\sqrt{a^2+b^2+c^2}$ 的值可以确定,所以条件(2)充分. 故本题选择 D.

【例 52】有一个长方体容器,长 30cm、宽 20cm、高 10cm,里面的水深 6cm,如果把这个容器盖紧,再朝左竖起来,里面的水深是(　　) cm.

(A)12　　　　(B)14　　　　(C)16　　　　(D)18　　　　(E)20

【解析】

根据题意可设之后水深为 h,长方体朝左立起来之后,以原本的宽和高作为底面,水的体积保持不变,则 $30\times20\times6=20\times10\times h$, $h=18$. 故本题选择 D.

【例 53】(1999)一个两头密封的圆柱形水桶,水平横放时桶内有水部分占水桶一头圆周长的 $\dfrac{1}{4}$,则水桶直立时水的高度和桶的高度之比值是(　　).

(A) $\dfrac{1}{4}$　　　(B) $\dfrac{1}{4} - \dfrac{1}{\pi}$　　　(C) $\dfrac{1}{4} - \dfrac{1}{2\pi}$　　　(D) $\dfrac{1}{8}$　　　(E) $\dfrac{\pi}{4}$

【解析】

根据题意可设桶身高为 h，底面半径为 r，水平横放时桶内有水部分占水桶一头圆周长的 $\dfrac{1}{4}$，设此时水面与水桶一头圆周上交点分别为 A，B，圆心为 O，即其对应的圆心角 $\angle AOB = 90°$，则 $V_{\text{水}} = (S_{\text{扇}AOB} - S_{\triangle AOB}) h = \left(\dfrac{1}{4}\pi r^2 - \dfrac{1}{2}r^2\right) h$；水桶直立时，$V_{\text{水}} = \pi r^2 h'$，水的体积不变，即 $\left(\dfrac{1}{4}\pi r^2 - \dfrac{1}{2}r^2\right) h = \pi r^2 h' \Rightarrow \dfrac{h}{h'} = \dfrac{1}{4} - \dfrac{1}{2\pi}$. 故本题选择 C.

【例54】(2012) 如图 9-90 所示，一个储物罐的下半部分是底面直径与高均是 20m 的圆柱形、上半部分（顶部）是半球形，已知底面与顶部的造价是 400 元/m²，侧面的造价是 300 元/m²，该储物罐的造价是（ $\pi = 3.14$）（　　）万元.

(A) 56.52

(B) 62.8

(C) 75.36

(D) 87.92

(E) 100.48

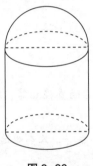

图 9-90

【解析】

根据题意可知底面半径与半球半径相同，$r = \dfrac{d}{2} = 10$，则底面与顶部面积 $\pi \cdot 10^2 + \dfrac{1}{2} \cdot 4\pi \cdot 10^2 = 300\pi$，侧面积 $2\pi r \cdot h = 400\pi$，总造价为 $300\pi \times 400 + 400\pi \times 300 = 240\,000\pi = 753\,600 = 75.36$ 万元. 故本题选择 C.

【例55】(2013) 将体积为 $4\pi\text{cm}^3$ 和 $32\pi\text{cm}^3$ 的两个实心金属球熔化后铸成一个实心大球，则大球的表面积为（　　）cm².

(A) 32π　　(B) 36π　　(C) 38π　　(D) 40π　　(E) 42π

【解析】

根据题意可设大球的半径为 r，熔化前后体积不变，即大球的体积等于两个实心球的体积之和，则 $\dfrac{4}{3}\pi r^3 = 4\pi + 32\pi$，解得 $r = 3$，所以大球的表面积为 $4\pi r^2 = 4 \times \pi \times 3^2 = 36\pi\text{cm}^2$. 故本题选择 B.

【例56】一个平面截一个球体得到直径为 6cm 的圆面, 球心到这个平面的距离是 4cm, 则该球的体积为(   ) cm^3.

(A) $\dfrac{100\pi}{3}$　　　(B) $\dfrac{208\pi}{3}$　　　(C) $\dfrac{500\pi}{3}$　　　(D) $\dfrac{416\sqrt{13}\pi}{3}$　　　(E) $\dfrac{160\pi}{3}$

【解析】

如图 9–91 所示, 球的半径 $r = \sqrt{3^2 + 4^2} = 5$, 则球的体积 $V = \dfrac{4}{3}\pi \cdot 5^3 = \dfrac{500}{3}\pi$. 故本题选择 C.

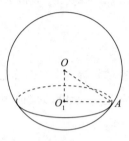

图 9–91

【例57】紧夹在两个平行平面间的圆柱和球, 若它们在这两个平行平面上的投影是等圆的, 则它们的体积之比是(   ).

(A) $1:\dfrac{4}{3}$　　　(B) $3:\dfrac{4}{3}$　　　(C) $1:3$　　　(D) $3:2$　　　(E) $3:4$

【解析】

根据题意可知圆柱的底面直径和高与球的直径相等, 设球的半径为 r, 则球的体积为 $\dfrac{4}{3}\pi r^3$, 圆柱的体积为 $2\pi r^3$, 所以它们的体积之比 $\dfrac{2\pi r^3}{\dfrac{4}{3}\pi r^3} = \dfrac{3}{2}$. 故本题选择 D.

命题点 2　组合体问题 ★★★

思路点拨

　　将不同的几何体综合在一起构成组合体问题. 组合体仍然是考查各个几何体的常用公式及基本性质, 但是组合体相对来讲会更加复杂. 为了简化题目, 可遵循如下原则:

①遇到复杂几何体, 可分析截面;

②可尝试构造直角三角形, 利用勾股定理进行线段长的求解;

③涉及球体与其他几何体的组合, 重点分析半径与其他几何体之间的关系.

【例58】(2014) 如图 9–92 所示, 正方体 $ABCD - A'B'C'D'$ 的棱长为 2, F 是棱 $C'D'$ 的中点, 则 AF 的长为(   ).

(A) 3　　　(B) 5　　　(C) $\sqrt{5}$　　　(D) $2\sqrt{2}$　　　(E) $2\sqrt{3}$

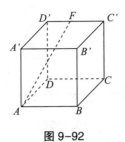

图 9-92

【解析】

根据题意,如图 9-93 所示,取 CD 的中点 E,连接 AE 和 EF,则由勾股定理得 $AE = \sqrt{AD^2 + DE^2} = \sqrt{2^2 + 1^2} = \sqrt{5}$,$AF = \sqrt{AE^2 + EF^2} = \sqrt{\left(\sqrt{5}\right)^2 + 2^2} = 3$. 故本题选择 A.

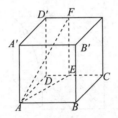

图 9-93

【例 59】(2022)如图 9-94 所示,一棱长为 2 的正方体,A,B 为两边中点,C,D 为两顶点,则 $S_{四边形ABCD} = (\quad)$.

(A) $\dfrac{9}{2}$ (B) $\dfrac{7}{2}$ (C) $\dfrac{3\sqrt{2}}{2}$ (D) $2\sqrt{5}$ (E) $3\sqrt{2}$

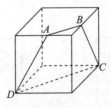

图 9-94

【解析】

根据题意,如图 9-95 所示,可得 $AB = \sqrt{2}$,$CD = 2\sqrt{2}$,$AD = BC = \sqrt{1^2 + 2^2} = \sqrt{5}$,则四边形 $ABCD$ 为等腰梯形,过 A,B 两点作 $AE \perp CD$,$BF \perp CD$,如下图所示,则 $EF = AB = \sqrt{2}$,$DE = CF = \dfrac{\sqrt{2}}{2}$,根据勾股定理可得 $AE^2 = \left(\sqrt{5}\right)^2 - \left(\dfrac{\sqrt{2}}{2}\right)^2 = \dfrac{9}{2} \Rightarrow AE = BF = \dfrac{3}{\sqrt{2}}$,所以等腰梯形 $ABCD$ 的面积为 $S = \dfrac{1}{2} \times (\sqrt{2} + 2\sqrt{2}) \times \dfrac{3}{\sqrt{2}} = \dfrac{9}{2}$. 故本题选择 A.

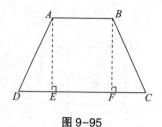

图 9-95

【例 60】(2019)如图 9-96 所示,六边形 $ABCDEF$ 是平面与棱长为 2 的正方体所截得到的,若 A, B, D, E 分别是相应棱的中点,则六边形 $ABCDEF$ 的面积为(　　).

(A) $\dfrac{\sqrt{3}}{2}$　　　(B) $\sqrt{3}$　　　(C) $2\sqrt{3}$　　　(D) $3\sqrt{3}$　　　(E) $4\sqrt{3}$

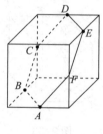

图 9-96

【解析】

根据题意可知 $ABCDEF$ 为正六边形,$DE = \sqrt{1^2+1^2} = \sqrt{2}$,则正六边形边长为 $\sqrt{2}$,如图 9-97 和

图 9-98 所示,则 $S_{ABCDEF} = 6S_{正三角形} = 6 \times \dfrac{\sqrt{3}}{4} \times (\sqrt{2})^2 = 3\sqrt{3}$. 故本题选择 D.

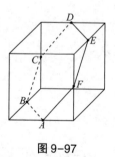
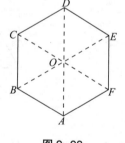

图 9-97　　　　　　　　图 9-98

【例 61】(2018)如图 9-99 所示,圆柱体的底面半径为 2,高为 3,垂直于底面的面截下圆柱体的截面为矩形 $ABCD$,若弦 AB 对应的圆心角为 $\dfrac{\pi}{3}$,则截下的(较小的部分)体积是(　　).

(A) $\pi - 3$　　　(B) $2\pi - 6$　　　(C) $\pi - \dfrac{3\sqrt{3}}{2}$　　　(D) $2\pi - 3\sqrt{3}$　　　(E) $\pi - \sqrt{3}$

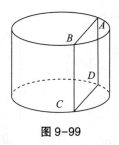

图 9-99

【解析】

由题意可得截下的(较小的部分)体积等于阴影面积与圆柱体高的乘积. 如图 9-100 所示,设顶面圆的圆心为 O,连接 OA 和 OB,$\angle AOB = \dfrac{\pi}{3}$,$\Delta AOB$ 是以 2 为边长的等边三角形,则

$$S_{阴} = S_{扇AOB} - S_{\Delta AOB} = \frac{\pi \times 2^2}{2\pi} \times \frac{\pi}{3} - \frac{\sqrt{3}}{4} \times 2^2 = \frac{2\pi}{3} - \sqrt{3}$$,圆柱高为 3,则截下的较小部分体积为

$$V = S_{阴} \times h = \left(\frac{2\pi}{3} - \sqrt{3}\right) \times 3 = 2\pi - 3\sqrt{3}$$. 故本题选择 D.

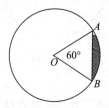

图 9-100

【例 62】(2016) 如图 9-101 所示,在半径为 10 厘米的球体上开一个底面半径是 6 厘米的圆柱形洞,则洞的内壁面积为(   )(单位:平方厘米).

(A) 48π (B) 288π (C) 96π (D) 576π (E) 192π

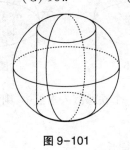

图 9-101

【解析】

根据题意可知圆柱体底面半径是 6 厘米,球体半径为 10 厘米,如图 9-102 和图 9-103 所示,可知圆柱体底面直径,球体直径和圆柱体的高构成直角三角形,则圆柱体高为 $h = \sqrt{20^2 - 12^2} = 16$ 厘米,则洞的内壁面积为圆柱体侧面积 $S_{侧} = 2\pi r \cdot h = 2 \times \pi \times 6 \times 16 = 192\pi$. 故本题选择 E.

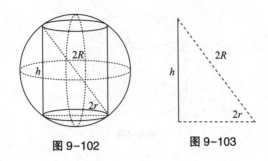

图 9-102   图 9-103

【例 63】(2019) 如图 9-104 所示,正方体位于半径为 3 的球内,且其一面位于球的大圆上,则正方体表面积最大为(   ).

(A)12   (B)18   (C)24   (D)30   (E)36

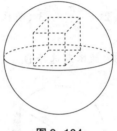

图 9-104

【解析】

根据题意,如图 9-105 和图 9-106 所示可知正方体内接于半球时表面积最大,则可设正方体棱长为 a ,由勾股定理可得 $\left(\dfrac{\sqrt{2}}{2}a\right)^2 + a^2 = 3^2 \Rightarrow a^2 = 6 \Rightarrow S_{表} = 6a^2 = 36$. 故本题选择 E.

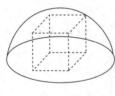   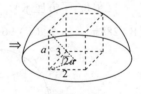

图 9-105   图 9-106

【例 64】(2017) 如图 9-107 所示,一个铁球沉入水池中,则能确定铁球的体积.

(1)已知铁球露出水面的高度.

(2)已知水深及铁球与水面交线的周长.

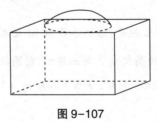

图 9-107

【解析】

条件(1):根据条件可知球露出水面的高度,但不能确定此高度和半径的关系,故不能确定球的体积,所以条件(1)不充分;

条件(2):根据题意可知水深 h ,球与水面交线的周长 $C = 2\pi r$,则可知球与水面的截面半径 $r = \dfrac{C}{2\pi}$,如图 9-108 所示,球心到水面的距离为 $h - R$,则截面半径 r ,球半径 R 和球心到水面的距离 $h - R$ 构成直角三角形,由勾股定理得 $R^2 = r^2 + (h - R)^2$,解得 $R = \dfrac{r^2 + h^2}{2h}$,故铁球的体积 $V = \dfrac{4}{3}\pi R^3 = \dfrac{4}{3}\pi \left(\dfrac{r^2 + h^2}{2h}\right)^3$,所以条件(2)充分. 故本题选择 B.

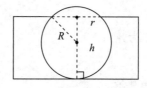

图 9-108

第三节 章节总结

一、直线和角的基本性质

1.经过两点可以确定一条直线;两点之间的直线段最短.

2.对于平面内的两条不同的直线,若两条直线没有交点,则两条直线平行;若两条直线有交点,则两条直线相交.

3.角分类

(1)若 $0° < \angle A < 90°$,则 $\angle A$ 为锐角.

(2)若 $\angle A = 90°$,则 $\angle A$ 为直角.

(3)若 $90° < \angle A < 180°$,则 $\angle A$ 为钝角.

4.两角关系

(1)若 $\angle A + \angle B = 90°$,则称两角互余.

(2)若 $\angle A + \angle B = 180°$,则称两角互补.

5.两条平行线与一条相交线之间的角

(1)任意一对对顶角相等.

(2)任意一对同位角相等.

(3)任意一对内错角相等.

(4)任意一对同旁内角互补.

二、三角形性质

1.基本性质

(1)三角形的内角之和为 $180°$.

(2)三角形的外角等于与之不相邻两个内角之和.

(3)三角形中大边对大角、小边对小角、等边对等角.

(4)三角形中任意两边之和大于第三边,任意两边之差小于第三边.

2.直角三角形

(1)直角三角形面积等于两条直角边乘积一半,$S = \frac{1}{2}ab$.

(2)勾股定理:$c^2 = a^2 + b^2$,该式称为勾股定理. 常见的勾股数有 $(3,4,5)$,$(6,8,10)$,$(5,12,13)$.

(3)直角三角形中,两锐角互余,即 $\angle A + \angle B = 90°$.

(4)直角三角形中,斜边上中线等于斜边的一半.

(5)$30°$ 角所对直角边为斜边的一半. 三边关系,$a:b:c = 1:\sqrt{3}:2$.

(6)等腰直角三角形,斜边长为直角边的 $\sqrt{2}$ 倍,$a:b:c = 1:1:\sqrt{2}$.

3.等腰三角形

(1)等腰三角形的两腰相等,两底角相等.

(2)等腰三角形四线合一.

(3) 120° 等腰三角形三边关系 $b:c:a = 1:1:\sqrt{3}$.

4.等边三角形

(1)等边三角形的三边相等,三角相等且均为 60° .

(2)等边三角形每个边上均四线合一.

(3)等边三角形的面积公式 $S = \dfrac{\sqrt{3}}{4}a^2$.

5.三角形五线四心

(1)重心及中线

①中线将三角形分为面积相等的两部分,三条中线将三角形分为面积相等的六个部分.

②重心是每条中线的三等分点.

③ΔABC 中,给定一条中线 AD ,则三边与中线之间存在如下关系 $AB^2 + AC^2 = \dfrac{1}{2}BC^2 + 2AD^2$.

④三角形的中位线平行且等于底边的一半.

(2)角平分线及内心

①角平分线上的任意一点到两边的距离相等.

②角平分线的交点可以看成三角形内切圆的圆心.

③任意三角形面积与周长之比等于内切圆半径的一半.

(3)中垂线及外心

①垂直平分线上的点到两个端点的距离相等.

②垂直平分线的交点可以看成三角形外接圆的圆心.

三、三角形面积

1.面积公式: $S = \dfrac{1}{2}ah$; $S = \dfrac{1}{2}ab\sin C$; $S = \sqrt{p(p-a)(p-b)(p-c)}$, $p = \dfrac{a+b+c}{2}$ (不常用).

2.常用三角函数值

	30°	45°	60°	120°	135°	150°
sin	$\dfrac{1}{2}$	$\dfrac{\sqrt{2}}{2}$	$\dfrac{\sqrt{3}}{2}$	$\dfrac{\sqrt{3}}{2}$	$\dfrac{\sqrt{2}}{2}$	$\dfrac{1}{2}$
cos	$\dfrac{\sqrt{3}}{2}$	$\dfrac{\sqrt{2}}{2}$	$\dfrac{1}{2}$	$-\dfrac{1}{2}$	$-\dfrac{\sqrt{2}}{2}$	$-\dfrac{\sqrt{3}}{2}$
tan	$\dfrac{\sqrt{3}}{3}$	1	$\sqrt{3}$	$-\sqrt{3}$	-1	$-\dfrac{\sqrt{3}}{3}$

3.等积模型的应用

(1)若两个三角形高相等,则面积之比等于底之比.

(2)若两个三角形底相等,则面积之比等于高之比.

四、三角形全等与相似

1.全等三角形判定

(1)已知三边长对应相等 (SSS) ;

(2)已知两边长及夹角对应相等 (SAS) ;

(3)已知两角及夹边对应相等 (ASA) ;或者已知两角及一角对边对应相等 (AAS) ;

(4)直角三角形中,已知一组直角边和斜边对应相等 (HL) .

2.全等三角形性质

(1)三边对应相等;

(2)三个角对应相等.

3.相似三角形判定

(1)已知三边对应成比例;

(2)已知两边对应成比例,且夹角相等;

(3)已知两角对应相等.

4.相似三角形性质

(1)两个三角形对应线段长均成比例(高、中线等);

(2)两个三角形的面积之比等于相似比的平方;

(3)三角对应相等.

5.相似模型

(1)A 字模型;

(2)8 字模型;

(3)双直角模型.

五、四边形

1.四边形分类

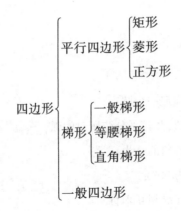

2.四边形的内角之和等于360°.

3.平行四边形性质

(1)两组对边分别平行;

(2)两组对边分别相等;

(3)两组对角分别相等;

(4)两条对角线相互平分.

4.依次连接任意四边形各边中点所得四边形为平行四边形,且面积为原四边形面积的一半.

5.矩形性质

(1)矩形的内角均为90°;

(2)矩形的两对角线长度相等.

6.菱形性质

(1)菱形的邻边长度相等;

(2)菱形的两条对角线相互垂直;

(3)菱形面积等于对角线乘积的一半.

7.正方形具有菱形和矩形的一切性质

8.梯形

(1)梯形面积:$S = \dfrac{1}{2}(a + b)h$;

(2)梯形中位线:$l = \dfrac{a + b}{2}$;

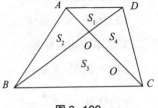

图9-109

(3) $\Delta AOD \backsim \Delta COB$;

(4)蝴蝶模型:$S_1 \times S_3 = S_2 \times S_4$;

(5)任意梯形被对角线分成的四个三角形中,左右两个面积相等.

六、圆与扇形

1.圆的性质

(1)同一平面内不共线的三点确定一个圆;

(2)垂直于弦的直径平分这条弦,并且平分弦所对的弧;

(3)同弧所对应的圆周角是圆心角的一半;

(4)直径所对应的任意圆周角为 90° ;

(5)圆的切线与圆心和切点的连线相互垂直.

2.圆与扇形的计算

(1)圆的面积与周长:$S = \pi r^2$;$C = 2\pi r$;

(2)扇形的面积与弧长:$S = \dfrac{\alpha \pi r^2}{360°}$;$l = \dfrac{\alpha \pi r}{180°}$.

七、空间几何体

1.长方体的相关计算

(1)表面积:$S = 2(ab + bc + ac)$;

(2)体积:$V = abc$;

(3)体对角线 $l = \sqrt{a^2 + b^2 + c^2}$.

2.正方体的相关计算

(1)表面积:$S = 6a^2$;

(2)体积:$V = a^3$;

(3)体对角线:$l = \sqrt{3}a$.

3.圆柱体的相关计算

(1)表面积:$S = 2\pi rh + 2\pi r^2$;

(2)体积:$V = \pi r^2 h$.

4.球体的相关计算

(1)表面积:$S = 4\pi r^2$;

(2)体积:$V = \dfrac{4}{3}\pi r^3$.

第四节　强化训练

▌一、问题求解

第 1~15 小题,每小题 3 分,共 45 分,下列每题给出的 A、B、C、D、E 五个选项中,只有一项是符合试题要求的,请在答题卡上将所选项的字母涂黑.

1.如图 9-110 所示,在 ΔABC 中,$\angle C = 90°$,$\angle B = 30°$,$CD \perp AB$ 垂足为 D,$CD = 1$,则 AB 长为(　　).

 (A)$\frac{2\sqrt{3}}{3}$　　　 (B)$\frac{4\sqrt{3}}{3}$　　　 (C)2　　　 (D)$\frac{3}{2}$　　　 (E)$\frac{\sqrt{3}}{2}$

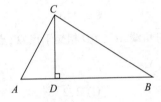

图 9-110

2.如图 9-111 所示,等边三角形 ABC 中,AD 为 BC 边上的高,点 O 为三角形 ABC 的重心,$OA = 4$,则等边三角形 ABC 的面积为(　　).

(A)3　　　　(B)$4\sqrt{3}$　　　　(C)$6\sqrt{3}$　　　　(D)$8\sqrt{3}$　　　　(E)$12\sqrt{3}$

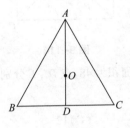

图 9-111

3.如图 9-112 所示,等腰三角形 ABC 中,$AB = AC$,两腰上的中线相交于点 O,$\angle BOC = 90°$,$BC = 2\sqrt{2}$,则 $BF = $(　　).

(A)2　　　　(B)$2\sqrt{2}$　　　　(C)3　　　　(D)4　　　　(E)$3\sqrt{2}$

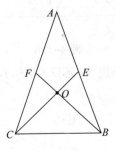

图 9-112

4.如图 9-113 所示，$Rt\triangle ABC$ 中，$\angle C = 90°$，$AC = 3$，$BC = 4$，圆 I 为 $\triangle ABC$ 的内切圆，D,E,F 为切点，则内切圆半径的长为(　　).

(A) 1 　　　　 (B) 2 　　　　 (C) $\sqrt{3}$ 　　　　 (D) $\sqrt{5}$ 　　　　 (E) 5

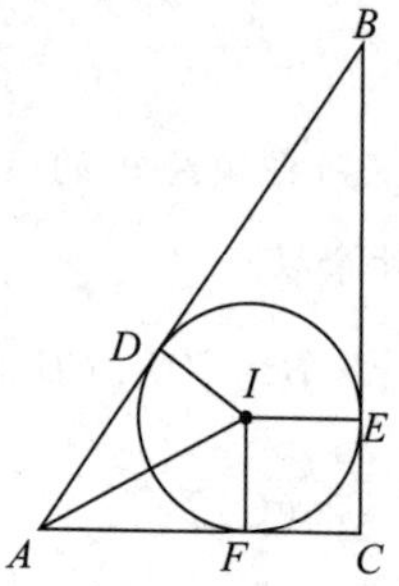

图 9-113

5.如图 9-114 所示，正方形 $ABCD$ 的对角线 AC，BD 相交于点 O，点 E，F 分别是线段 AO，BO 的中点，若 $AC = 4\sqrt{2}$，则 EF 的长度为(　　).

(A)1 　　　　 (B)2 　　　　 (C) $2\sqrt{2}$ 　　　　 (D)4 　　　　 (E) $2\sqrt{3}$

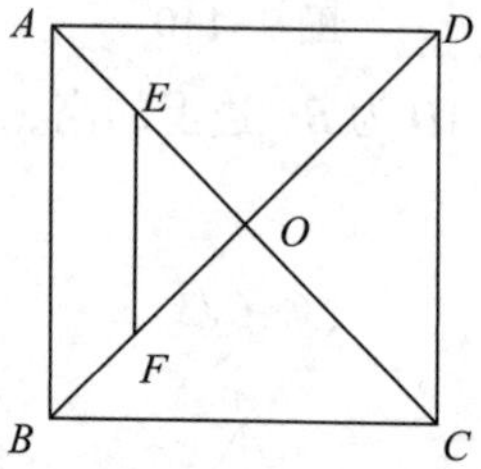

图 9-114

6.如图 9-115 所示，已知三角形 ABC 的面积为 48，点 D，E 分别为 AB，BC 的中点，则三角形 ADE 的面积为(　　).

(A)36 　　　　 (B)24 　　　　 (C)12 　　　　 (D)8 　　　　 (E)6

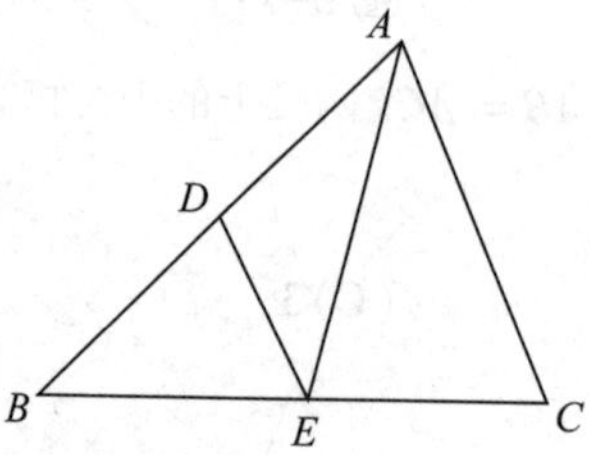

图 9-115

7.如图 9-116 所示，把三角形 ABC 的一条边 AB 延长 1 倍到 D，把它的另一边 AC 延长 2 倍到 E，连接 DE，已知三角形 ABC 的面积为 1，则 $S_{\triangle ADE} = ($　　$)$.

(A)2 　　　　 (B)3 　　　　 (C)5 　　　　 (D)6 　　　　 (E)12

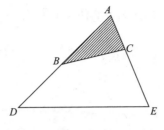

图 9-116

8.已知正方形①、②在直线上,正方形③如图 9-117 所示放置,若正方形①、②的面积分别为 27 和 54,则正方形③的边长为( ).

(A)6　　　　(B)7　　　　(C)8　　　　(D)9　　　　(E)10

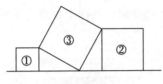

图 9-117

9.如图 9-118 所示,在 ΔABC 中,$AB = 10cm$,$BC = 20cm$,点 P 从 A 点开始沿 AB 向 B 点以 $2cm/s$ 的速度移动,点 Q 从 B 点开始沿 BC 边向 C 点以 $4cm/s$ 的速度移动,如果 P,Q 分别从 A,B 同时出发,经过( )秒,点 P,B,Q 围成的三角形与 ΔABC 相似.

(A)1　　　　(B)2.5　　　　(C)4　　　　(D)1 或 2.5　　　　(E)2.5 或 4

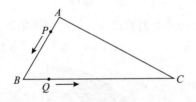

图 9-118

10.如图 9-119 所示,$ABCD$ 是一个边长为 4m 的正方形围栏,围栏外的一只羊拴在 D 点,拴羊的绳长 6m,则该羊活动范围的面积是( )m^2.

(A) 31π　　　　(B) 27π　　　　(C) 29π　　　　(D) 30π　　　　(E) 36π

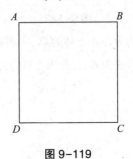

图 9-119

11.如图 9-120 所示,等边三角形 *ABC* 内接圆 *O*,$AB = 4\sqrt{3}$,则阴影部分的面积为(   ).

(A) $\dfrac{16}{3}\pi - 4\sqrt{3}$ (B) $\dfrac{4\sqrt{3}}{3}$ (C) $\dfrac{16}{3}\pi - 5\sqrt{3}$ (D) $\dfrac{16}{3}\pi - 8\sqrt{3}$ (E) $8\pi - 12\sqrt{3}$

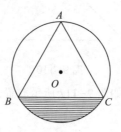

图 9-120

12.如图 9-121 所示,正方形的边长为 4,分别以其四个顶点为圆心的直角扇形恰好在中心交于一点,则图中阴影部分的面积为(   ).

(A) $8\pi - 16$ (B) $4\pi - 8$ (C) $16 - 8\pi$ (D) $8 - 4\pi$ (E) 4π

图 9-121

13.如图 9-122 所示,已知等腰直角三角形的直角边长是 4,则阴影部分的面积是(   ).

(A) $4\pi - 4$ (B) $4\pi - 8$ (C) $8\pi - 8$ (D) $8\pi - 4$ (E) $16\pi - 8$

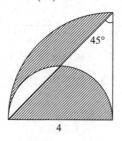

图 9-122

14.如图 9-123 所示,一个水平放置的透明无盖正方体容器,容器高 8cm,将一个球放在容器口,再向容器内注水,当球面恰好接触水面时测得水深为 6cm,如果不计容器的厚度,则球的体积为(   )cm^3.

(A) $\dfrac{500}{3}\pi$ (B) $\dfrac{866}{3}\pi$ (C) $\dfrac{1\,372}{3}\pi$ (D) $\dfrac{1\,640}{3}\pi$ (E) $\dfrac{2\,048}{3}\pi$

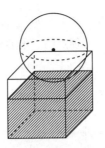

图 9-123

15.如图 9-124 所示,正方体 $ABCD - A_1B_1C_1D_1$ 的棱长为 2,则 ΔA_1BC_1 的面积为(　　).

(A) $2\sqrt{3}$　　　　(B) $4\sqrt{3}$　　　　(C) $4\sqrt{2}$　　　　(D) $2\sqrt{2}$　　　　(E) $\sqrt{2}$

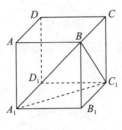

图 9-124

二、条件充分性判断

第 16~25 小题,每小题 3 分,共 30 分.要求判断每题给出的条件(1)和(2)能否充分支持题干所陈述的结论.A、B、C、D、E 五个选项为判断结果,请选择一项符合试题要求的判断,在答题卡上将所选项的字母涂黑.

(A)条件(1)充分,但条件(2)不充分

(B)条件(2)充分,但条件(1)不充分

(C)条件(1)和条件(2)单独都不充分,但条件(1)和条件(2)联合起来充分

(D)条件(1)充分,条件(2)也充分

(E)条件(1)和条件(2)单独都不充分,条件(1)和条件(2)联合起来也不充分

16.若 ΔABC 的边长均为整数,周长为 11,在所有可能组成的三角形中,最大的边长为 5.

(1)其中一边长为 4.

(2)其中一边长为 3.

17.如图 9-125 所示,在 $Rt\Delta ABC$ 中,$AC = 5$,$BC = 12$,四边形 $CFDE$ 为矩形,则矩形 $CFDE$ 的面积为 9.6.

(1) $CE = 3$.

(2) $CE = 4$.

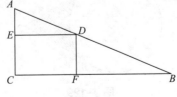

图 9-125

18.如图 9-126 所示,梯形 *ABCD* 中 *AD* ∥ *BC* , ∠*A* = 90°, *AD* = 2, *BC* = 3,点 *P* 为腰 *AB* 上一动点,当以 *P* , *A* , *D* 为顶点的三角形与以 *P* , *B* , *C* 为顶点的三角形相似时,则 *AP* 的长度可确定.

(1) *AB* = 7.

(2) *AP* 的长度为整数.

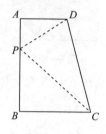

图 9-126

19.如图 9-127 所示, *O* 为半圆圆心, *C* 是半圆的一点, *OD* ⊥ *AC* ,则能确定 *OD* 的长.

(1)已知 *BC* 的长.

(2)已知 *OA* 的长.

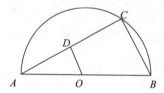

图 9-127

20.如图 9-128 所示,梯形 *ABCD* 中, *AB* = 10, *CD* = 5,则三角形 *BCD* 的面积为15.

(1)梯形 *ABCD* 的面积为45.

(2)三角形 *ABD* 的面积为30.

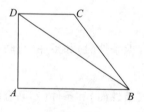

图 9-128

21.如图 9-129 所示, *PA* , *PB* 切圆于 *A* , *B* 两点,若 ∠*APB* 为 60°,则阴影部分的面积为 $4 - \dfrac{4}{3}\pi$.

(1)圆的半径是 3.

(2)圆的半径是 2.

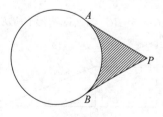

图 9-129

22.长方体的体对角线为 4.

    (1)长方体的表面积为 20.

    (2)长方体的所有棱长和为 24.

23.侧面积相等的两圆柱体,它们的体积之比为 3∶2.

    (1)两圆柱底面半径之比为 3∶2.

    (2)两圆柱高之比为 3∶2.

24.棱长为 a 的正方体外接球与内切球的表面积之比为 3∶1.

    (1) $a = 10$.

    (2) $a = 20$.

25.在一个直径为 32 的圆柱体盛水容器中,放入一个铁球,铁球全部没入水中,则水面升高了 9.

    (1)铁球的直径为 12.

    (2)铁球的表面积为 144π.

参考答案: 1~5 BECAB　6~10 CDDDC　11~15 AAAAA　16~20 DBEAD　21~25 ECADE

第五节　强化训练参考答案及解析

■ 一、问题求解

1.B　【解析】根据题意可知 ΔABC，ΔACD，ΔBCD 都是含 $30°$ 的直角三角形,所以三边之比均满足

$1:\sqrt{3}:2$，即 $CD = \sqrt{3}AD = \dfrac{\sqrt{3}}{3}BD$，解得 $AD = \dfrac{\sqrt{3}}{3}$，$BD = \sqrt{3}$，$AB = AD + BD = \dfrac{4\sqrt{3}}{3}$．故本题选择 B.

2.E　【解析】根据题意可知点 O 为三角形 ABC 的重心,则 $OA = 2OD = 4 \Rightarrow OD = 2$，即 $AD = 6$，

$AB = \dfrac{6}{\sqrt{3}} \times 2 = 4\sqrt{3}$，所以等边三角形 ABC 的面积为 $S = \dfrac{\sqrt{3}}{4} \times \left(4\sqrt{3}\right)^2 = 12\sqrt{3}$．故本题选择 E.

3.C　【解析】根据题意可知三角形 ABC 为等腰三角形,则 $BF = CE$，点 O 为三角形 ABC 的重心,则

$OB:OF = 2:1$，由 $\angle BOC = 90°$，$BC = 2\sqrt{2}$ 可得 ΔBOC 为等腰直角三角形,则 $\sqrt{2}OB = BC$，即 $OB = 2$，所

以 $BF = 3$．故本题选择 C.

4.A　【解析】根据勾股定理可知 $AB = \sqrt{AC^2 + BC^2} = \sqrt{9 + 16} = 5$，代入三角形内切圆半径公式得

$r = \dfrac{2S}{a + b + c} = \dfrac{2 \times \frac{1}{2} \times 3 \times 4}{3 + 4 + 5} = 1$．故本题选择 A.

5.B　【解析】根据题意可知 $AB = \dfrac{AC}{\sqrt{2}} = 4$，点 E，F 分别是线段 AO，BO 的中点,则 EF 是三角形 AOB 的

中位线,所以 $EF = \dfrac{1}{2}AB = 2$．故本题选择 B.

6.C　【解析】根据题意可知 D，E 分别为 AB，BC 的中点,则 $S_{\Delta ABE} = S_{\Delta ACE}$，$S_{\Delta ADE} = S_{\Delta BDE}$，所以三角形

ADE 的面积为 $S_{\Delta ADE} = \dfrac{1}{4}S_{\Delta ABC} = \dfrac{1}{4} \times 48 = 12$．故本题选择 C.

7.D　【解析】方法一:根据题意可知点 B 为 AD 的中点,即 $2AB = AD$，点 C 为 AE 的三等分点,即 $3AC =$

AE，而三角形 ABC 的面积为 $S = \dfrac{1}{2}AB \cdot AC \cdot \sin\angle BAC = 1$，则 $S_{\Delta ADE} = \dfrac{1}{2}AD \cdot AE \cdot \sin\angle BAC =$

$\dfrac{1}{2} \times 2AB \times 3AC \cdot \sin\angle BAC = 6$．故本题选择 D.

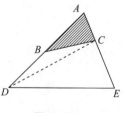

图 9-130

方法二:如图 9-130 所示,连接 CD，根据题意可知点 B 为 AD 的中点,即 $2AB =$ AD，则 $S_{\Delta ABC} = S_{\Delta BCD}$，点 C 为 AE 的三等分点,即 $3AC = AE$，则 $2S_{\Delta ACD} = S_{\Delta CDE}$，

所以 $S_{\Delta ADE} = 6S_{\Delta ABC} = 6$．故本题选择 D.

8.D　【解析】如图 9-131 所示,由图可知 $\angle KCD = \angle DEH = 90°$，$\angle CKD + \angle CDK =$ $\angle EDH + \angle CDK = 90°$，所以 $\angle CKD = \angle EDH$，$KD = HD$，所以 $\Delta CDK \cong \Delta EHD$，

$CD = HE$，正方形③的边长 $a = \sqrt{27 + 54} = 9$．故本题选择 D.

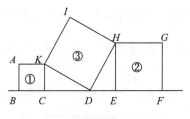

图 9-131

9.D 【解析】根据题意可设经过 t 秒时两三角形相似,则可能为 $\Delta PBQ \backsim \Delta ABC$ 或 $\Delta QBP \backsim \Delta ABC$,当 $\Delta PBQ \backsim \Delta ABC$ 时,对应边之比为 $\dfrac{PB}{AB} = \dfrac{BQ}{BC}$,即 $\dfrac{10-2t}{10} = \dfrac{4t}{20}$,解得 $t = 2.5$;当 $\Delta QBP \backsim \Delta ABC$ 时,对应边之比为 $\dfrac{QB}{AB} = \dfrac{BP}{BC}$,即 $\dfrac{4t}{10} = \dfrac{10-2t}{20}$,解得 $t = 1$. 故本题选择 D.

10.C 【解析】如图 9-132 所示,羊的活动范围是在以 D 为圆心,以 6 米长为半径,圆心角为 $270°$ 的扇形以及以 A,C 为圆心,以 2 米长为半径,圆心角为 $90°$ 的两个小的扇形,则羊的活动面积 $S = \dfrac{3}{4}\pi \times 6^2 + 2 \times \dfrac{1}{4}\pi \times 2^2 = 29\pi\,\mathrm{m}^2$. 故本题选择 C.

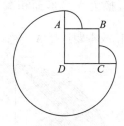

图 9-132

11.A 【解析】如图 9-133 所示,连接 OB,OC,根据题意可知三角形 ABC 为等边三角形,且 $AB = 4\sqrt{3}$,$\angle BOC = 120°$,在等腰 ΔBOC 中,过 O 作垂线,交于 BC 于点 D,$BD = \dfrac{1}{2}BC = 2\sqrt{3}$,则半径 $r = OB = \dfrac{BD}{\sqrt{3}} \times 2 = 4$,所以阴影部分的面积为 $S_{阴} = S_{扇BOC} - S_{\Delta BOC} = \dfrac{120°}{360°}\pi \cdot 4^2 - \dfrac{1}{2} \times 4 \times 4 \times \sin 120° = \dfrac{16}{3}\pi - 4\sqrt{3}$. 故本题选择 A.

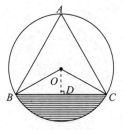

图 9-133

12.A 【解析】方法一:如图 9-134 所示,连接正方形的对角线,则对角线为 $4\sqrt{2}$,四个扇形的半径均为 $2\sqrt{2}$,四个空白部分的面积为正方形减去两个 $\frac{1}{4}$ 的扇形之后面积的 2 倍,所以阴影部分面积为

$$S_{阴} = S_{正} - S_{空} = 4 \times 4 - 2\left[4 \times 4 - 2 \times \frac{1}{4}\pi \cdot \left(2\sqrt{2}\right)^2\right] = 8\pi - 16.$$ 故本题选择 A.

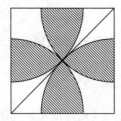

图 9-134

方法二:根据题意分析可得,阴影部分的面积为四个扇形的面积减去正方形的面积,所以阴影部分的面积为 $S_{阴} = 4 \times \frac{1}{4}\pi\left(2\sqrt{2}\right)^2 - 4 \times 4 = 8\pi - 16.$ 故本题选择 A.

13.A 【解析】如图 9-135 所示,连接半圆与三角形斜边交点与三角形直角点,圆的两部分弓形面积相同可以相互转换,阴影部分面积可转换为大弓形面积减一半的三角形面积,解得阴影面积为 $\frac{1}{4} \times 4^2\pi - \frac{1}{2} \times 2\sqrt{2} \times 2\sqrt{2} = 4\pi - 4.$ 故本题选择 A.

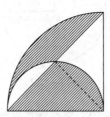

图 9-135

14.A 【解析】根据题意,可做如图 9-136 所示,设球的半径为 R,AB 为正方体上表面所截得的球的圆面半径,连接球心和圆心 OB,可得到直角三角形 OBA,$OB = R - (8 - 6) = R - 2$,半径 $r = \frac{8}{2} = 4$,球的半径为 $R = \sqrt{r^2 + OB^2} = \sqrt{4^2 + (R-2)^2}$,解得 $R = 5$,球的体积为 $\frac{4}{3}\pi R^3 = \frac{4}{3}\pi \times 5^3 = \frac{500}{3}\pi.$ 故本题选择 A.

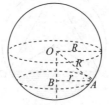

图 9-136

15.A　【解析】根据题意可知 ΔA_1BC_1 为等边三角形，其边长为 $a = 2\sqrt{2}$，所以 $S_{\Delta A_1BC_1} = \dfrac{\sqrt{3}}{4}a^2 = 2\sqrt{3}$．故本题选择 A．

二、条件充分性判断

16.D　【解析】根据题意可设另外两边分别为 a，b（$a \leqslant b$）．

条件(1)：根据条件可知 $a + b = 11 - 4 = 7$，$a + b > 4$ 成立，需要满足 $a + 4 > b$，则 a，b 的可能性有 $a = 2$，$b = 5$ 或 $a = 3$，$b = 4$，因此 $b_{max} = 5$，所以条件(1)充分；

条件(2)：根据条件可知 $a + b = 11 - 3 = 8$，$a + b > 3$ 成立，需要满足 $a + 3 > b$，则 a，b 的可能性有 $a = 4$，$b = 4$ 或 $a = 3$，$b = 5$，因此 $b_{max} = 5$，所以条件(2)充分．故本题选择 D．

17.B　【解析】根据题意可设 $CE = x$，因 $ED \parallel BC$，所以 $\Delta AED \backsim \Delta ACB$，根据相似三角形的性质可得 $\dfrac{AE}{AC} = \dfrac{ED}{CB} \Rightarrow \dfrac{5 - x}{5} = \dfrac{ED}{12}$，解得 $ED = 12 - \dfrac{12}{5}x$，矩形面积为 $S = (12 - \dfrac{12}{5}x) \cdot x = -\dfrac{12}{5}x^2 + 12x$．

条件(1)：根据条件可知 $CE = 3$，代入得 $S = -\dfrac{12}{5} \times 3^2 + 12 \times 3 = 14.4$，所以条件(1)不充分；

条件(2)：根据条件可知 $CE = 4$，代入得 $S = -\dfrac{12}{5} \times 4^2 + 12 \times 4 = 9.6$，所以条件(2)充分．故本题选择 B．

18.E　【解析】根据题意可设 $AP = x$，两个三角形相似，则有两种情况，$\Delta APD \backsim \Delta BPC$ 或 $\Delta APD \backsim \Delta BCP$，当 $\Delta APD \backsim \Delta BPC$ 时，$\dfrac{AD}{BC} = \dfrac{AP}{BP}$，即 $\dfrac{2}{3} = \dfrac{x}{AB - x}$；当 $\Delta APD \backsim \Delta BCP$ 时，$\dfrac{AP}{BC} = \dfrac{AD}{BP}$，即 $\dfrac{x}{3} = \dfrac{2}{AB - x}$；

条件(1)：已知 $AB = 7$ 代入可得，$\dfrac{2}{3} = \dfrac{x}{7 - x}$，解得 $x = \dfrac{14}{5}$，或 $\dfrac{x}{3} = \dfrac{2}{7 - x}$，解得 $x = 1$ 或 $x = 6$，即 AP 长度不确定，所以条件(1)不充分；

条件(2)：只知道 AP 的长度为整数，不能确定具体值，所以条件(2)不充分；

(1)+(2)：两个条件联立可得 $x = 1$ 或 $x = 6$ 也不能确定 AP 长度，所以条件(1)和(2)联合不充分．故本题选择 E．

19.A　【解析】根据题意可知 AB 为直径，其所对的圆周角 $\angle ACB = 90°$，得 $BC \perp AC$，$OD \perp AC$，则 $OD \parallel BC$，则 $\Delta AOD \backsim \Delta ABC \Rightarrow \dfrac{AO}{AB} = \dfrac{OD}{BC} \Rightarrow OD = \dfrac{1}{2}BC$．

条件(1)：根据条件可知 BC 的长，则 $OD = \dfrac{1}{2}BC$，所以条件(1)充分；

条件(2)：根据条件可知 OA 的长，不能确定 OD 的长，所以条件(2)不充分．故本题选择 A．

20.D　【解析】根据题意可知 $AB = 10$，$CD = 5$，即 $AB : CD = 2 : 1$，分别将 AB，CD 作为三角形 ABD 与三角形 BCD 的底，高均为 AB 与 CD 之间的距离，则 $S_{\Delta ABD} : S_{\Delta BCD} = 2 : 1$，当三角形 BCD 的面积为 15 时，

三角形 ABD 的面积为 30,梯形 $ABCD$ 的面积为 45.

条件(1):根据条件可知梯形 $ABCD$ 的面积为 45,与转化结论一致,所以条件(1)充分;

条件(2):根据条件可知三角形 ABD 的面积为 30,与转化结论一致,所以条件(2)充分. 故本题选择 D.

21.E 【解析】根据题意可设圆心为 O,连接 OP,OA,OB,如图 9-137 所示,则 $OA \perp AP$,$OB \perp BP$,

OP 是 $OAPB$ 的对称轴,$\angle APO = \dfrac{1}{2}\angle APB = 30°$,$\angle AOP = 90° - \angle APO = 60°$. 若 $OA = OB = r$,

则 $AP = \sqrt{3} OA = \sqrt{3} r$,$S_{APBO} = 2S_{\triangle AOP} = 2 \times \dfrac{1}{2} OA \cdot AP = \sqrt{3} r^2$,扇形 AOB 的圆心角 $\angle AOB = 2\angle AOP = 120°$,

$S_{扇形AOB} = \dfrac{120°}{360°}\pi r^2 = \dfrac{\pi r^2}{3}$,故阴影部分的面积 $S_{阴} = S_{APBO} - S_{扇形AOB} = \left(\sqrt{3} - \dfrac{\pi}{3}\right)r^2$.

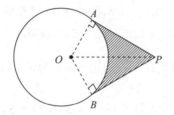

图 9-137

条件(1):根据条件可知圆的半径是 3,则 $S_{阴} = \left(\sqrt{3} - \dfrac{\pi}{3}\right) \times 3^2 = 9\sqrt{3} - 3\pi \neq 4 - \dfrac{4}{3}\pi$,所以条件(1)不充分;

条件(2):根据条件可知圆的半径是 2,则 $S_{阴} = \left(\sqrt{3} - \dfrac{\pi}{3}\right) \times 2^2 = 4\sqrt{3} - \dfrac{4}{3}\pi \neq 4 - \dfrac{4}{3}\pi$,所以条件(2)不充分;

(1)+(2):两个条件矛盾无法联合,所以条件(1)和(2)联合不充分. 故本题选择 E.

22.C 【解析】设长方体的长、宽、高分别为 a,b,c,则体对角线 $l = \sqrt{a^2 + b^2 + c^2}$.

条件(1):根据条件可知长方体的表面积为 20,即 $2(ab + bc + ac) = 20 \Rightarrow ab + bc + ac = 10$,不能确定体对角线的长度,所以条件(1)不充分;

条件(2):根据条件可知长方体的所有棱长和为 24,即 $4(a + b + c) = 24 \Rightarrow a + b + c = 6$,不能确定体对角线的长度,所以条件(2)不充分;

(1)+(2):两个条件联合可得 $l = \sqrt{a^2 + b^2 + c^2} = \sqrt{(a + b + c)^2 - 2ab - 2bc - 2ac} = \sqrt{6^2 - 20} = \sqrt{16} = 4$,所以条件(1)和(2)联合充分. 故本题选择 C.

23.A 【解析】根据题意可设两圆柱体底面半径分别为 R,r,高分别为 H,h,侧面积相等,即

$2\pi RH = 2\pi rh \Rightarrow RH = rh$,则两圆柱体积之比为 $\pi R^2 H : \pi r^2 h = \dfrac{R^2 H}{r^2 h} = \dfrac{R}{r} = \dfrac{3}{2}$.

条件(1):与转化结论一致,所以条件(1)充分;

条件(2):根据条件可知侧面积相等,即 $RH = rh \Rightarrow \dfrac{R}{r} = \dfrac{h}{H} = \dfrac{2}{3} \neq \dfrac{3}{2}$,所以条件(2)不充分. 故本题

选择 A.

24.D 【解析】根据题意可知,正方体的外接球半径应为正方体体对角线的一半,内切球的半径应为正方体棱长的一半,故可求得外接球的表面积与内切球的表面积之比为 $4\pi\left(\dfrac{\sqrt{3}}{2}a\right)^2 : 4\pi\left(\dfrac{a}{2}\right)^2 = 3:1$,故正方体外接球与内切球的表面积之比与棱长 a 的取值无关.

条件(1):因为所求比值与棱长无关,故条件(1)充分;

条件(2):因为所求比值与棱长无关,故条件(2)也充分. 故本题选择 D.

25.E 【解析】根据题意可设铁球的半径为 r,圆柱底面的半径为 R,则铁球的体积等于圆柱内水上升部分的体积,即 $\dfrac{4}{3}\pi r^3 = \pi R^2 h \Rightarrow \dfrac{4}{3}\pi r^3 = \pi \cdot 16^2 \cdot 9 \Rightarrow r = 12$.

条件(1):根据条件可知铁球的半径为6,与转化结论不一致,所以条件(1)不充分;

条件(2):根据条件可知铁球的表面积为 144π,则 $S_0 = 4\pi r^2 = 144\pi \Rightarrow r = 6$,与转化结论不一致,所以条件(2) 不充分;

(1) + (2):铁球的半径为6,与转化结论不一致,所以条件(1) 和条件(2) 联合不充分. 故本题选择 E.

第十章　平面解析几何

第一节　章节导读

▌一、考纲解读

管理类联考考试大纲中平面解析几何部分如下：

> 平面解析几何
> (1) 平面直角坐标系
> (2) 直线方程与圆的方程
> (3) 两点间距离公式与点到直线的距离公式

平面解析几何涉及内容较为多,本章属于中等偏难的内容,很多考点都可以单独出题,也可以跟其他知识点结合在一起出题,大家需要掌握好基础知识并牢记公式.

平面解析几何在考试当中占比约 4%~12%,题目数量 1~3 道. 本章节整体难度偏大.

▌二、重难点及真题分布

1.重难点解读

(1) 直线与圆:几乎每年都会考查,考查的内容相对固定,属于重点考点.

(2) 多元不等式:考得较多,近五年考了 3 次,属于重难考点,需要明确各类不同多元不等式的画法.

(3) 解析几何最值:这类题需要大家对于基础的解析几何知识掌握牢固,并且熟悉多元不等式的应用,属于难点考点,对数形结合思维的要求较高.

2.真题分布

年份	考点	占比
2024	解析几何最值、多元不等式	8%
2023	解析几何最值、多元不等式	12%
2022	无	0%
2021	多元不等式、直线与圆	12%
2020	解析几何最值、直线与圆	8%
2019	圆与圆、直线与圆、多元不等式	12%
2018	直线与圆、多元不等式、解析几何最值	12%
2017	圆与圆	4%

▌三、考点框架

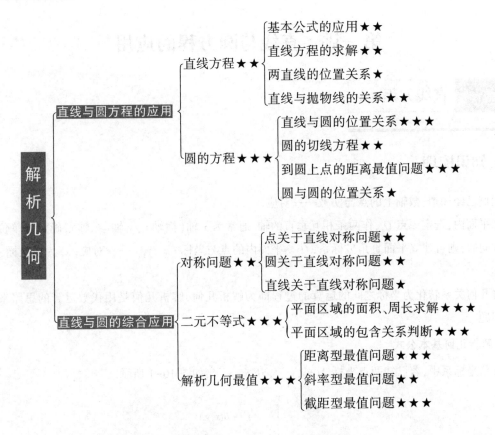

本章划分为 2 讲、5 个考点、16 个命题点,其中包含 7 个两星命题点、6 个三星命题点.

第二节　考点精讲

第一讲　直线与圆方程的应用

考点一　直线方程★★

▌一、知识梳理

我们已经知道,数轴上的点与实数一一对应.

在平面内,选定原点 O ,作两条相互垂直的轴,通常为 x 轴(横轴)、y 轴(纵轴),确定好单位长度与正方向后,则可建立平面直角坐标系 xOy . 平面内的点与坐标 (x_1, y_1) 一一对应, x_1 为横坐标, y_1 为纵坐标.

将几何关系转化为坐标之间的运算的过程即为解析几何,解析几何是用代数运算的思路来解决几何问题.

1. 解析几何基本公式

直角坐标系中,若已知两点坐标 $A(x_1, y_1)$, $B(x_2, y_2)$,如图 10-1 所示.

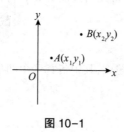

图 10-1

则两点之间的距离公式为

$$|AB| = \sqrt{(x_2 - x_1)^2 + (y_2 - y_1)^2}.$$

过 A , B 点分别作 x 轴、y 轴的平行线,可得直角三角形,利用勾股定理可得上述距离公式. 若 M 为 A , B 的中点,则可得中点坐标公式

$$x = \frac{x_1 + x_2}{2} , \quad y = \frac{y_1 + y_2}{2}.$$

2. 直线方程

(1)直线的斜率公式

过一个点可做无数条直线,围绕直线与 x 轴的交点,将 x 轴逆时针旋转到与直线重合的位置所转过的角,叫作倾斜角. 倾斜角可以表示不同直线的倾斜程度. 每条直线都有唯一的倾斜角,与 x 轴平行

的直线的倾斜角为 $0°$,倾斜角的范围为 $[0°,180°)$. 称倾斜角的正切值为斜率. 表述直线的特征时,斜率会更方便. 设 $A(x_1,y_1)$, $B(x_2,y_2)$ 为直线上的两点,直线的倾斜角为 θ ,斜率为 k ,如图 10-2 所示.

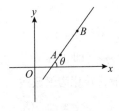

图 10-2

过 A , B 点分别作 x 轴、y 轴的平行线,得到直角三角形,则

$$k = \tan\theta = \frac{y_2 - y_1}{x_2 - x_1}$$

当 $\theta = 90°$,即 $x_2 = x_1$ 时,斜率不存在.

(2)直线方程的五种形式

若直线 l 上的点的坐标均为某二元一次方程的解,且以该方程的解为坐标的点均在直线 l 上,则称该二元一次方程为直线 l 的方程. 用方程来表示直线,能够非常方便地解决直线与其他图形之间关系的问题. 利用条件得到直线方程往往为解题的第一步.

已知直线 l 的斜率 k 和直线上一点坐标 $P(x_0,y_0)$,设不同于 P 点的一点坐标为 (x,y) ,根据斜率的计算公式,可得 $\frac{y - y_0}{x - x_0} = k$,整理之后可得直线的点斜式方程

$$y - y_0 = k(x - x_0)$$

点斜式方程不能表示斜率不存在的直线.

若直线 l 与 x 轴、y 轴的交点分别为 $(a,0)$, $(0,b)$,则称 a , b 分别为 x 轴与 y 轴上的截距,一般不做特殊说明时,截距通常指 y 轴上的截距. 若已知直线 l 的截距 b ,斜率 k ,代入点斜式,整理之后可得直线的斜截式方程

$$y = kx + b$$

斜截式方程也不能表示斜率不存在的直线,若已知斜截式可直接得到直线的斜率与截距.

已知直线 l 上不同的两点 $A(x_1,y_1)$, $B(x_2,y_2)$,设不同于 A , B 两点的一点坐标为 (x,y) ,则三点任意两点所得到的斜率应相等,即 $\frac{y - y_1}{x - x_1} = \frac{y_2 - y_1}{x_2 - x_1}$,整理可得直线的两点式方程

$$\frac{y - y_1}{y_2 - y_1} = \frac{x - x_1}{x_2 - x_1}$$

其中 $x_1 \neq x_2$, $y_1 \neq y_2$. 已知两点坐标可直接套用两点式得到直线方程,也可以先求出斜率再利用点斜式.

若已知直线 l 在 x 轴与 y 轴上的截距 a , b ,且 a , b 均不为 0,即已知直线上的两点 $(a,0)$, $(0,b)$,套用两点式,整理之后可得直线的截距式方程

$$\frac{x}{a} + \frac{y}{b} = 1$$

截距式不能表示过坐标轴原点的直线,以及不能表示与两坐标平行的直线.

上述四种直线的表示形式,均有一些限定条件,并不能表示任意的一条直线,为了能表示任意一条直线的方程,可用一般式方程

$$Ax + By + C = 0$$

其中 A, B, C 为常数,且 A, B 不能同时为零,即 $A^2 + B^2 \neq 0$.

已知一般式,当 $B \neq 0$ 时,还可将一般式转化为斜截式

$$y = -\frac{A}{B}x - \frac{C}{B}$$

因此由一般式可得到直线斜率

$$k = -\frac{A}{B}$$

直线的五种表示形式中,前四种的目的是利用不同条件得到方程或者方程的特征(斜率、截距等),得到方程之后需要解决方程与其他图形之间的关系问题时,通常转化为一般式进行处理.

3.直线的位置关系

(1)两直线平行

两条不同直线 l_1 与 l_2,若没有公共点,则 l_1 与 l_2 平行;若有公共点,且公共点有且仅有一个,则 l_1 与 l_2 相交. 也可用直线方程的关系来表示两条直线的位置关系.

已知两条直线方程,$l_1 : y = k_1 x + b_1$,$l_2 : y = k_2 x + b_2$,两条直线的公共点问题可转化为二元一次方程组解的问题,将两个方程联立

$$\begin{cases} y = k_1 x + b_1, \\ y = k_2 x + b_2. \end{cases}$$

具体求解过程此处不做详细展开,但是易得到

若 $k_1 \neq k_2$,方程组有唯一解,则 l_1 与 l_2 相交;

若 $k_1 = k_2$,且 $b_1 \neq b_2$,方程组无解,则 l_1 与 l_2 平行;

若 $k_1 = k_2$,且 $b_1 = b_2$,方程组有无穷多解,则 l_1 与 l_2 重合.

其中,两直线重合时,两方程可化简为同一个. 判断两条直线的位置关系核心就是判断两条直线斜率的关系. 实际题目中需注意是否存在重合的情况.

上述结论也可结合斜率的意义进行理解,斜率表示的是直线的倾斜程度,若两直线的倾斜程度相同,则两条直线平行;若两条直线的倾斜程度不同,两条直线必定会有交点,则两条直线相交.

若已知两条不同直线的一般式,$l_1 : A_1 x + B_1 y + C_1 = 0$,$l_2 : A_2 x + B_2 y + C_2 = 0$,同样可利用斜率关系进行两条直线的位置判定,两条直线斜率为 $-\frac{A_1}{B_1}$,$-\frac{A_2}{B_2}$,令两个斜率相等,整理之后可到两条直线平行的判定公式

$$A_1 B_2 - A_2 B_1 = 0$$

（2）两直线垂直

两条直线相交且相交所得夹角为 $90°$,则两条直线相互垂直. 垂直是相交的一种特殊情况.

已知两条直线 l_1 与 l_2 ,倾斜角分别为 θ_1 , θ_2 ,斜率分别为 k_1 , k_2 ,若两条直线相互垂直,如图 10-3 所示.

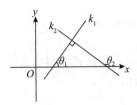

图 10-3

则 $\theta_2 = \theta_1 + \dfrac{\pi}{2}$, $\tan\theta_2 = \tan\left(\theta_1 + \dfrac{\pi}{2}\right) = -\dfrac{1}{\tan\theta_1}$,此处涉及了三角函数的转换,仅作为了解,不做详细说明,由该式可得

$$k_1 \cdot k_2 = \tan\theta_1 \cdot \tan\theta_2 = -1$$

即相互垂直的两条直线斜率乘积为-1.

若已知两直线的一般式, $l_1:A_1x + B_1y + C_1 = 0$, $l_2:A_2x + B_2y + C_2 = 0$,利用上述关系,整理之后可得到两条直线垂直的判定公式

$$A_1A_2 + B_1B_2 = 0$$

4.点到直线距离

（1）点到直线距离公式

点到直线的距离,即点到直线的垂线段的长度.

已知直线 $l:Ax + By + C = 0$,直线外一点 $P(x_0,y_0)$,过点 P 作直线 l 的垂线,交直线于点 Q ,如图 10-4 所示.

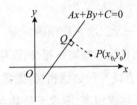

图 10-4

设 Q 点坐标为 (x_1,y_1) ,则点 P 到直线 l 的距离 d ,即 P , Q 两点之间的距离,根据两点间距离公式可得

$$d = |PQ| = \sqrt{(x_0 - x_1)^2 + (y_0 - y_1)^2}$$

P , Q 连线与直线 l 垂直,斜率乘积为-1,则 $\dfrac{y_0 - y_1}{x_0 - x_1} = \dfrac{B}{A}$,整理后得到

$$A(y_0 - y_1) - B(x_0 - x_1) = 0$$

点 Q 在直线上,则 $Ax_1 + By_1 + C = 0$,距离公式中涉及 $x_0 - x_1$, $y_0 - y_1$,因此变形可得

$$A(x_0 - x_1) + B(y_0 - y_1) = Ax_0 + By_0 + C$$

上述两式平方相加,可得

$$(A^2 + B^2)\left[(x_0 - x_1)^2 + (y_0 - y_1)^2\right] = (Ax_0 + By_0 + C)^2$$

整理之后代入上述两点间距离公式,可得点到直线距离公式

$$d = \frac{|Ax_0 + By_0 + C|}{\sqrt{A^2 + B^2}}.$$

上述过程,应用到的仅为两点间距离公式和直线斜率关系,但是运算过程较为烦琐,若理解上感觉吃力,可直接记忆点到直线距离公式即可.

(2)平行线间距离公式

平行线间的距离为其中一条直线上任意一点,到另一条直线的垂线距离,仍然可以运用点到直线间距离来求解.

已知两条平行直线,$l_1 : Ax + By + C_1 = 0$,$l_2 : Ax + By + C_2 = 0$,设 $P(x_1, y_1)$ 为 l_1 上任意一点,点 P 到 l_2 距离为 d,则 $d = \frac{|Ax_1 + By_1 + C_2|}{\sqrt{A^2 + B^2}}$,又因为 $P(x_1, y_1)$ 在 l_1 上,则 $Ax_1 + By_1 + C_1 = 0$,变形整理代入可得平行线间距离公式

$$d = \frac{|C_2 - C_1|}{\sqrt{A^2 + B^2}}.$$

5.直线与抛物线的关系

直线与直线的位置关系,我们用二元一次方程组的解的情况,来表示了两条直线间的关系.同理直线与其他图形的位置关系,也可以用方程组的解的情况来表示.此处以直线与抛物线关系再次进行说明.一元二次函数的图像为抛物线,可认为函数解析式为抛物线所对应的二元二次方程.

已知直线 $l : y = kx + b$,抛物线 $C : y = ax^2 + b'x + c$,联立两方程得到关于 x 的一元二次方程

$$ax^2 + (b' - k)x + c - b = 0$$

直线与抛物线的位置关系问题,转化为一元二次方程根的问题.则有如下结论:

若 $\Delta > 0$,方程有两个不等实根,则直线与抛物线相交,图像有两个公共点;

若 $\Delta = 0$,方程有两个相等实根,则直线与抛物线相切,图像有一个公共点;

若 $\Delta < 0$,方程无实根,则直线与抛物线相离,图像无公共点.

需要注意的是,上述结论中,默认直线存在斜率,若直线与 x 轴垂直,此时直线与抛物线仅有一个公共点,但位置关系不是相切,这种特殊情况在题目中要单独考虑.

另外,涉及不同图像的位置关系,均可转化为方程组解的问题,但此方法运算量较大,若有其他解题思路时,尽可能用其他思路.

二、命题点精讲

命题点 1 基本公式的应用★★

思路点拨　要熟练掌握:两点间距离公式、中点坐标公式、点到直线距离公式、平行线间距离公式. 这几个公式为解析几何的基本公式,直线与圆的问题多数建立在对上述公式的应用上.

【例1】直线 l 经过点 $P(2,1)$,则点 $A(5,0)$ 到直线 l 的距离的最大值为(　　).

(A) $\sqrt{10}$　　　(B)3　　　(C) $2\sqrt{2}$　　　(D) $\sqrt{7}$　　　(E) $\sqrt{6}$

【解析】

根据题意可得点 A 到直线的距离最大的时候,就是直线 l 与直线 PA 垂直的时候,此时最大的距离就是两点 PA 之间的距离, $|PA|=\sqrt{(2-5)^2+(1-0)^2}=\sqrt{10}$. 故本题选择 A.

【例2】已知平行四边形 $ABCD$ 的三个顶点 $A(-1,-2)$, $B(3,4)$, $C(0,3)$,则顶点 D 的坐标为(　　).

(A)(4,3)　　　(B)(3,4)　　　(C)(-4,3)　　　(D)(-4,-3)　　　(E)(-3,-4)

【解析】

根据平行四边形性质,对角线交点为各对角的中点,设中点 O 坐标为 (x_0,y_0),由中点坐标公式可得 $x_0=\dfrac{-1+0}{2}=-\dfrac{1}{2}$, $y_0=\dfrac{-2+3}{2}=\dfrac{1}{2}$,即 $O\left(-\dfrac{1}{2},\dfrac{1}{2}\right)$;设顶点 D 坐标为 (x_1,y_1),同理可得 $x_0=\dfrac{3+x_1}{2}=-\dfrac{1}{2}\Rightarrow x_1=-4$, $y_0=\dfrac{4+y_1}{2}=\dfrac{1}{2}\Rightarrow y_1=-3$,即 $D(-4,-3)$. 故本题选择 D.

【例3】已知点 $A(a,-2\sqrt{3})$ 到直线 $x+\sqrt{3}y-4=0$ 的距离为1,则 $a=$(　　).

(A) $a=10$　　　(B) $a=12$　　　(C) $a=8$　　　(D) $a=10$ 或 8　　　(E) $a=12$ 或 8

【解析】

根据题意可得点 A 到直线的距离是 $\dfrac{|a-2\sqrt{3}\times\sqrt{3}-4|}{\sqrt{1+3}}=1$,计算得 $a=12$ 或 8.故本题选择 E.

【例4】已知 M, N 分别是 $l_1:2x+4y-10=0$ 与 $l_2:4x+8y+20=0$ 上的任意一点,则 $|MN|_{\min}=$(　　).

(A)2　　　(B) $\sqrt{5}$　　　(C) $2\sqrt{5}$　　　(D) $\dfrac{15}{2}$　　　(E)4

【解析】

根据题意可将两条直线化简 $l_1:x+2y-5=0$, $l_2:x+2y+5=0$,可看出两条直线平行,则最短的距离就是两条平行直线之间的距离,可直接套公式,即 $|MN|_{\min}=\dfrac{|-5-5|}{\sqrt{1+4}}=2\sqrt{5}$.故本题选 C.

命题点 2 **直线方程的求解★★**

　　直线方程的五种形式中,前四种主要利用条件得到方程. 使用最广泛的主要为点斜式和斜截式,给定其他条件也可利用基本公式转化为点斜式或斜截式.

【例5】直线 l 经过直线 $3x + 4y - 2 = 0$ 与直线 $x + y = 0$ 的交点,且直线 l 的斜率为1,则直线 l 的方程为( ).

(A) $x - y + 1 = 0$　　　(B) $x - y + 2 = 0$　　　(C) $x - y + 3 = 0$

(D) $x - y + 4 = 0$　　　(E) $x - y + 5 = 0$

【解析】

根据题意先求出已知两条直线的交点 $\begin{cases} 3x + 4y - 2 = 0, \\ x + y = 0 \end{cases} \Rightarrow \begin{cases} x = -2, \\ y = 2, \end{cases}$ 交点是 $(-2, 2)$,直线 l 的斜率为1,则直线方程为 $y - 2 = 1 \times (x + 2)$,整理后得 $x - y + 4 = 0$. 故本题选 D.

【例6】若直线 l 与直线 $y = 1$, $x = 7$ 分别交于点 P , Q ,且线段 PQ 的中点坐标为 $(1, -1)$,则直线 l 的方程为( ).

(A) $3x + y + 2 = 0$　　　　　　　(B) $x + 3y + 2 = 0$

(C) $3x - y + 2 = 0$　　　　　　　(D) $x - 3y + 2 = 0$

(E) $x + 3y - 2 = 0$

【解析】

根据题意设 $P(m, 1)$, $Q(7, n)$,则有 $\dfrac{m + 7}{2} = 1 \Rightarrow m = -5$, $\dfrac{1 + n}{2} = -1 \Rightarrow n = -3$,即 $P(-5, 1)$, $Q(7, -3)$,则直线的斜率是 $k = \dfrac{1 - (-3)}{-5 - 7} = -\dfrac{1}{3}$,直线方程为 $y + 3 = -\dfrac{1}{3}(x - 7)$,整理后得 $x + 3y + 2 = 0$. 故本题选 B.

【例7】已知 $\triangle ABC$,顶点 $B(1, 5)$, $C(2, -3)$, BC 边上的中线斜率为4,则此中线方程为( ).

(A) $4x - y - 5 = 0$　　　　　　　(B) $4x + y - 7 = 0$

(C) $3x - 2y - 10 = 0$　　　　　　(D) $3x + 2y + 10 = 0$

(E)以上选项均不正确

【解析】

根据题意可知中线斜率为4,则可设中线方程为 $y = 4x + b$;中线过 BC 中点,设中点为 $O(x_0, y_0)$,由中点坐标公式得 $x_0 = \dfrac{1 + 2}{2} = \dfrac{3}{2}$, $y_0 = \dfrac{5 - 3}{2} = 1$,即 $O\left(\dfrac{3}{2}, 1\right)$,代入直线方程得 $1 = 4 \times \dfrac{3}{2} + b \Rightarrow b = -5$,则中线方程为 $y = 4x - 5 \Rightarrow 4x - y - 5 = 0$. 故本题选择 A.

【例8】过点 $(2, 1)$ 和点 $(3, 4)$ 的直线,在 x 轴上的截距为( ).

(A) $-\dfrac{1}{2}$　　　(B) $\dfrac{1}{2}$　　　(C) $\dfrac{5}{3}$　　　(D) $-\dfrac{3}{5}$　　　(E) $\dfrac{3}{5}$

【解析】

根据题意可知用两点式方程求解，$\dfrac{y-1}{4-1}=\dfrac{x-2}{3-2}$，得 $3x-y-5=0$，令 $y=0$，得 $x=\dfrac{5}{3}$．故本题选 C.

【例 9】已知直线 l 经过点 $(1,2)$，且在两坐标轴的截距相等，则直线 l 的方程为（　　）．

(A) $2x-y=0$ (B) $x-y+1=0$

(C) $x+y-3=0$ (D) $x-2y=0$

(E) $2x-y=0$ 或 $x+y-3=0$

【解析】

根据题意，可知有两种情况，第一种情况，截距相等均为 0，则该直线过原点 $(0,0)$，其斜率 $k=\dfrac{2-0}{1-0}=2$，直线方程为 $2x-y=0$；第二种情况，截距相等且不为 0，设为 a，则可设该直线方程为 $\dfrac{x}{a}+\dfrac{y}{a}=1$，过点 $(1,2)$，则有 $\dfrac{1}{a}+\dfrac{2}{a}=1$，解得 $a=3$，此时直线方程为 $x+y-3=0$．故本题选 E.

命题点 3　两直线的位置关系 ★

> **思路点拨**　两条直线的位置关系判定，直接套用结论即可．若 $A_1B_2-A_2B_1=0$，则两条直线平行；若 $A_1A_2+B_1B_2=0$，则两条直线垂直．
> 也可利用斜率关系进行求解，但需注意检查是否存在无斜率的特殊情况，避免丢解．

【例 10】已知直线 $l_1:ax-by+4=0$ 经过点 $(-3,-1)$，直线 $l_2:(a-1)x+y+b=0$，则能确定 a，b 的值.

(1) $l_1\perp l_2$.

(2) $l_1 /\!/ l_2$.

【解析】

根据题意可知，$-3a+b+4=0$.

条件(1)：可得 $a(a-1)-b=0$，根据 $\begin{cases}-3a+b+4=0,\\ a(a-1)-b=0,\end{cases}$ 解得 $\begin{cases}a=2,\\ b=2,\end{cases}$ 所以条件(1)充分；

条件(2)：$a-(-b)(a-1)=0$，根据 $\begin{cases}-3a+b+4=0,\\ a-(-b)(a-1)=0,\end{cases}$ 该方程无实数根，所以条件(2)不充分，故本题选 A.

【例 11】直线 $l_1:x+(1+m)y+m-2=0$ 与直线 $l_2:2mx+4y+16=0$ 平行.

(1) $m=1$.

(2) $m=-2$.

【解析】

根据平行直线的判定公式，可得 $4-2m(1+m)=0$，解得 $m=1$ 或 $m=-2$，将结果代入原方程验证，当 $m=-2$ 时，两条直线方程可化简为同一个，即两条直线重合，因此应当舍去 $m=-2$，结果仅有 $m=1$.

条件(1):$m=1$与转化结论一致,所以条件(1)充分;

条件(2):$m=-2$与转化结论不一致,所以条件(2)不充分. 故本题选择 A.

【例 12】直线 $mx+(2m+2)y+1=0$ 与 $(m+1)x+y-2=0$ 相互垂直,则 $m=($).

(A)-1 或 -2 (B)± 1 (C)-2 (D)2 (E)1

【解析】

根据题意可知两条直线垂直,则可得 $m(m+1)+(2m+2)=0\Rightarrow m^2+3m+2=0\Rightarrow (m+1)(m+2)=0\Rightarrow m=-1$ 或 $m=-2$. 故本题选择 A.

命题点 4 **直线与抛物线的关系★★**

思路点拨

遇到直线与抛物线的位置关系问题,可将方程联立转化为一元二次方程根的判定问题. 需要注意直线斜率不存在的特殊情况.

【例 13】已知直线 $kx-y-8=0$ 与 $y=x^2-1$ 有交点,则 k 的取值范围是( ).

(A)$k>6$ (B)$k<-6$ (C)$k\geq 6$

(D)$k>2\sqrt{7}$ (E)$k\geq 2\sqrt{7}$ 或 $k\leq -2\sqrt{7}$

【解析】

根据题意可得 $y=kx-8=x^2-1$,$x^2-kx+7=0$,有交点即是该方程有解,$\Delta=k^2-4\times 7\geq 0$,解得 $k\geq 2\sqrt{7}$ 或 $k\leq -2\sqrt{7}$. 故本题选 E.

【例 14】设 a,b 是实数,则抛物线 $y=x^2+1$ 与直线 $ax+y+b=0$ 不相交.

(1)$a^2<1+b$.

(2)$a^2<4(1+b)$.

【解析】

根据题意可将 $y=x^2+1$ 代入 $ax+y+b=0$,有 $x^2+ax+b+1=0$,不相交即没有交点,$\Delta=a^2-4(b+1)<0$,即 $a^2<4(1+b)$.

条件(1):不是转化结论的非空子集,所以条件(1)不充分;

条件(2):是转化结论的非空子集,所以条件(2)充分. 故本题选择 B.

考点二 圆的方程★★★

一、知识梳理

1.圆的方程

我们知道,平面上到定点的距离等于定长的所有点组成的集合构成了圆,有了平面解析几何的基础,我们可以用方程来表示圆.

已知圆的圆心坐标 $O(a,b)$，半径为 r（$r>0$），点 A 为圆上的任意一点，设 A 点坐标为 (x,y)，则点 A 到圆心 O 的距离为 r，由两点间距离公式可得 $\sqrt{(x-a)^2+(x-b)^2}=r$，左右平方之后可得圆的标准方程，

$$(x-a)^2+(y-b)^2=r^2$$

圆的标准式是由两点间距离得到的，同理可利用平面内一点与圆心的距离来判断该点与圆的位置，已知平面上任意一点 $P(x_0,y_0)$，有如下判断

若 $(x_0-a)^2+(y_0-b)^2>r^2$，则点 P 在圆外；

若 $(x_0-a)^2+(y_0-b)^2<r^2$，则点 P 在圆内.

已知标准方程可直接得到圆心坐标与半径. 但有时圆方程并不都是以标准形式给出的，或者有些题目给出一般形式，要求我们进行判定该方程是否为圆的方程，因此还需要掌握圆的一般方程，

$$x^2+y^2+Dx+Ey+F=0$$

将标准式展开整理之后即可得到一般式，或者将一般式进行配方之后即可得到标准式.

若给定一个二元二次方程，判断该方程是否为圆的方程，只需判断该式能否转化成圆的标准方程即可，对上述一般式进行配方可得

$$\left(x+\frac{D}{2}\right)^2+\left(y+\frac{E}{2}\right)^2=\frac{D^2+E^2-4F}{4}.$$

若使上式能够表示圆的方程，需满足 $D^2+E^2-4F>0$. 由一般式也可得到圆心坐标和半径

$$\text{圆心为}\left(-\frac{D}{2},-\frac{E}{2}\right)，\text{半径为}\frac{\sqrt{D^2+E^2-4F}}{2}.$$

2.直线与圆的位置关系

若直线与圆有两个公共点，则称直线与圆相交；若直线与圆有一个公共点，则称直线与圆相切；若直线与圆无公共点，则称直线与圆相离. 具体关系如图 10-5 到 10-7 所示.

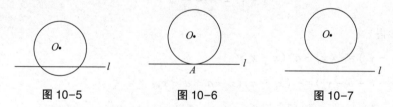

图 10-5　　　　　图 10-6　　　　　图 10-7

已知圆 $O:(x-a)^2+(y-b)^2=r^2$，直线 $l:Ax+By+C=0$，直线与圆的位置关系可转化为方程的解的情况，将两个方程联立，可转化为一元二次方程，有如下结论：

若 $\Delta>0$，则直线与圆相交；

若 $\Delta=0$，则直线与圆相切；

若 $\Delta<0$，则直线与圆相离.

联立的方法相对烦琐，因此实际求解中此方法并不常用. 还可利用圆心到直线的距离与半径的关系进行判定. 利用点到直线距离公式可求圆心到直线的距离，设为 d，结合图像的关系，易得

若 $d < r$,则直线与圆相交;

若 $d = r$,则直线与圆相切;

若 $d > r$,则直线与圆相离.

3.圆的切线方程

直线与圆相切,是一种较为特殊的位置关系. 直线与圆相切存在如下关系:切点在圆上,即切点坐标满足圆方程;圆心与切点的连线垂直于切线;圆心到直线的距离恰等于半径.

过圆上一点,可作一条切线;过圆外一点,可作两条切线. 已知圆的方程,利用上述关系可求得切线方程.

(1)过圆上一点的切线方程

已知圆 $O:(x - a)^2 + (y - b)^2 = r^2$,过圆上一点 $P(x_0, y_0)$,可作一条切线,如图 10-8 所示.

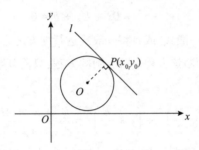

图 10-8

设切线斜率为 k ,由上述条件可知圆心为 (a, b) ,切点 $P(x_0, y_0)$,则可得 O , P 连线的斜率为 $\dfrac{y_0 - b}{x_0 - a}$,由于 OP 与切线垂直,斜率乘积为-1,则 $k = -\dfrac{x_0 - a}{y_0 - b}$,又因为切线过切点,根据点斜式可得切线方程

$$y - y_0 = -\frac{x_0 - a}{y_0 - b}(x - x_0)$$

对上式进行变形得

$(y_0 - b)(y - y_0) = -(x_0 - a)(x - x_0)$

$(y_0 - b)(y - b + b - y_0) = -(x_0 - a)(x - a + a - x_0)$

$(y_0 - b)(y - b) + (y_0 - b)(b - y_0) = -(x_0 - a)(x - a) - (x_0 - a)(a - x_0)$

$(x_0 - a)(x - a) + (y_0 - b)(y - b) = (x_0 - a)^2 + (y_0 - b)^2$

又因为 $P(x_0, y_0)$ 在圆上,满足 $(x_0 - a)^2 + (y_0 - b)^2 = r^2$,代入上式可得过圆上一点的切线方程公式

$$(x_0 - a)(x - a) + (y_0 - b)(y - b) = r^2$$

若圆的圆心在坐标轴原点,即圆方程 $x^2 + y^2 = r^2$,切点为 $P(x_0, y_0)$ 时,为上述公式变为

$$x_0x + y_0y = r^2.$$

（2）过圆外一点的切线方程

已知 $O:(x-a)^2 + (y-b)^2 = r^2$，过圆外一点 $Q(x_1, y_1)$，可做两条切线，如图 10-9 所示.

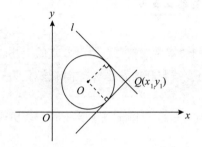

图 10-9

设切线斜率为 k，利用点斜式，可得到切线方程 $y - y_1 = k(x - x_1)$，整理为一般式

$$kx - y - kx_1 + y_1 = 0$$

又因为圆心到切线的距离等于半径，可得

$$\frac{|ka - b - kx_1 + y_1|}{\sqrt{k^2 + 1}} = r$$

上式中仅 k 为未知数，可求解，再将 k 代入方程，最终求得直线方程.

需要注意的是，过圆外一点一定有两条切线，上式解得 k 应有两个值，但是有时会解得 k 仅有一个值. 问题在于上述方法中我们默认直线存在斜率，但实际上可能存在垂直于 x 轴的切线，此时无斜率. 因此若解得 k 仅一个值时，要单独考虑特殊情况，避免丢解.

4.圆与圆的位置关系

两个圆之间也存在位置关系问题，存在如下五种位置关系：外离、外切、相交、内切、内含. 如图 10-10 到 10-14 所示.

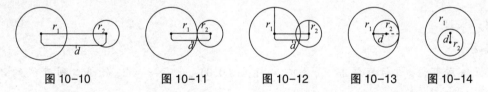

图 10-10　　　　图 10-11　　　　图 10-12　　　　图 10-13　　图 10-14

已知两个圆 $O_1:(x-x_1)^2 + (y-y_1)^2 = r_1^2$，$O_2:(x-x_2)^2 + (y-y_2)^2 = r_2^2$，半径分别为 r_1，r_2，可利用圆心距与半径的关系进行判定. 两个圆心已知，根据两点间距离公式可得圆心距，设为 d，结合图像，易得

若 $d > r_1 + r_2$，则两圆外离；

若 $d = r_1 + r_2$，则两圆外切；

若 $|r_1 - r_2| < d < r_1 + r_2$，则两圆相交；

若 $d = |r_1 - r_2|$，则两圆内切；

若 $0 \leqslant d < |r_1 - r_2|$，则两圆内含.

二、命题点精讲

命题点 1 直线与圆的位置关系 ★★★

思路点拨　直线与圆的位置关系问题属于点到直线距离公式的应用. 可将问题转化为圆心到直线的距离与半径的比较. 也可将直线与圆的方程联立求解,转化为一元二次方程根的问题.

【例 15】(2010.10) 直线 $y = k(x + 2)$ 是圆 $x^2 + y^2 = 1$ 的一条切线.

(1) $k = -\dfrac{\sqrt{3}}{3}$.

(2) $k = \dfrac{\sqrt{3}}{3}$.

【解析】

直线为圆的切线,则圆心到直线距离等于半径,直线变型为 $kx - y + 2k = 0$,圆心为 $(0,0)$,则

$d = \dfrac{2|k|}{\sqrt{k^2 + 1}} = 1$,解得 $k = \pm\dfrac{\sqrt{3}}{3}$;

条件(1): $k = -\dfrac{\sqrt{3}}{3}$ 是结论的非空子集,所以条件(1)充分;

条件(2): $k = \dfrac{\sqrt{3}}{3}$ 是结论的非空子集,所以条件(2)充分. 故本题选择 D.

【例 16】曲线 $x^2 + y^2 = 4$ 与直线 $kx - y - 2k + 4 = 0$ 有两个交点.

(1) $k > \dfrac{4}{3}$.

(2) $k < 1$.

【解析】

根据题意可得,圆与直线相交,圆心坐标为 $(0,0)$,半径 $r = 2$,则圆心到直线的距离为

$d = \dfrac{|0 - 0 - 2k + 4|}{\sqrt{1 + k^2}} < 2$,解得 $k > \dfrac{3}{4}$.

条件(1): $k > \dfrac{4}{3}$ 是转化结论的非空子集,所以条件(1)充分;

条件(2): $k < 1$ 不是转化结论的非空子集,所以条件(2)不充分. 故本题选择 A.

【例 17】(2015) 若直线 $y = ax$ 与圆 $(x - a)^2 + y^2 = 1$ 相切,则 $a^2 = ($　　).

(A) $\dfrac{1 + \sqrt{3}}{2}$　　(B) $1 + \dfrac{\sqrt{3}}{2}$　　(C) $\dfrac{\sqrt{5}}{2}$　　(D) $1 + \dfrac{\sqrt{5}}{3}$　　(E) $\dfrac{1 + \sqrt{5}}{2}$

【解析】

根据题意可知圆心为 $(a,0)$，半径为 1，圆心到直线距离 $d = \dfrac{|a^2 - 0|}{\sqrt{a^2 + (-1)^2}} = 1$，整理得

$a^4 - a^2 - 1 = 0 \Rightarrow a^2 = \dfrac{1 + \sqrt{5}}{2}$ 或 $a^2 = \dfrac{1 - \sqrt{5}}{2} < 0($舍$)$. 故本题选择 E.

【例 18】(2018) 设 a，b 为实数，则圆 $x^2 + y^2 = 2y$ 与直线 $x + ay = b$ 不相交.

(1) $|a - b| > \sqrt{1 + a^2}$.

(2) $|a + b| > \sqrt{1 + a^2}$.

【解析】

根据题意可将圆 $x^2 + y^2 = 2y$ 转化成标准式 $x^2 + (y - 1)^2 = 1$，可得圆心为 $(0,1)$，半径为 1，由圆

心到直线的距离得 $d = \dfrac{|a - b|}{\sqrt{1 + a^2}} > 1$，即 $|a - b| > \sqrt{1 + a^2}$.

条件(1)：$|a - b| > \sqrt{1 + a^2}$ 是转化结论的非空子集，所以条件(1)充分；

条件(2)：举反例，$a = -1$，$b = -2$，满足条件但不符合结论，所以条件(2)不充分. 故本题选择 A.

【例 19】(2017) $x^2 + y^2 - ax - by + c = 0$ 与 x 轴相切，则能确定 c 的值.

(1) 已知 a 的值.

(2) 已知 b 的值.

【解析】

根据题干可得 $\left(x - \dfrac{a}{2}\right)^2 + \left(y - \dfrac{b}{2}\right)^2 = \dfrac{a^2 + b^2 - 4c}{4}$，与 x 轴相切表明圆心纵坐标的绝对值与半

径相等，即 $\left|\dfrac{b}{2}\right| = \sqrt{\dfrac{a^2 + b^2 - 4c}{4}}$，解得 $c = \dfrac{a^2}{4}$.

条件(1)：已知 a 的值，能够确定 c 的值，所以条件(1)充分；

条件(2)：已知 b 的值，不能确定 c 的值，所以条件(2)不充分. 故本题选择 A.

【例 20】(2009) 圆 $(x - 1)^2 + (y - 2)^2 = 4$ 和直线 $(1 + 2\lambda)x + (1 - \lambda)y - 3 - 3\lambda = 0$ 相交于两点.

(1) $\lambda = \dfrac{2\sqrt{3}}{5}$.

(2) $\lambda = \dfrac{5\sqrt{3}}{2}$.

【解析】

本题若利用圆心到直线距离小于半径来解题，运算较为复杂. 直线方程中存在参数，可将直线方程进行变

形 $(1 + 2\lambda)x + (1 - \lambda)y - 3 - 3\lambda = 0$，整理得 $\lambda(2x - y - 3) + x + y - 3 = 0$，当 $\begin{cases} 2x - y - 3 = 0, \\ x + y - 3 = 0, \end{cases}$ 即 $\begin{cases} x = 2, \\ y = 1 \end{cases}$

时，无论 λ 取何值，方程均成立，则 $(2,1)$ 为直线的定点. 将点 $(2,1)$ 代入圆的方程得 $(2 - 1)^2 + (1 - 2)^2 < 4$，定

点 $(2,1)$ 在圆内,说明 λ 取任意值,直线均与圆有两个交点.

条件(1): $\lambda = \dfrac{2\sqrt{3}}{5}$ 是转化结论的非空子集,所以条件(1)充分;

条件(2): $\lambda = \dfrac{5\sqrt{3}}{2}$ 是转化结论的非空子集,所以条件(2)充分. 故本题选择 D.

潮哥敲黑板

> 当方程中存在参数时,可将含参数部分整理到一起,令各部分为零,可求得图像的定点.

【例21】过点 $M(3,0)$ 作直线和圆 $x^2 + y^2 - 8x - 2y + 8 = 0$ 相交,则得到的最短弦长为(　　).

(A) $2\sqrt{2}$　　　(B) 6　　　(C) $\sqrt{7}$　　　(D) $2\sqrt{7}$　　　(E)不存在

【解析】

根据题意可得该圆的标准方程为 $(x-4)^2 + (y-1)^2 = 9$,则圆心为 $O_1(4,1)$,半径 $r = 3$,点到圆心的距离为 $d = \sqrt{(4-3)^2 + (1-0)^2} = \sqrt{2} < r$,所以点在圆内,过圆内一点作直线和圆相交,若弦长最短,则该点与圆心连线应与该弦垂直,如图 10-15 所示,由勾股定理得弦长为 $2\sqrt{r^2 - d^2} = 2\sqrt{9-2} = 2\sqrt{7}$. 故本题选择 D.

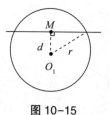

图 10-15

命题点2　圆的切线方程★★

思路点拨

> 圆的切线问题,主要是"圆心到直线距离等于半径"这一结论的应用,若求过圆上一点的切线方程,可直接套用公式.

【例22】已知直线 l 是圆 $x^2 + y^2 = 5$ 在点 $(1, -2)$ 处的切线,则 l 在 y 轴上的截距为(　　).

(A) $-\dfrac{2}{5}$　　　(B) $\dfrac{2}{3}$　　　(C) $\dfrac{3}{2}$　　　(D) $-\dfrac{5}{2}$　　　(E) 5

【解析】

方法一:

根据题意可知点 $(1, -2)$ 在圆上,设切线斜率为 k,则所求切线方程为 $y + 2 = k(x-1)$,由切线的性质得圆心与切点的连线与所求切线垂直,故 $k \times \dfrac{-2-0}{1-0} = -1 \Rightarrow k = \dfrac{1}{2}$,则直线方程为

$y + 2 = \frac{1}{2}(x - 1) \Rightarrow y = \frac{1}{2}x - \frac{5}{2}$，其在 y 轴上的截距为 $-\frac{5}{2}$．故本题选择 D．

方法二：

根据题意可知圆心为 $(0,0)$，切点为 $(1, -2)$，由公式 $x_0 x + y_0 y = r^2$ 得圆的切线方程为 $x - 2y = (\sqrt{5})^2$，整理得 $x - 2y - 5 = 0 \Rightarrow y = \frac{1}{2}x - \frac{5}{2}$，则切线在 y 轴上的截距为 $-\frac{5}{2}$．故本题选择 D．

【例23】(2018)已知圆 $C : x^2 + (y - a)^2 = b$，若圆在点 $(1,2)$ 处的切线与 y 轴的交点为 $(0,3)$，则 $ab = ($　　$)$．

(A) -2 　　　　　 (B) -1 　　　　　 (C) 0 　　　　　 (D) 1 　　　　　 (E) 2

【解析】

根据题意可知圆心为 $(0, a)$，半径 $\sqrt{b}$，由过圆上一点的切线方程公式可得过圆上点 $(1,2)$ 的切线方程为 $(1 - 0)(x - 0) + (2 - a)(y - a) = b \Rightarrow x + (2 - a)y = (2 - a)a + b$．此外，切线同时过 $(1,2)$，$(0,3)$ 两点，由两点式得 $\frac{y - 0}{1 - 0} = \frac{x - 3}{2 - 3} \Rightarrow x + y = 3$．由题意可知 $x + (2 - a)y = (2 - a)a + b$ 与 $x + y - 3 = 0$ 是同一条直线，则 $\begin{cases} 2 - a = 1, \\ (2 - a)a + b = 3 \end{cases} \Rightarrow \begin{cases} a = 1, \\ b = 2 \end{cases} \Rightarrow ab = 2$．故本题选择 E．

【例24】过点 $(4,2)$ 作圆 $x^2 + y^2 - 4x + 2y + 1 = 0$ 的切线，则切线的方程为($\quad$)．

(A) $5x - 12y + 9 = 0$　　　　　 (B) $12x + 5y - 9 = 0$

(C) $x = 0$　　　　　 (D) $5x - 12y + 4 = 0$ 或 $x = 0$

(E) $5x - 12y + 4 = 0$ 或 $x = 4$

【解析】

根据题意得圆的方程为 $(x - 2)^2 + (y + 1)^2 = 4$，将点 $(4,2)$ 代入得 $(4 - 2)^2 + (2 + 1)^2 = 13 > 4$，该点在圆外，设过点 $(4,2)$ 的直线方程为 $y - 2 = k(x - 4)$，$kx - y - 4k + 2 = 0$，则圆心到该直线的距离等于半径，有 $\frac{|-2k + 1 - 4k + 2|}{\sqrt{1 + k^2}} = 2$，解得 $k = \frac{5}{12}$，即直线方程为 $5x - 12y + 4 = 0$；由于过圆外一点作圆的切线一定有 2 条，所以另外一条切线过点 $(4,2)$ 但斜率不存在，即直线 $x = 4$．故本题选 E．

命题点3　到圆上点的距离最值问题★★★

思路点拨　圆方程的应用，均离不开圆心和半径．求一点 P 到圆 O 上的点的最大距离 $d_{\max}$ 或最小距离 $d_{\min}$，可转化为该点到圆心距离的问题．设 P 点到圆心距离为 d，圆半径为 r，有如下结论：

若点 P 在圆外，则 $d_{\max} = d + r$，$d_{\min} = d - r$；

若点 P 在圆内，则 $d_{\max} = d + r$，$d_{\min} = r - d$．

【例25】点 $(1,3)$ 到曲线 C 上点的最短距离为 2．

(1) 曲线 $C : x^2 + y^2 + 4x - 6y + 9 = 0$．

(2)曲线 $C:2x - x^2 - y^2 = 0$.

【解析】

条件(1):可知圆的标准方程是 $(x + 2)^2 + (y - 3)^2 = 4$,圆心记为 $C(-2,3)$,半径为 $r = 2$,则圆心与点 $(1,3)$ 之间的距离是 $\sqrt{(-2-1)^2 + (3-3)^2} = 3$,点 $(1,3)$ 到曲线 C 上点的最短距离为 $3 - 2 = 1$,所以条件(1)不充分;

条件(2):$x^2 + y^2 - 2x = 0$,$(x - 1)^2 + y^2 = 1$,圆心记为 $C(1,0)$,半径为 $r = 1$,则圆心与点 $(1,3)$ 之间的距离是 $\sqrt{(1-1)^2 + (0-3)^2} = 3$,点 $(1,3)$ 到曲线 C 上点的最短距离为 $3 - 1 = 2$,所以条件(2)充分. 故本题选择 B.

【例 26】(2017)圆 $x^2 + y^2 - 6x + 4y = 0$ 上到原点距离最远的点是(   ).

(A)$(-3,2)$　　　　(B)$(3,-2)$　　　　(C)$(6,4)$　　　　(D)$(-6,4)$　　　　(E)$(6,-4)$

【解析】

根据可知圆的标准方程为 $(x - 3)^2 + (y + 2)^2 = 13$,该圆的圆心为 $O_1(3, -2)$,半径为 $r = \sqrt{13}$,原点坐标 $(0,0)$ 代入圆的方程中可知原点在圆上,所以圆上距离原点最远的点为原点关于圆心的对称点 $A(x_0, y_0)$,由中点坐标公式得 $\begin{cases} \dfrac{x_0 + 0}{2} = 3, \\ \dfrac{y_0 + 0}{2} = -2 \end{cases} \Rightarrow \begin{cases} x_0 = 6, \\ y_0 = -4. \end{cases}$ 故本题选择 E.

【例 27】(2009)曲线 $x^2 - 2x + y^2 = 0$ 上的点到直线 $3x + 4y - 12 = 0$ 的最短距离是(   ).

(A)$\dfrac{3}{5}$　　　　(B)$\dfrac{4}{5}$　　　　(C)1　　　　(D)$\dfrac{4}{3}$　　　　(E)$\sqrt{2}$

【解析】

根据题意曲线方程整理可得 $(x - 1)^2 + y^2 = 1$,为以 $(1,0)$ 为圆心、1 为半径的圆,则曲线上的点到直线的最短距离为圆心到直线的距离减去半径,即为 $d_{\min} = \dfrac{|3 - 12|}{\sqrt{3^2 + 4^2}} - 1 = \dfrac{4}{5}$. 故本题选择 B.

【例 28】(2020)已知圆 $x^2 + y^2 = 2x + 2y$ 上的点到 $ax + by + \sqrt{2} = 0$ 的距离最小值大于 1.

(1) $a^2 + b^2 = 1$.

(2) $a > 0, b > 0$.

【解析】

根据题意将圆化为标准方程 $(x - 1)^2 + (y - 1)^2 = 2$,圆心为 $(1,1)$,半径为 $\sqrt{2}$. 圆上的点到直线的最小距离为圆心到直线的距离 d 减去半径,$d_{\min} = \dfrac{|a + b + \sqrt{2}|}{\sqrt{a^2 + b^2}} - \sqrt{2}$,若使结论成立则需满足

$$d = \dfrac{|a + b + \sqrt{2}|}{\sqrt{a^2 + b^2}} > \sqrt{2} + 1.$$

条件(1):举反例,当 $a = b = -\dfrac{\sqrt{2}}{2}$ 时,圆心到直线的距离为 $d = \dfrac{\left| -\dfrac{\sqrt{2}}{2} - \dfrac{\sqrt{2}}{2} + \sqrt{2} \right|}{1} = 0$,直线与圆相交,最小距离为0,所以条件(1)不充分;

条件(2):举反例,当 $a = b = 1$ 时,圆心到直线的距离为 $d = \dfrac{\left| 1 + 1 + \sqrt{2} \right|}{\sqrt{2}} = \sqrt{2} + 1$,即圆上到直线的最短距离为 $d - r = 1 + \sqrt{2} - \sqrt{2} = 1$,所以条件(2)不充分;

(1)+(2):两个条件联合可得圆心到直线的距离为 $d = \dfrac{\left| a + b + \sqrt{2} \right|}{1} = \left| a + b + \sqrt{2} \right|$,由于 $a > 0$,$b > 0$,则 $d = a + b + \sqrt{2}$,又因为 $a^2 + b^2 = (a + b)^2 - 2ab$,可得 $(a + b)^2 - 2ab = 1$,$(a + b)^2 = 1 + 2ab > 1$,则 $a + b > 1$,即 $d = a + b + \sqrt{2} > 1 + \sqrt{2}$,即圆到直线的最小距离大于1,所以条件(1)和(2)联合充分. 故本题选择C.

【例29】(2021)已知 $ABCD$ 是圆 $x^2 + y^2 = 25$ 的内接四边形,若 A,C 是直线 $x = 3$ 与圆 $x^2 + y^2 = 25$ 的交点,则四边形 $ABCD$ 面积的最大值为(　　).

(A)20　　　　　　(B)24　　　　　　(C)40　　　　　　(D)45　　　　　　(E)80

【解析】

根据题意可得 $\begin{cases} x^2 + y^2 = 25, \\ x = 3 \end{cases} \Rightarrow \begin{cases} x = 3, \\ y = \pm 4, \end{cases}$ 则 $A(3, -4)$,$C(3, 4)$,$|AC| = 8$. 由题意画图如图10-16

所示,则四边形 $ABCD$ 可分为三角形 ABC 和三角形 ACD,则 $S_{ABCD} = S_{\triangle ABC} + S_{\triangle ACD} = \dfrac{1}{2} \times |AC| \times h_1 + \dfrac{1}{2} \times |AC| \times h_2 = 4(h_1 + h_2)$,$h_1$ 和 h_2 分别是点 B 到 AC 的高、点 D 到 AC 的高,当 $B(-5, 0)$,$D(5, 0)$ 时,h_1 和 h_2 都最大,此时四边形面积最大为 $S_{ABCD} = 4(h_1 + h_2) = 40$. 故本题选择C.

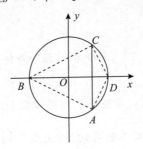

图10-16

命题点 4 **圆与圆的位置关系 ★**

圆与圆的位置关系判定,是两点间距离公式的应用,此类问题相对简单,无太多变化,套用结论解题即可.

【例 30】(2013)已知圆 $A : x^2 + y^2 + 4x + 2y + 1 = 0$,则圆 B 和圆 A 相切.

(1)圆 $B : x^2 + y^2 - 2x - 6y + 1 = 0$.

(2)圆 $B : x^2 + y^2 - 6x = 0$.

【解析】

根据题意圆 A 变形可得 $(x + 2)^2 + (y + 1)^2 = 4$,则圆心为 $(-2, -1)$,半径为 2.

条件(1):根据条件圆 B 变形可得 $(x - 1)^2 + (y - 3)^2 = 9$,则圆心为 $(1,3)$,半径为 3,圆心距 $d = \sqrt{(-2 - 1)^2 + (-1 - 3)^2} = 5 = 2 + 3$,故圆心距等于两个圆半径之和,两个圆外切,所以条件(1)充分;

条件(2):根据条件圆 B 变形可得 $(x - 3)^2 + y^2 = 9$,则圆心为 $(3,0)$,半径为 3,圆心距 $d = \sqrt{(-2 - 3)^2 + (-1 - 0)^2} = \sqrt{26} > 2 + 3$,故圆心距大于两个圆半径之和,两个圆外离,所以条件(2)不充分. 故本题选择 A.

【例 31】(2008)圆 $C_1 : \left(x - \dfrac{3}{2}\right)^2 + (y - 2)^2 = r^2$ 与圆 $C_2 : x^2 - 6x + y^2 - 8y = 0$ 有交点.

(1)$0 < r < \dfrac{5}{2}$.

(2)$r > \dfrac{15}{2}$.

【解析】

根据题意可知圆 C_1 的圆心为 $\left(\dfrac{3}{2}, 2\right)$,半径为 r(结合条件直接默认 $r > 0$),圆 C_2 方程整理可得

$(x - 3)^2 + (y - 4)^2 = 25$,圆心为 $(3,4)$,半径为 5,则圆心距 $|C_1 C_2| = \sqrt{\left(3 - \dfrac{3}{2}\right)^2 + (4 - 2)^2} = \dfrac{5}{2}$.

由题意可知圆 C_1 和 C_2 有交点,说明两个圆内切、相交或外切,故 $|5 - r| \leqslant |C_1 C_2| \leqslant 5 + r$,解得

$\dfrac{5}{2} \leqslant r \leqslant \dfrac{15}{2}$.

条件(1):$0 < r < \dfrac{5}{2}$ 不是转化结论的非空子集,所以条件(1)不充分;

条件(2):$r > \dfrac{15}{2}$ 不是转化结论的非空子集,所以条件(2)不充分;

(1)+(2):两个条件矛盾无法联合,所以条件(1)和(2)联合不充分. 故本题选择 E.

第二讲　直线与圆的综合应用

考点一　对称问题★★

一、知识梳理

1.点关于直线对称

若两点关于直线对称,则存在如下关系:

(1)两点到直线的距离相等,即两点的中点在对称轴上;

(2)两点连线垂直于对称轴.

已知点 $P(x_1,y_1)$,直线 $l:Ax+By+C=0$,点 P 与 P' 关于直线 l 对称,如图 10-17 所示.

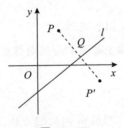

图 10-17

设 P' 坐标为 (x_2,y_2) ,根据中点坐标公式,可得 P 与 P' 的中点坐标 $\left(\dfrac{x_2+x_1}{2},\dfrac{y_2+y_1}{2}\right)$,两点连线

的斜率为 $\dfrac{y_2-y_1}{x_2-x_1}$,直线的斜率为 $-\dfrac{A}{B}$. 根据对称点的关系可知,中点坐标满足直线方程,直线 PP' 与

直线 l 垂直,即斜率乘积为-1,可得

$$
\begin{cases}
A\cdot\dfrac{x_2+x_1}{2}+B\cdot\dfrac{y_2+y_1}{2}+C=0,\\[3mm]
-\dfrac{A}{B}\cdot\dfrac{y_2+y_1}{x_2+x_1}=-1.
\end{cases}
$$

得到方程组,再进行求解即可求出对称点坐标,此方法为点对称问题的一般方法.

　　求解上述方程组,整理之后可得,点关于直线对称坐标公式

$$
\begin{cases}
x_2=x_1-2A\cdot\dfrac{Ax_1+By_1+C}{A^2+B^2},\\[3mm]
y_2=y_1-2B\cdot\dfrac{Ax_1+By_1+C}{A^2+B^2}.
\end{cases}
$$

该公式的整理过程较为烦琐,也可用向量知识更方便地进行证明,但向量不在考试考查范围内,故此

处对具体整理过程不做详细说明.

已知直线方程 $y = x + n$,已知一点 $A(a,b)$,求对称点 B 的坐标.

设对称点坐标为 $B(x_0, y_0)$,套用对称坐标公式可得

$$\begin{cases} x_0 = b - n, \\ y_0 = a + n. \end{cases}$$

观察可发现:

将已知点 A 的横坐标代入对称轴方程解得的 y 值即为对称点 B 的纵坐标;

将已知点 A 的纵坐标代入对称轴方程解得的 x 值即为对称点 B 的横坐标.

需要注意的是,上述结论只适用于对称轴方程斜率为 ± 1 时.例如,

对称轴为 $y = x$,点 (a,b) 的对称点坐标为 (b,a);

对称轴为 $y = x - n$,点 (a,b) 的对称点坐标为 $(b + n, a - n)$;

对称轴为 $y = -x + n$,点 (a,b) 的对称点坐标为 $(n - b, n - a)$.

2.圆关于直线对称

若两个圆关于一条直线对称,则存在如下关系:

(1)一个圆上的任意一点在第二个圆上都有对应的对称点;

(2)两圆心关于对称轴对称;

(3)两半径相等.

解析几何中,确定圆心坐标和半径,即可得到圆的方程.若已知一个圆的方程 O_1:$(x - x_1)^2 + (y - y_1)^2 = r^2$,则可确定圆心 (x_1, y_1) 和半径 r,又因为两个对称圆的半径相等,只需求出 (x_1, y_1) 的对称点 (x_2, y_2),即可确定对称圆 O_2 的方程 $(x - x_2)^2 + (y - y_2)^2 = r^2$.

因此圆关于直线对称问题转化成点关于直线对称问题解决即可.

3.直线关于直线对称

若两条直线关于一条直线对称,则存在如下关系:

(1)一条直线上的任意一点在第二条直线上都有对应的对称点;

(2)若一条直线与对称轴平行,则第二条直线也与对称轴平行,且两直线到对称轴的距离相等;

(3)若一条直线与对称轴有一个交点,则第二条直线也过该交点.

已知两条平行直线,l:$Ax + By + C = 0$,l_1:$Ax + By + C_1 = 0$,l_2 与 l_1 关于 l 对称.显然 l_2 与 l_1,l 均平行,设 l_2 方程为 $Ax + By + C_2 = 0$,l_2,l_1 到 l 的距离相等,根据平行线间距离公式可得

$$\frac{|C_2 - C|}{\sqrt{A^2 + B^2}} = \frac{|C_1 - C|}{\sqrt{A^2 + B^2}}$$

式中仅 C_2 为未知数,该式解得的 C_2 应该有两个值,其中一个恰好为 C_1.

已知两条相交直线,l:$Ax + By + C = 0$,l_1:$ax + by + c = 0$,l_2 与 l_1 关于 l 对称,如图 10-18 所示.

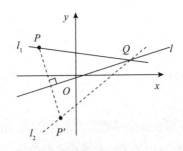

图 10-18

若能确定 l_2 上的两个点的坐标,即可求出直线 l_2 的方程. l_2 过 l_1 与 l 的交点 Q,则可联立 l_1 与 l 的方程求出该交点

$$\begin{cases} Ax + By + C = 0, \\ ax + by + c = 0. \end{cases}$$

然后在 l_1 任取一点 P(取便于计算的点),利用点关于直线对称求出对称点 P',已知两点坐标即可求出直线 l_2 的方程.

此方法为求直线关于直线对称问题的一般解法. 若能够确定直线的斜率(比如直线关于坐标轴对称,此时斜率互为相反数),也可利用交点和斜率来求直线方程.

直线关于直线对称问题,也可直接套用直线关于直线对称方程公式

$$\frac{ax + by + c}{Ax + By + C} = \frac{2(aA + bB)}{A^2 + B^2}$$

式中等式右侧分母为对称轴方程系数平方和,分子为对称轴与已知直线方程系数对应乘积和的 2 倍.

例:已知直线 $l_1 : 3x + 4y + 2 = 0$,对称轴为 $l : x + 2y + 1 = 0$,求对称直线方程.

直接套用公式,可得 $\dfrac{3x + 4y + 2}{x + 2y + 1} = \dfrac{2(3 \times 1 + 4 \times 2)}{1^2 + 2^2}$,整理之后可得对称直线方程 $7x + 24y + 12 = 0$.

点关于直线对称问题中,若对称轴直线斜率为 ± 1 时,可直接将已知坐标代入对称轴方程得到对称点的横纵坐标. 直线关于直线对称问题此结论也适用.

已知直线 $l_1 : ax + by + c = 0$,$l : x - y + n = 0$,l_2 与 l_1 关于 l 对称. 设 $P(x, y)$ 为 l_2 上的任意一点,点 P 关于 l 的对称点为 P',直线 l 的斜率为 1,根据点关于直线对称的结论,可得 P' 的坐标为 $(y - n, x + n)$,点 P' 在 l_1 上,因此 $(y - n, x + n)$ 满足 l_1 的方程,可得

$$a(y - n) + b(x + n) + c = 0$$

该式即为 $P(x, y)$ 应满足的方程, $P(x, y)$ 在直线 l_2 上,因此该式即为直线 l_2 的方程.

由上述过程可得,直线与直线的对称问题中,当对称轴斜率为 ± 1 时,可直接将 (x, y) 关于对称轴的对称点代入已知方程即可得到对称直线方程.

二、命题点精讲

命题点 1 点关于直线对称问题 ★★

点关于直线对称问题,是解析几何基本公式的应用,套用公式可快速解题. 注意对称轴斜率为±1的特殊情况. 此外在题目中还可结合选项进行验证.

【例 32】(2013)点 $(0,4)$ 关于直线 $2x+y+1=0$ 的对称点为(   ).

(A)$(2,0)$　　　(B)$(-3,0)$　　　(C)$(-6,1)$　　　(D)$(4,2)$　　　(E)$(-4,2)$

【解析】

根据题意可设对称点为 (x_0,y_0) ,则中点坐标为 $\left(\dfrac{x_0}{2},\dfrac{y_0+4}{2}\right)$,由点关于直线对称可得

$$\begin{cases} 2\times\dfrac{x_0}{2}+\dfrac{y_0+4}{2}+1=0, \\ -2\times\dfrac{y_0-4}{x_0}=-1 \end{cases} \Rightarrow \begin{cases} x_0=-4, \\ y_0=2, \end{cases}$$ 解得对称点为 $(-4,2)$. 故本题选择 E.

【例 33】(2007)点 $P_0(2,3)$ 关于直线 $x+y=0$ 的对称点是(   ).

(A)$(4,3)$　　　(B)$(-2,-3)$　　　(C)$(-3,-2)$　　　(D)$(-2,3)$　　　(E)$(-4,-3)$

【解析】

根据题意可知点 $P_0(2,3)$ 关于特殊直线 $y=-x$ 的对称,可直接将 $y=-x$ 视为替换关系,则其对称点为 $(-3,-2)$. 故本题选择 C.

【例 34】光线经过点 $P(2,3)$ 照射在 $x+y+1=0$ 上,反射后经过点 $Q(3,-2)$,则反射光线所在的直线方程为(   ).

(A) $7x+5y+1=0$　　　　　(B) $x+7y-17=0$

(C) $x-7y+17=0$　　　　　(D) $x-7y-17=0$

(E) $7x-5y+1=0$

【解析】

设点 $P'(a,b)$ 为点 $P(2,3)$ 关于 $x+y+1=0$ 的对称点,反向延长反射光线应恰好过点 P' ,求反射光线即求 $P'Q$ 所在直线. 直接套用点的对称坐标公式可得 $\begin{cases} a=2-2\dfrac{2+3+1}{1^2+1^2}, \\ b=3-2\dfrac{2+3+1}{1^2+1^2} \end{cases} \Rightarrow \begin{cases} a=-4, \\ b=-3. \end{cases}$ 由两点式

可得 $P'Q$ 所在直线方程为 $x-7y-17=0$. 故本题选择 D.

命题点 2　圆关于直线对称问题★★

思路点拨

圆关于直线的对称问题转化为点(圆心)关于直线的对称问题即可.

【例35】(2019)设圆 C 与圆 $(x - 5)^2 + y^2 = 2$ 关于直线 $y = 2x$ 对称,则圆 C 的方程为(　　).

(A) $(x - 3)^2 + (y - 4)^2 = 2$　　　　(B) $(x + 4)^2 + (y - 3)^2 = 2$

(C) $(x - 3)^2 + (y + 4)^2 = 2$　　　　(D) $(x + 3)^2 + (y + 4)^2 = 2$

(E) $(x + 3)^2 + (y - 4)^2 = 2$

【解析】

根据圆与圆对称性质可知两个圆圆心对称,半径相等,设 C 的圆心为 (a,b) ,则满足方程组

$$\begin{cases} 2 \times \dfrac{5+a}{2} = \dfrac{0+b}{2}, \\ 2 \times \dfrac{b-0}{a-5} = -1, \end{cases}$$ 解得 $\begin{cases} a = -3, \\ b = 4, \end{cases}$ 即圆 C 的圆心为 $(-3,4)$,所以对称圆的方程为 $(x + 3)^2 + (y - 4)^2 = 2.$

故本题选择 E.

【例36】(2010)圆 C_1 是圆 $C_2 : x^2 + y^2 + 2x - 6y - 14 = 0$ 关于直线 $y = x$ 的对称圆.

(1)圆 $C_1 : x^2 + y^2 - 2x - 6y - 14 = 0.$

(2)圆 $C_1 : x^2 + y^2 + 2y - 6x - 14 = 0.$

【解析】

根据题意可得关于 $y = x$ 对称的图形,将 x 与 y 互相替换即可, C_1 即为 $x^2 + y^2 + 2y - 6x - 14 = 0.$

条件(1):圆 $C_1 : x^2 + y^2 - 2x - 6y - 14 = 0$ 与转化结论不一致,所以条件(1)不充分;

条件(2):圆 $C_1 : x^2 + y^2 + 2y - 6x - 14 = 0$ 与转化结论一致,所以条件(2)充分. 故本题选择 B.

命题点 3　直线关于直线的对称问题★

思路点拨

直线关于直线的对称问题,转化为点关于直线对称的问题,然后再求一个交点,最后套用直线公式. 直线关于直线对称问题,运算量变大,一般问题可直接套用公式. 此外要重点注意特殊的直线对称问题,比如对称轴为坐标轴或者对称轴斜率为 ±1.

【例37】直线 L 与直线 $x + 2y - 2 = 0$ 关于 y 轴对称.

(1) $L : x - 2y - 2 = 0.$

(2) $L : x - 2y + 2 = 0.$

【解析】

根据题意可知直线 $x + 2y - 2 = 0$ 在 y 轴上的交点是 $(0,1)$,则其关于 y 轴对称的直线也过此点,且直线 L 与直线 $x + 2y - 2 = 0$ 关于 y 轴对称,直线 L 的斜率与直线 $x + 2y - 2 = 0$ 互为相反数,即为

$k_L = \dfrac{1}{2}$，利用点斜式可得直线 L 的方程为 $x - 2y + 2 = 0$.

条件(1)：与转化结论不一致，所以条件(1)不充分；

条件(2)：与转化结论一致，所以条件(2)充分. 故本题选择 B.

【例38】以直线 $y - x = 0$ 为对称轴，与直线 $y - 2x = 3$ 对称的直线方程是(　　).

(A) $y = \dfrac{x}{2} + \dfrac{2}{3}$ 　　(B) $y = -\dfrac{x}{2} + \dfrac{3}{2}$ 　　(C) $y = -3x - 2$

(D) $y = -\dfrac{x}{3} + \dfrac{2}{3}$ 　　(E) $y = \dfrac{x}{2} - \dfrac{3}{2}$

【解析】

根据题意可知对称轴斜率为1，根据特殊直线的对称关系，可将 $y = x$ 代入 $y - 2x = 3$，得到对称直线 $x - 2y = 3$，即 $y = \dfrac{x}{2} - \dfrac{3}{2}$. 故本题选择 E.

考点二　二元不等式 ★★★

一、知识梳理

1.圆相关的平面区域

圆的标准方程是利用两点之间距离公式得到的，进一步我们得到了平面上任意一点 $P(x_0, y_0)$ 与圆 $O:(x - a)^2 + (y - b)^2 = r^2$ 的关系：

$$(x_0 - a)^2 + (y_0 - b)^2 > r^2 \Rightarrow \text{点 } P \text{ 在圆外;}$$
$$(x_0 - a)^2 + (y_0 - b)^2 = r^2 \Rightarrow \text{点 } P \text{ 在圆上;}$$
$$(x_0 - a)^2 + (y_0 - b)^2 < r^2 \Rightarrow \text{点 } P \text{ 在圆内.}$$

反过来，满足 $(x - a)^2 + (y - b)^2 > r^2$ 的点 (x, y) 所组成的集合，即为平面上圆 O 外的点所形成平面区域；$(x - a)^2 + (y - b)^2 < r^2$ 表示圆 O 内的点所形成的平面区域. 如图 10-19、图 10-20 所示.

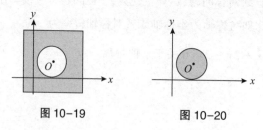

图 10-19　　　　　图 10-20

因此，二元不等式在直角坐标系中，可表示平面区域，将二元不等式转化为平面区域进行解题会更加方便直观.

2.直线相关的平面区域

直线相关的不等式,也可转化为平面区域问题.

已知直线 $y=kx+b$,该直线将平面分成两部分,平面上有任意一点 $P(x_0,y_0)$,如图 10-21、图 10-22 所示.

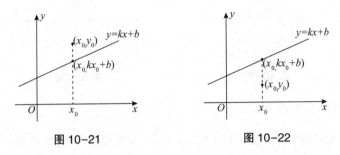

图 10-21　　　　　　　　　图 10-22

$x = x_0$ 时,$y = kx_0 + b$.若 P 点在直线上方,则 $y_0 > kx_0 + b$;若 P 点在直线下方,则 $y_0 < kx_0 + b$.因此,在直角坐标系中,

$$y > kx + b \text{ 表示直线上方的平面区域;}$$
$$y < kx + b \text{ 表示直线下方的平面区域.}$$

直线问题中,判断区域的位置是解题的关键.上述直线是以斜截式的形式给出的,此形式便于做出判断.但若题目给出基于一般式的不等式 $Ax + By + C > 0$,则不能直接根据不等号方向进行判断,还需要结合 y 的系数进行判断,

$$B > 0 \text{ 时,大于号取直线上方,小于号取直线下方.}$$

也可将一般式转化为斜截式再进行判断.

既然 $Ax + By + C > 0$ 表示的是上方或下方一整个区域,因此也可以从上方或者下方,任取一点 $A(x_1,y_1)$ 代入直线方程来进行判断.若 $Ax_1 + By_1 + C > 0$,则 A 点所在区域即为 $Ax + By + C > 0$ 所表示的区域;若 $Ax_1 + By_1 + C < 0$,则 A 点不在的区域即为 $Ax + By + C > 0$ 所表示的区域.

3.其他平面区域

直线与圆相关的区域问题是最常见的.出现其他形式的二元不等式时,道理相同,可用统一的思路进行区域的判定.

(1)将二元不等式转化为等号,做出方程所对应的图像;

(2)在平面内任意找一个特征点,代入方程,根据不等号方向进行原不等式区域的判断.

例:判断 $|x - 1| + |y - 2| < 1$ 所表示的区域.

首先画出 $|x - 1| + |y - 2| = 1$ 的图像 10-23,式中存在绝对值,分情况讨论去绝对值,实际代表

了 4 条直线 $\begin{cases} x + y = 4, \\ x - y = 0, \\ x - y = -2, \\ x + y = 2, \end{cases}$ 画出四条直线.

然后任取一点 $(0,0)$，代入原式，可得 $|0-1|+|0-2|=3>1$，因此 $(0,0)$ 不在原不等式所表示的区域内，因此 $|x-1|+|y-2|<1$ 表示上述图像内部的区域如图 10-24 所示.

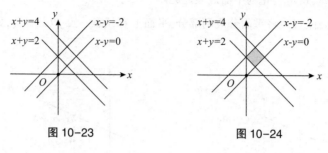

图 10-23　　　　　　　　图 10-24

例：判断 $xy<1$ 所表示的区域.

首先画出 $xy=1$ 的图像，该式进一步可变为 $y=\dfrac{1}{x}$，为反比例函数，图像为一三象限的双曲线，如图 10-25 所示.

然后，任取一点 $(0,0)$，代入原式，可得 $0<1$，因此 $(0,0)$ 在原不等式所表示的区域内，因此 $xy<1$ 表示双曲线中间的区域，如图 10-26 所示.

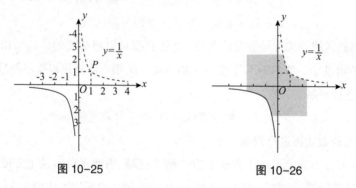

图 10-25　　　　　　　　图 10-26

二、命题点精讲

命题点1　平面区域的面积、周长求解 ★★★

思路点拨

遇到复杂的二元不等式问题，可利用解析几何的思路，将不等式转化为平面内区域问题，利用几何知识进行求解.

【例 39】（2012）在直角坐标系中，若平面区域 D 中所有点的坐标 (x,y) 均满足：$0\leqslant x\leqslant 6$，$0\leqslant y\leqslant 6$，$|y-x|\leqslant 3$，$x^2+y^2\geqslant 9$，则 D 的面积是（　　）.

(A) $\dfrac{9}{4}(1+4\pi)$　　(B) $9\left(4-\dfrac{\pi}{4}\right)$　　(C) $9\left(3-\dfrac{\pi}{4}\right)$　　(D) $\dfrac{9}{4}(2+\pi)$　　(E) $\dfrac{9}{4}(1+\pi)$

【解析】

根据题意可作图，如图 10-27 所示，D 的面积为正方形面积-两个三角形面积-扇形面积，即

$$S = 6 \times 6 - 2 \times \frac{1}{2} \times 3 \times 3 - \frac{90°}{360°} \times \pi \times 3^2 = 27 - \frac{9}{4}\pi = 9\left(3 - \frac{1}{4}\pi\right).$$ 故本题选择 C.

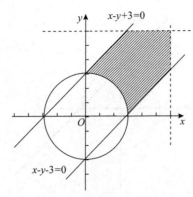

图 10-27

【例 40】(2013)已知平面区域 $D_1 = \{(x,y) \mid x^2 + y^2 \leqslant 9\}$，$D_2 = \{(x,y) \mid (x - x_0)^2 + (y - y_0)^2 \leqslant 9\}$，则 D_1，D_2 覆盖区域的边界长度为 8π.

(1) $x_0^2 + y_0^2 = 9$.

(2) $x_0 + y_0 = 3$.

【解析】

根据题意可知 D_1 表示的是一个以 $(0,0)$ 为圆心，3 为半径的圆内区域，设其边界为圆 O；D_2 表示的是以 (x_0, y_0) 为圆心，3 为半径的圆内区域，设其边界为圆 C.

条件(1)：如图 10-28 所示，$x_0^2 + y_0^2 = 9$，说明两个圆相交且圆 C 过圆 O 的圆心 O，从图中可以看出无论 D_2 如何移动，所得几何图形形状是不变的，故其覆盖区域的边界长度为定值. 设交点为 A，B，连接 OA，OC，BC，则 $AO = CO = BC = 3$，$\angle AOB = 60° \times 2 = 120°$，$D_1$，$D_2$ 覆盖区域的边界长度 = 两个圆周长之和 - 相交的两段弧长 $= 2l - 2\overset{\frown}{AB}$，$2l = 2 \times 2\pi \times 3 = 12\pi$，$2\overset{\frown}{AB} = 2 \times \frac{120°}{360°} \times 2\pi \times 3 = 4\pi$，则覆盖区域长度为 $12\pi - 4\pi = 8\pi$，所以条件(1)充分；

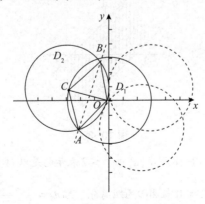

图 10-28

条件(2)：如图 10-29 所示，$x_0 + y_0 = 3$，说明圆 C 的圆心在一条直线上，无法确定圆 C 的圆心 C 所在的位置,所得几何图形的形状不能确定,故其覆盖区域的边界长度无法确定,所以条件(2)不充分. 故本题选择 A.

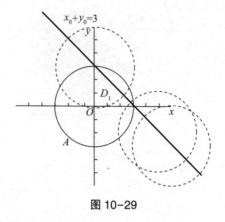

图 10-29

命题点 2 平面区域的包含关系判断 ★★★

思路点拨

已知二元不等式,判断另一不等式是否成立,当直接利用代数式知识不便于求解时,可将二元不等式看成平面内的区域,将题目转化为区域的包含关系问题.

【例 41】(2018)设 x , y 是实数,则 $|x+y| \leqslant 2$.

(1) $x^2 + y^2 \leqslant 2$.

(2) $xy \leqslant 1$.

【解析】

方法一:

根据题意可作图,如图 10-30 所示, $|x+y| \leqslant 2$ 表示平行直线 $x+y-2=0$ 与 $x+y+2=0$ 之间及线上所有点的集合.

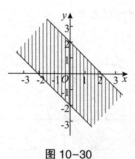

图 10-30

条件(1):根据条件作图,如图 10-31 所示, $x^2+y^2 \leqslant 2$ 表示的是以 $(0,0)$ 为圆心, $\sqrt{2}$ 为半径的圆上及圆内区域, $x+y-2=0$ 和 $x+y+2=0$ 与圆心的距离分别为 $d_1 = \dfrac{|-2|}{\sqrt{1^2+1^2}} = \sqrt{2}$, $d_2 = \dfrac{|2|}{\sqrt{1^2+1^2}} = \sqrt{2}$,

则两条直线与圆相切,故圆上及圆内的点都在两条直线之间或直线之上,所以条件(1)充分;

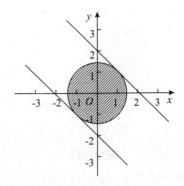

图 10-31

条件 (2):举反例,$x = -4$,$y = 1$,满足条件但不符合结论,所以条件 (2) 不充分. 故本题选择 A.

方法二:

条件 (1):根据均值不等式可知 $x^2 + y^2 \geqslant 2\sqrt{x^2 y^2} = 2|xy|$,因为 $2|xy| \geqslant 2xy$,所以 $x^2 + y^2 \geqslant 2xy$,因为

$x^2 + y^2 \leqslant 2$,所以 $2xy \leqslant 2$,即 $\begin{cases} x^2 + y^2 \leqslant 2, \\ 2xy \leqslant 2, \end{cases}$ 根据同向可加性可知 $x^2 + y^2 + 2xy \leqslant 4$,即 $(x + y)^2 \leqslant 4 \Rightarrow$

$-2 \leqslant x + y \leqslant 2$,所以 $|x + y| \leqslant 2$,所以条件 (1) 充分;

条件 (2):举反例,$x = -4$,$y = 1$,满足条件但不符合结论,所以条件 (2) 不充分. 故本题选择 A.

【例 42】(2014) 已知 x,y 为实数,则 $x^2 + y^2 \geqslant 1$.

(1) $4y - 3x \geqslant 5$.

(2) $(x - 1)^2 + (y - 1)^2 \geqslant 5$.

【解析】

根据题意可作图,如图 10-32 所示,$x^2 + y^2 \geqslant 1$ 表示圆 $x^2 + y^2 = 1$ 上及圆外所有点的集合,圆心为 $(0,0)$,半径 $r = 1$.

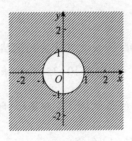

图 10-32

条件 (1):根据条件作图,如图 10-33 所示,$4y - 3x \geqslant 5$ 表示直线 $4y - 3x = 5$ 及其左上方所有点的集合,该圆心到直线的距离 $d = \dfrac{|-5|}{\sqrt{4^2 + (-3)^2}} = 1$,则直线与圆相切,故 $4y - 3x \geqslant 5$ 所表示的点全部在

$x^2 + y^2 \geqslant 1$ 所表示的区域内,所以条件 (1) 充分;

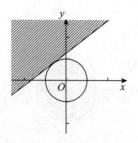

图 10-33

条件(2):根据条件作图,如图 10-34 所示,$(x-1)^2+(y-1)^2 \geq 5$ 表示的区域为圆 $(x-1)^2+(y-1)^2 = 5$ 上及圆外所有点的集合,两个圆联立得 $\begin{cases} (x-1)^2+(y-1)^2 = 5, \\ x^2+y^2 = 1, \end{cases}$ 可得两个圆相交于 $(-1,0)$ 和 $(0,-1)$ 两点,$(x-1)^2+(y-1)^2 \geq 5$ 所表示的部分区域不全在 $x^2+y^2 \geq 1$ 所表示的区域内,如图阴影部分,所以条件(2)不充分. 故本题选择 A.

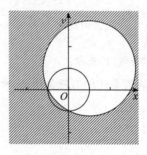

图 10-34

【例 43】(2021)设 x , y 为实数,则能确定 $x \leq y$.

(1) $x^2 \leq y-1$.

(2) $x^2+(y-2)^2 \leq 2$.

【解析】

根据题意可得,$x \leq y$ 表示的是直线 $y=x$ 上及上方的区域.

条件(1):根据条件可作图,$y \geq x^2+1$ 如图 10-35 所示,表示的是抛物线 $y=x^2+1$ 上及上方的区域,联立两个方程 $\begin{cases} y=x^2+1, \\ y=x \end{cases}$ 可知,直线与抛物线是相离的,即结合图像可知,$x^2 \leq y-1$ 所表示的区域均在 $x \leq y$ 所表示的区域内,所以条件(1)充分;

条件(2):根据条件可作图,如图 10-36 所示,$x^2+(y-2)^2 \leq 2$ 表示的是圆 $x^2+(y-2)^2 = 2$ 上及内部区域,该圆与 $y=x$ 相切,$x^2+(y-2)^2 \leq 2$ 所表示的区域均在 $x \leq y$ 所表示的区域内,所以条件(2)充分. 故本题选择 D.

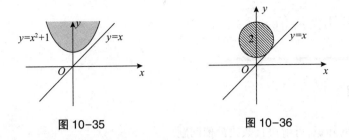

图 10-35　　　　　　　　图 10-36

【例 44】(2019)设三角形区域 D 由直线 $x + 8y - 56 = 0$, $x - 6y + 42 = 0$ 与 $kx - y + 8 - 6k = 0$ $(k < 0)$ 围成.则对任意的 $(x,y) \in D$, $\lg(x^2 + y^2) \leq 2$.

(1) $k \in (-\infty, -1]$.

(2) $k \in \left[-1, -\dfrac{1}{8}\right)$.

【解析】

根据题意题干等价转化可得 $\lg(x^2 + y^2) \leq \lg 100$,即 $x^2 + y^2 \leq 100$,其表示区域为以 $(0,0)$ 为圆心,半径为 10 的圆内部区域.直线 $x + 8y - 56 = 0$ 过点 $(0,7)$,斜率为 $-\dfrac{1}{8}$,直线 $x - 6y + 42 = 0$ 过点 $(0,7)$,斜率为 $\dfrac{1}{6}$,直线 $kx - y + 8 - 6k = 0$ 整理可得 $y = k(x - 6) + 8$,过点 $(6,8)$,点 $(6,8)$ 恰好在圆和直线 $y = \dfrac{1}{6}x + 7$ 上.由以上位置关系作图,原结论可转化为三条直线围成区域在以 10 为半径的圆内.如图 10-37 所示,$k < 0$,B 为临界点,设此时 $k = k_0$,分析可得,满足题意的 $k \in (-\infty, k_0]$.

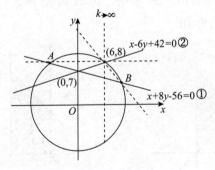

图 10-37

条件(1):根据条件可知 $k \in (-\infty, -1]$,当 $k = -1$ 时,代入原直线得 $x + y - 14 = 0$,通过联立方程求 B 点,即 $\begin{cases} x + y - 14 = 0, \\ x + 8y - 56 = 0 \end{cases} \Rightarrow \begin{cases} x = 8, \\ y = 6, \end{cases}$ 交点为 $B(8,6)$,则 $x^2 + y^2 = 8^2 + 6^2 = 100$,表明 $B(8,6)$ 为临界点,则 $k \in (-\infty, -1]$ 满足交点 B 在圆内,所以条件(1)充分;

条件(2):根据条件可知 $k \in \left[-1, -\dfrac{1}{8}\right)$,与结论转化不一致,所以条件(2)不充分.故本题选择 A.

考点三 解析几何最值★★★

▌一、知识梳理

利用解析几何的知识,可解决代数式最值问题.

1.距离型最值问题

已知 x,y 满足 $\begin{cases} x + y \geq 2, \\ x \leq 2, \\ x - y + 2 \geq 0, \end{cases}$ 求 $(x-1)^2 + (y-1)^2$ 的最大值,该如何求解.

根据不等式组求一个代数式的最值问题,直接利用代数式运算的话,思路不容易建立,可考虑利用解析几何的思路.

基于二元不等式的知识,$\begin{cases} x + y \geq 2, \\ x \leq 2, \\ x - y + 2 \geq 0 \end{cases}$ 可表示平面直角坐标系内的一个区域,如图 10-38 所示,

既然考虑图像,则 $(x-1)^2 + (y-1)^2$ 也要结合到图像上,目标式可变形为

$$(x-1)^2 + (y-1)^2 = \left(\sqrt{(x-1)^2 + (y-1)^2}\right)^2$$

该式与两点之间距离公式较为相似,因此 $(x-1)^2 + (y-1)^2$ 可理解为上述区域内的动点 (x,y) 到定点 $(1,1)$ 的距离的平方,如图 $10-39$ 所示,区域内距离 $(1,1)$ 最远的点为 $(2,4)$,则 $(x-1)^2 + (y-1)^2$ 可得最大值为 10.

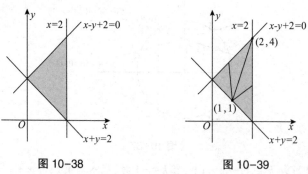

图 10-38　　　　　图 10-39

与上述问题类似,给定 x,y 满足的方程或者不等式,求某一代数式的最值或范围问题,属于解析几何最值问题.

此类问题可将方程或不等式转化为平面内的区域(即 x,y 的取值范围),结合目标式的特征给目标式赋予一定的几何意义,利用数形结合分析出最值所对应的点位置,求出最值. 此解法核心是利用数形结合,因此此类问题又称为数形结合求最值问题. 此类问题根据目标式形式不同,可分为不同类型.

已知平面区域，求 $(x-a)^2 + (y-b)^2$ 的最值，称为距离型最值问题。其解题核心是将 $(x-a)^2 + (y-b)^2$ 转化为区域内的动点 (x,y) 与定点 (a,b) 之间的距离的平方，再结合图像分析求解。

2.斜率型最值问题

已知 x，y 满足 $\begin{cases} x + y \geq 2, \\ x \leq 2, \\ x - y + 2 \geq 0, \end{cases}$ 求 $\dfrac{y-1}{x-3}$ 的最小值，该如何求解。

不等式组表示的平面区域与上一道题相同，关键要分析目标式 $\dfrac{y-1}{x-3}$ 如何转化为图上关系。观察发现 $\dfrac{y-1}{x-3}$ 与两点连线的斜率公式较为类似，因此目标式可转化为动点 (x,y) 与定点 $(3,1)$ 连线斜率的最值，如图 10-40 所示显然 (x,y) 取到 $(2,4)$ 时，斜率最小，计算结果为-3。

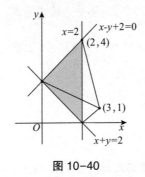

图 10-40

已知平面内区域，求 $\dfrac{y-b}{x-a}$ 的最值，称为斜率型最值问题。其解题的核心是将 $\dfrac{y-b}{x-a}$ 转化为区域内的动点 (x,y) 与定点 (a,b) 之间连线的斜率，再结合图像分析求解。

3.截距型最值问题

已知 x，y 满足 $\begin{cases} x + y \geq 2, \\ x \leq 2, \\ x - y + 2 \geq 0, \end{cases}$ 求 $2y + x$ 的最大值，该如何求解。

同理区域不变，重点在分析目标 $2y + x$ 如何转化为图上关系如图 10-41 所示。令 $2y + x = z$，求 $2y + x$ 最大值即求 z 的最大值，对式子进行变形可得 $y = -\dfrac{1}{2}x + \dfrac{z}{2}$，该式为过平面区域内的点，斜率为 $-\dfrac{1}{2}$ 的动直线，$\dfrac{z}{2}$ 为直线的截距，找到动直线截距最大的位置，即可求得 z 的最大值。

结合图像 10-41，当 $y = -\dfrac{1}{2}x + \dfrac{z}{2}$ 过点 $(2,4)$ 时，截距最大，将 $(2,4)$ 代入原式 $2y + x$ 可得最大值 10。

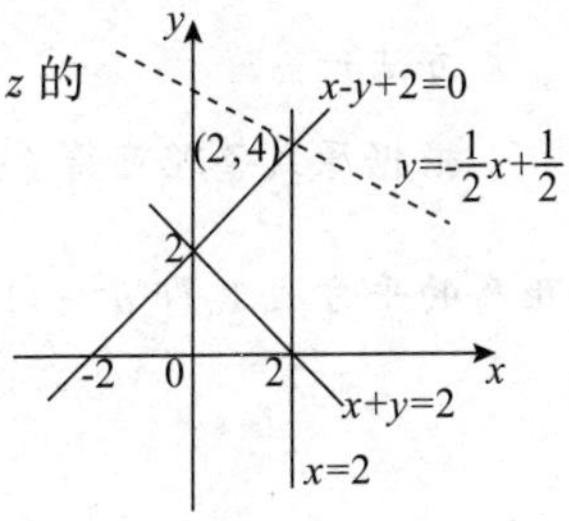

已知平面内区域，求 $ax + by$ 的最值，称为截距型最值问题。其解题的核

图 10-41

心是令 $z = ax + by$，将问题转化为过区域内点的动直线的截距问题，再结合图像分析求解.

截距型问题，最值取到的位置，基本上均在平面区域的端点处，因此实际题目中，可直接代入端点坐标，验证得到最值.

二、命题点精讲

命题点 1 距离型最值★★★

思路点拨

数形结合求最值问题，是给代数式赋予了一定的几何意义，结合图像能够很方便地求出目标式的最值. 因此要熟悉一些代数式所对应的几何意义.

$(x - a)^2 + (y - b)^2$ 型，可看成直角坐标系中，点 (x, y) 到 (a, b) 的距离的平方. 需要注意细节，此类问题是转化成了距离的平方，不是直接求距离.

【例 45】设点 $P(x, y)$ 是圆 $C(x - m)^2 + (y - n)^2 = 1$ 上的一点，则能确定 $(x + 4)^2 + (y - 5)^2$ 的最大值为 36.

(1) 圆心 $C(0, 2)$.

(2) 圆心 $C(-1, 1)$.

【解析】

根据题意可知，若使结论成立，则需满足圆 C 上的点到点 $(-4, 5)$ 的最大距离为 6，已知圆 C 的圆心坐标为 (m, n)，半径 $r = 1$，则有 $d_{max} = d + r = \sqrt{(m + 4)^2 + (n - 5)^2} + 1 = 6$，即圆心到点 $(-4, 5)$ 的距离 $d = \sqrt{(m + 4)^2 + (n - 5)^2} = 5$.

条件 (1)：根据两点间的距离公式得 $d = \sqrt{(0 + 4)^2 + (2 - 5)^2} = 5$，所以条件 (1) 充分；

条件 (2)：根据两点间的距离公式得 $d = \sqrt{(-1 + 4)^2 + (1 - 5)^2} = 5$，所以条件 (2) 充分. 故本题选择 D.

【例 46】已知 x，y 满足方程 $3x + 4y - 12 = 0$，则 $x^2 - 2x + y^2$ 的最小值为（　　）.

(A) $\dfrac{9}{25}$　　　　(B) $\dfrac{1}{25}$　　　　(C) 1　　　　(D) $\dfrac{56}{25}$　　　　(E) 2

【解析】

方法一：

根据原式整理可得 $(x - 1)^2 + (y - 0)^2 - 1$，题目所求可看作求点 $(1, 0)$ 到直线 $3x + 4y - 12 = 0$ 距离的平方减 1，即 $d^2 - 1$，$d = \dfrac{|3 - 12|}{\sqrt{3^2 + 4^2}} = \dfrac{9}{5}$，则 $d^2 - 1 = \left(\dfrac{9}{5}\right)^2 - 1 = \dfrac{56}{25}$. 故本题选择 D.

方法二：

根据题意可知 $y = -\dfrac{3}{4}x + 3$，代入 $x^2 - 2x + y^2 = x^2 - 2x + \left(-\dfrac{3}{4}x + 3\right)^2 = \dfrac{25}{16}x^2 - \dfrac{13}{2}x + 9$，由一元

二次函数的最值公式得 $\dfrac{4ac - b^2}{4a} = \dfrac{4 \times \dfrac{25}{16} \times 9 - \left(-\dfrac{13}{2}\right)^2}{4 \times \dfrac{25}{16}} = \dfrac{56}{25}$．故本题选择 D.

【例 47】(2020)设实数 x，y 满足 $|x - 2| + |y - 2| \leqslant 2$，则 $x^2 + y^2$ 的取值范围为(　　).

(A) $[2, 18]$　　　(B) $[2, 20]$　　　(C) $[2, 36]$　　　(D) $[4, 18]$　　　(E) $[4, 20]$

【解析】

根据题意可知，$|x - 2| + |y - 2| \leqslant 2$ 所表示区域如图 10-42 所示，$x^2 + y^2$ 表示该区域上一点到原点 $(0, 0)$ 距离的平方. 如图 10-42 所示分析可得，最小值 $OE^2 = \left(\sqrt{2}\right)^2 = 2$（$E$ 为中点），最大值 $OD^2 = 2^2 + 4^2 = 20$（D 点坐标为 $(2, 4)$）. 故本题选择 B.

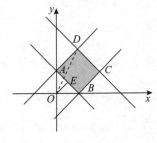

图 10-42

命题点 2　斜率型最值★★

> **思路点拨**
>
> $\dfrac{y - b}{x - a}$ 型，可看成平面直角坐标系中，点 (x, y) 与 (a, b) 连线的斜率问题.

【例 48】(2012)设 A，B 分别是圆周 $(x - 3)^2 + (y - \sqrt{3})^2 = 3$ 上使得 $\dfrac{y}{x}$ 取到最大值和最小值的点，O 是坐标原点，则 $\angle AOB$ 的大小为(　　).

(A) $\dfrac{\pi}{2}$　　　(B) $\dfrac{\pi}{3}$　　　(C) $\dfrac{\pi}{4}$　　　(D) $\dfrac{\pi}{6}$　　　(E) $\dfrac{5\pi}{12}$

【解析】

根据题意可设 $k = \dfrac{y}{x} = \dfrac{y - 0}{x - 0}$，则题目所求可转化成求过定点 $(0, 0)$ 的动直线斜率的范围问题，如图 10-43 所示，可得当直线与圆相切时取得最值. 由图像可知圆与 x 轴相切时，圆心到 x 轴距离为半径

$r = \sqrt{3}$ ，$OA = 3$ ，由勾股定理得原点到圆心的距离为 $\sqrt{3^2 + \left(\sqrt{3}\right)^2} = 2\sqrt{3}$ ，直角三角形中 $30°$ 所对直角边等于斜边一半且 OC 平分 $\angle AOB$ ，则 $\angle AOB = 2\angle AOC = \dfrac{\pi}{3}$ ．故本题选择 B．

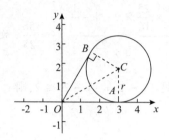

图 10-43

【例 49】若点 $Q(x, y)$ 为圆 $(x - 2)^2 + (y - 3)^2 = 4$ 上的一点，则 $\dfrac{y - 1}{x + 2}$ 的最大值为（ ）．

(A) -2 (B) $-\dfrac{1}{2}$ (C) 0 (D) $\dfrac{4}{3}$ (E) $\dfrac{3}{4}$

【解析】

根据题意可设 $k = \dfrac{y - 1}{x + 2}$ ，则题目所求可转化成求过定点 $(-2, 1)$ 的动直线斜率的范围问题，如图 10-44 所示，从图中可以看出当直线与圆相切时取得最值．由点斜式可得直线方程为 $y - 1 = k(x + 2) \Rightarrow kx - y + 2k + 1 = 0$ ，则 $d = \dfrac{|2k - 3 + 2k + 1|}{\sqrt{k^2 + 1^2}} \leqslant 2 \Rightarrow 0 \leqslant k \leqslant \dfrac{4}{3}$ ．故本题选择 D．

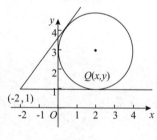

图 10-44

命题点 3 　截距型最值 ★★★

思路点拨

$ax + by$ 型，可令 $ax + by = z$ ，转化为过区域内点的动直线的截距问题．截距型问题最值的位置常常为平面区域的端点，因此实际解题时，可直接验证几个端点的坐标来得到结果．

【例 50】(2016) 如图 10-45 所示，点 A ，B ，O 的坐标分别为 $(4, 0)$ ，$(0, 3)$ ，$(0, 0)$ ，若 (x, y) 是 $\triangle AOB$ 中的点，则 $2x + 3y$ 的最大值为（ ）．

(A) 6 (B) 7 (C) 8 (D) 9 (E) 12

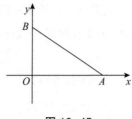

图 10-45

【解析】

根据题意可设 $c = 2x + 3y \Rightarrow y = -\dfrac{2}{3}x + \dfrac{c}{3}$，其截距为 $\dfrac{c}{3}$，求 $2x + 3y$ 的最大值可转化为求动直线

$y = -\dfrac{2}{3}x + \dfrac{c}{3}$ 在可行域 ΔAOB 上截距的最大值，如图 10-46 所示，移动直线可知直线过点 $B(0,3)$ 时截

距最大且其值为 3，所以 $\dfrac{c}{3} = 3 \Rightarrow c = 9$. 故本题选择 D.

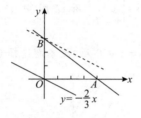

图 10-46

【例 51】(2018) 已知点 $P(m,0)$，$A(1,3)$，$B(2,1)$，点 (x,y) 在三角形 PAB 上，则 $x - y$ 的最小值

与最大值分别为 -2 和 1.

(1) $m \leqslant 1$.

(2) $m \geqslant -2$.

【解析】

根据题意可知 $x - y$ 的最小值与最大值分别为 -2 和 1，设目标函数 $z = x - y$，则可转化为 $x = y + z$，

说明在 x 轴上截距的最小值与最大值分别为 -2 和 1. 如图所示，目标函数的斜率为 1，如图 10-47 所示

可知，目标函数过 $A(1,3)$ 时 x 轴上截距取到最小值为 -2，此时 $m = -2$；目

标函数过 $B(2,1)$ 时 x 轴上截距取到最大值为 1，此时 $m = 1$，

故 $-2 \leqslant m \leqslant 1$.

条件(1)：$m \leqslant 1$ 不是转化结论的非空子集，所以条件(1)不充分；

条件(2)：$m \geqslant -2$ 不是转化结论的非空子集，所以条件(2)不充分；

(1)+(2)：两个条件联合得 $-2 \leqslant m \leqslant 1$，与转化结论一致，所以条件

(1)和(2)联合充分. 故本题选择 C.

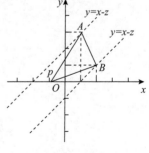

图 10-47

【例52】(2013)有一批水果要装箱,一名熟练工单独装箱需要 10 天,每天报酬为 200 元;一名普通工单独装箱需要 15 天,每天报酬为 120 元. 由于场地限制,最多可同时安排 12 人装箱,若要求在一天内完成装箱任务,则支付的最少报酬为(　　).

(A)1 800 元　　　　(B)1 840 元　　　　(C)1 920 元　　　　(D)1 960 元　　　　(E)2 000 元

【解析】

根据题意可设工程总量为"1",熟练工、普通工人数分别为 x , y ,支付的总报酬为 z ,则熟练工的工作效率为 $\dfrac{1}{10}$,普通工的工作效率为 $\dfrac{1}{15}$,根据题意可得 $\begin{cases} x + y \leqslant 12, \\ \dfrac{x}{10} + \dfrac{y}{15} \geqslant 1, \\ x \geqslant 0, y \geqslant 0, \end{cases}$ 作出可行域如图 10-48 所示.

目标函数 $z = 200x + 120y \Rightarrow y = -\dfrac{5}{3}x + \dfrac{z}{120}$,平移 $y = -\dfrac{5}{3}x$,发现在点 C 处 z 取得最小值,如图虚线所在位置. 由方程组 $\begin{cases} x + y = 12, \\ \dfrac{x}{10} + \dfrac{y}{15} = 1, \end{cases}$ 解得 $\begin{cases} x = 6, \\ y = 6, \end{cases}$ 所以图中 C 点的坐标为 $(6,6)$,则最小值为

$z_{\min} = 200x + 120y = 200 \times 6 + 120 \times 6 = 1\,920$ 元. 故本题选择 C.

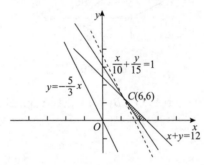

图 10-48

第三节　章节总结

一、直线方程

1.两点间的距离公式：$|AB| = \sqrt{(x_2 - x_1)^2 + (y_2 - y_1)^2}$.

2.中点坐标公式：$\left(\dfrac{x_1 + x_2}{2}, \dfrac{y_1 + y_2}{2}\right)$.

3.两点连线的斜率公式：$k = \dfrac{y_2 - y_1}{x_2 - x_1}(x_1 \neq x_2)$.

4.直线方程的五种形式

（1）斜截式：$y = kx + b$；

（2）点斜式：$y - y_0 = k(x - x_0)$；

（3）截距式：$\dfrac{x}{a} + \dfrac{y}{b} = 1(a, b \neq 0)$；

（4）两点式：$\dfrac{y - y_2}{y_1 - y_2} = \dfrac{x - x_2}{x_1 - x_2}$（$x_1 \neq x_2, y_1 \neq y_2$）；

（5）一般式：$Ax + By + C = 0(A^2 + B^2 \neq 0)$.

5.直线的位置关系

（1）平行：$A_1 B_2 - A_2 B_1 = 0$；

（2）垂直：$A_1 A_2 + B_1 B_2 = 0$；

（3）相互垂直的两条直线，斜率乘积为-1.

6.点到直线距离公式：$d = \dfrac{|Ax_0 + By_0 + C|}{\sqrt{A^2 + B^2}}$.

7.平行线间距离公式：$d = \dfrac{|C_2 - C_1|}{\sqrt{A^2 + B^2}}$.

8.直线与抛物线的位置关系问题，联立转化为一元二次方程根的问题

（1）若 $\Delta > 0$，方程有两个不等实根，则直线与抛物线相交，图像有两个公共点；

（2）若 $\Delta = 0$，方程有两个相等实根，则直线与抛物线相切，图像有一个公共点；

（3）若 $\Delta < 0$，方程无实根，则直线与抛物线相离，图像无公共点.

二、圆的方程

1.圆的标准方程：$(x - a)^2 + (y - b)^2 = r^2$，圆心 O 为 (a, b)，半径为 r.

2.点与圆的位置关系

已知平面上任意一点 $P(x_0, y_0)$，圆的方程 $(x - a)^2 + (y - b)^2 = r^2$，有如下判断：

(1)若 $(x_0 - a)^2 + (y_0 - b)^2 > r^2$,则点 P 在圆外;

(2)若 $(x_0 - a)^2 + (y_0 - b)^2 < r^2$,则点 P 在圆内.

3.圆的一般方程: $x^2 + y^2 + Dx + Ey + F = 0(D^2 + E^2 - 4F > 0)$,圆心为 $\left(-\dfrac{D}{2}, -\dfrac{E}{2}\right)$,半径为

$\dfrac{\sqrt{D^2 + E^2 - 4F}}{2}$.

4.直线与圆的位置关系

(1)联立转化为一元二次方程:

若 $\Delta > 0$,则直线与圆相交;

若 $\Delta = 0$,则直线与圆相切;

若 $\Delta < 0$,则直线与圆相离.

(2)比较圆心到直线距离与半径关系:

若 $d < r$,则直线与圆相交;

若 $d = r$,则直线与圆相切;

若 $d > r$,则直线与圆相离.

5.圆的切线方程

(1)直线与圆相切存在如下关系:

①切点在圆上,即切点坐标满足圆方程;

②圆心与切点的连线垂直于切线;

③圆心到直线的距离等于半径.

(2)过圆上一点求切线方程: $(x - a)^2 + (y - b)^2 = r^2$ 为圆方程, (x_0, y_0) 为切点.切线方程为 $(x_0 - a)(x - a) + (y_0 - b)(y - b) = r^2$.

(3)过圆外一点求切线方程:设切线斜率为 k,利用点斜式,得到切线方程,再利用圆心到直线距离等于半径,解出斜率 k.

(4)过直线外一点一定有两条切线,若解出一个 k 值,需考虑是否存在特殊情况.

6.求一点 P 到圆 O 上的点的最大距离 $d_{\max}$ 或最小距离 $d_{\min}$,可转化为该点到圆心距离的问题:

(1)若点 P 在圆外,则 $d_{\max} = d + r$, $d_{\min} = d - r$;

(2)若点 P 在圆内,则 $d_{\max} = d + r$, $d_{\min} = r - d$.

7.圆与圆的位置关系,转化为圆心距与两个半径之间的关系:

(1)若 $d > r_1 + r_2$,则两个圆外离;

(2)若 $d = r_1 + r_2$,则两个圆外切;

(3)若 $|r_1 - r_2| < d < r_1 + r_2$,则两个圆相交;

(4)若 $d = |r_1 - r_2|$,则两个圆内切;

(5)若 $0 \leqslant d < |r_1 - r_2|$,则两个圆内含.

三、直线与圆的综合应用

1.点关于直线对称问题

(1)两点对称存在如下关系:①两点到直线的距离相等,即两点的中点在对称轴上;②两点连线垂直于对称轴.

(2)一般关系:
$$\begin{cases} A \cdot \dfrac{x_2 + x_1}{2} + B \cdot \dfrac{y_2 + y_1}{2} + C = 0, \\ -\dfrac{A}{B} \cdot \dfrac{y_2 - y_1}{x_2 - x_1} = -1. \end{cases}$$

(3)点关于直线对称坐标公式:
$$\begin{cases} x_2 = x_1 - 2A \cdot \dfrac{Ax_1 + By_1 + C}{A^2 + B^2}, \\ y_2 = y_1 - 2B \cdot \dfrac{Ax_1 + By_1 + C}{A^2 + B^2}. \end{cases}$$

(4)对称直线方程斜率为±1 时,求对称点可直接利用直线关系替换.

2.圆关于直线对称

(1)两个圆关于直线对称,存在如下关系:

　①一个圆上的任意一点在第二个圆上都有对应的对称点;

　②两个圆心关于对称轴对称;

　③两个半径相等.

(2)圆关于直线对称问题转化成点关于直线对称问题解决即可.

3.直线关于直线对称

(1)两条直线关于一条直线对称,则存在如下关系:

　①一条直线上的任意一点在第二条直线上都有对应的对称点;

　②若一条直线与对称轴平行,则第二条直线也与对称轴平行,且两条直线到对称轴的距离相等;

　③若一条直线与对称轴有一个交点,则第二条直线也过该交点.

(2)直线关于直线对称方程公式:$\dfrac{ax + by + c}{Ax + By + C} = \dfrac{2(aA + bB)}{A^2 + B^2}$.

(3)当对称轴斜率为±1 时,可直接将 (x,y) 关于对称轴的对称点代入已知方程即可得到对称直线方程.

四、二元不等式

1.二元不等式在直角坐标系中,可表示平面区域.

2.判断区域的方法

(1)将二元不等式转化为等号,做出方程所对应的图像;

（2）在平面内任意找一个特征点,代入方程,根据不等号方向进行原不等式区域的判断.

五、解析几何最值问题

1.给定一平面区域或方程,求某一代数式的最值,可结合目标式的特征给目标式赋予一定的几何意义,利用数形结合分析出最值所对应的点位置,求出最值.

2.常见形式

（1）距离型 $(x-a)^2 + (y-b)^2$:将目标式转化为动点 (x,y) 与定点 (a,b) 之间的距离的平方;

（2）斜率型 $\dfrac{y-b}{x-a}$:将目标式转化为动点 (x,y) 与定点 (a,b) 之间连线的斜率;

（3）截距型 $ax+by$:令 $z=ax+by$,将目标式转化为过区域内点的动直线的截距问题.

第四节　强化训练

▍一、问题求解

第 1~15 小题,每小题 3 分,共 45 分,下列每题给出的 A、B、C、D、E 五个选项中,只有一项是符合试题要求的,请在答题卡上将所选项的字母涂黑.

1.(2024)已知点 $O(0,0)$, $A(a,1)$, $B(2,b)$, $C(1,2)$,若四边形 $OABC$ 为平行四边形,则 $a+b=$ (　　).

　(A)3　　　　　(B)4　　　　　(C)5　　　　　(D)6　　　　　(E)7

2.已知抛物线 $y=2x^2$ 与直线 $x-y+1=0$ 相交于 A , B 两点,则 AB 的中点坐标为(　　).

　(A)$\left(\frac{1}{2}, -\frac{1}{2}\right)$　　(B)$\left(\frac{1}{2},1\right)$　　(C)$\left(-1, -\frac{2}{3}\right)$　　(D)$\left(\frac{1}{4},\frac{5}{4}\right)$　　(E)$\left(\frac{3}{4},\frac{3}{4}\right)$

3.点 $(-2,3)$ 到直线 $3x+4y-1=0$ 的距离为(　　).

　(A)1　　　　　(B)$\frac{5}{9}$　　　　　(C)$\frac{1}{5}$　　　　　(D)$\frac{5}{16}$　　　　　(E)$\frac{19}{5}$

4.已知直线 l 经过点 $(4,-3)$ 且在两坐标轴上的截距绝对值相等,则直线 l 的方程为(　　).

　(A)$x+y-1=0$　　　　　　　　　(B)$x-y-7=0$

　(C)$3x+4y=0$　　　　　　　　　(D)$x+y-1=0$ 或 $x-y-7=0$

　(E)$x+y-1=0$ 或 $x-y-7=0$ 或 $3x+4y=0$

5.直线 $y=\frac{1}{2}x+k$ 与 x 轴、y 轴的交点分别是 A , B 两点,$S_{\triangle AOB}\leqslant 1$,则 k 的取值范围为(　　).

　(A)$-1<k\leqslant 1$ 且 $k\neq 0$　　　　(B)$0<k<1$　　　　　(C)$0<k\leqslant 1$

　(D)$-1\leqslant k\leqslant 1$ 且 $k\neq 0$　　　　(E)$-1\leqslant k<1$ 且 $k\neq 0$

6.已知直线 $l_1:(a+2)x+(1-a)y-3=0$ 和直线 $l_2:(a-1)x+(2a+3)y+2=0$ 互相垂直,则 $a=$ (　　).

　(A)1　　　　　(B)-1　　　　　(C)± 1　　　　　(D)$-\frac{3}{2}$　　　　　(E)0

7.已知直线 $l_1:ax+y-5=0$ 与直线 l_2 平行,两平行线间的距离是 1,且直线 l_2 过点 $(1,2)$,则直线 l_2 的方程是(　　).

　(A)$3x+4y-20=0$　　　　(B)$4x+3y-10=0$　　　　(C)$3x+y-5=0$

　(D)$3x+y-15=0$　　　　(E)$4x+3y-5=0$

8.若曲线 $y=x^2+6x+k^2$ 与 $y=x$ 只有一个交点,则 $k=$ (　　).

　(A)$\frac{2}{5}$　　　　(B)$\pm\frac{2}{5}$　　　　(C)$-\frac{5}{2}$　　　　(D)$\frac{5}{2}$　　　　(E)$\pm\frac{5}{2}$

9.一圆与 y 轴相切,圆心在直线 $x-3y=0$ 上,且在直线 $y=x$ 上截得的弦长为 $2\sqrt{7}$,则此圆的方程为(　　).

(A) $(x-3)^2 + (y-1)^2 = 9$　　　　(B) $(x+3)^2 + (y-1)^2 = 9$

(C) $(x-3)^2 + (y-1)^2 = 3$　　　　(D) $(x+3)^2 + (y+1)^2 = 9$ 或 $(x-3)^2 + (y-1)^2 = 9$

(E) $(x-3)^2 + (y-1)^2 = 3$ 或 $(x+3)^2 + (y+1)^2 = 3$

10.点 P 在圆 $x^2 + y^2 + 4x - 6y + 12 = 0$ 上,点 Q 在直线 $4x + 3y = 21$ 上,则 $|PQ|_{\min} = ($　　$)$.

(A)1　　　　(B)2　　　　(C)3　　　　(D)$\dfrac{17}{5}$　　　　(E)4

11.过圆 $x^2 + y^2 - 4x + my = 0$ 上一点 $P(1,1)$ 的圆的切线方程在 y 轴上的截距为(　　).

(A)1　　　　(B)$\dfrac{1}{2}$　　　　(C)-1　　　　(D)$-\dfrac{1}{2}$　　　　(E)2

12.已知集合 $A = \{(x,y) \mid x^2 + y^2 = 4\}$,集合 $B = \{(x,y) \mid (x-3)^2 + (y-4)^2 = r^2, r > 0\}$,若集合 $A \cap B$ 有且只有一个元素,则 $r = ($　　$)$.

(A)1　　　　(B)2 或 6　　　　(C)3 或 7　　　　(D)4　　　　(E)5

13.点 $P(a-2, b+1)$ 关于直线 $x - y - 1 = 0$ 的对称点坐标为 $(1,2)$,则 $a + b = ($　　$)$.

(A)1　　　　(B)2　　　　(C)3　　　　(D)4　　　　(E)5

14.若直线 $l: ax + by + 1 = 0$ 经过圆 $M: x^2 + y^2 + 4x + 2y + 1 = 0$ 的圆心,则 $(a-2)^2 + (b-2)^2$ 的最小值为(　　).

(A)$\sqrt{5}$　　　　(B)5　　　　(C)$2\sqrt{5}$　　　　(D)10　　　　(E)$5\sqrt{5}$

15.平面区域 D 满足不等式组 $\begin{cases} x^2 + y^2 - 4x - 6y + 4 \leqslant 0, \\ |x-2| + |y-3| \geqslant 3, \end{cases}$ 则 D 的面积为(　　).

(A)$6\pi + 10$　　(B)$9\pi - 18$　　(C)$8\pi - 10$　　(D)$18\pi - 9$　　(E)$8\pi + 10$

二、条件充分性判断

第 16~25 小题,每小题 3 分,共 30 分.要求判断每题给出的条件(1)和(2)能否充分支持题干所陈述的结论. A、B、C、D、E 五个选项为判断结果,请选择一项符合试题要求的判断,在答题卡上将所选项的字母涂黑.

(A)条件(1)充分,但条件(2)不充分

(B)条件(2)充分,但条件(1)不充分

(C)条件(1)和条件(2)单独都不充分,但条件(1)和条件(2)联合起来充分

(D)条件(1)充分,条件(2)也充分

(E)条件(1)和条件(2)单独都不充分,条件(1)和条件(2)联合起来也不充分

16.已知圆 $x^2 + y^2 + 2x - 6y + m = 0$,直线 $x - ny + 4 = 0$ 平分圆的面积.

(1) $m = 1, n = 1$.

(2) $m = 6, n = 1$.

17.直线 $l: 2mx - y - 8m - 3 = 0$ 和圆 $C: (x-3)^2 + (y+6)^2 = 25$ 相交.

(1) $m > 0$.

(2) $m < 0$.

18. 直线 l 是圆 $x^2 + y^2 - 2x + 4y = 0$ 的一条切线.

(1) $l : x - 2y = 0$.

(2) $l : 2x - y = 0$.

19. 直线 l 的方程为 $4x - 3y + 1 = 0$.

(1) 经过点 $(2,3)$ 的直线 l 与圆 $x^2 + y^2 - 2x = 0$ 相切.

(2) 直线 l 的斜率存在.

20. 圆 $C_1 : x^2 + y^2 - 2ax + 4y + a^2 - 5 = 0$ 与圆 $C_2 : x^2 + y^2 + 2x - 2ay + a^2 - 3 = 0$ 有交点.

(1) $-2 \leqslant a \leqslant -1$.

(2) $-1 \leqslant a \leqslant 2$.

21. 圆 $C_1 : x^2 + y^2 + 2x + ay - 3 = 0$ 与圆 $C_2 : x^2 + y^2 + 4x - 4y + 3 = 0$ 关于直线 $x - y + 3 = 0$ 对称.

(1) $a = -2$.

(2) $a = 2$.

22. 已知直线 $l_1 : x - y + 3 = 0$ 与直线 $l : x - y - 1 = 0$,则直线 l_2 与直线 l_1 关于直线 l 对称.

(1) $l_2 : x - y - 15 = 0$.

(2) $l_2 : x - y - 5 = 0$.

23. a,b 是连续投掷一枚骰子两次所得到的点数,点 (a,b) 落入圆 $(x - c)^2 + (y - c)^2 = 16$ 内(含圆周)的概率是 $\dfrac{35}{36}$.

(1) $c = 4$.

(2) $c = 3$.

24. 三角形区域 D 是由直线 $3x - y - 3 = 0$,$x + ay - 3 = 0$ 与 $x - y + 1 = 0$ 所围成,则对于任意的 $(x,y) \in D$,$2x + y$ 的最大值为 7.

(1) $a \in \left(\dfrac{1}{3}, +\infty \right)$.

(2) $a \in (-\infty, -1)$.

25. 设 x,y 满足不等式组 $\begin{cases} x + y - 3 \geqslant 0, \\ x - 2y + 3 \geqslant 0, \\ x \leqslant a, \end{cases}$ 则 $\dfrac{y - 1}{x + 2}$ 的最大值与最小值分别为 $\dfrac{2}{5}$ 和 $-\dfrac{1}{5}$.

(1) $a = 3$.

(2) $a = \dfrac{6}{7}$.

参考答案：1~5 BDAED　6~10 CBEDC　11~15 BCDBB　16~20 DDACB　21~25 ABDDA

第五节　强化训练参考答案及解析

一、问题求解

1.B　【解析】根据题意可得四边形 $OABC$ 为平行四边形,所以 O、B 的中点与 A、C 的中点重合,有 $\dfrac{0+2}{2}=\dfrac{a+1}{2}\Rightarrow a=1$,$\dfrac{0+b}{2}=\dfrac{1+2}{2}\Rightarrow b=3$,$a+b=4$. 故本题选择 B.

2.D　【解析】根据题意可得方程组 $\begin{cases} y=2x^2, \\ x-y+1=0, \end{cases}$ 解得 $\begin{cases} x=-\dfrac{1}{2}, \\ y=\dfrac{1}{2} \end{cases}$ 或 $\begin{cases} x=1, \\ y=2, \end{cases}$ 则中点坐标为

$\begin{cases} x_0=\dfrac{1-\dfrac{1}{2}}{2}=\dfrac{1}{4}, \\ y_0=\dfrac{2+\dfrac{1}{2}}{2}=\dfrac{5}{4}. \end{cases}$ 故本题选择 D.

3.A　【解析】根据题意可知点 $(-2,3)$ 到直线 $3x+4y-1=0$ 的距离为 $d=\dfrac{|3\times(-2)+4\times3-1|}{\sqrt{3^2+4^2}}=1$. 故本题选择 A.

4.E　【解析】根据题意可分为三类情况,第一类,两截距为 0,设直线方程为 $y=kx$,代入点 $(4,-3)$,解得 $k=-\dfrac{3}{4}$,直线方程为 $3x+4y=0$;第二类,两截距相等(截距不为 0),由截距式得 $\dfrac{x}{a}+\dfrac{y}{a}=1$,代入点 $(4,-3)$,解得 $a=1$,则 $x+y-1=0$;第三类,两截距互为相反数(截距不为 0),由截距式得 $\dfrac{x}{a}-\dfrac{y}{a}=1$,解得 $a=7$,则 $x-y-7=0$. 故本题选择 E.

5.D　【解析】根据题意可令 $y=0$,则 $\dfrac{1}{2}x+k=0\Rightarrow x=-2k$,直线 $y=\dfrac{1}{2}x+k$ 与 x 轴的交点 $A(-2k,0)$;令 $x=0$,则 $y=k$,直线 $y=\dfrac{1}{2}x+k$ 与 y 轴的交点 $B(0,k)$,则 $S_{\triangle AOB}=\dfrac{1}{2}\times|-2k|\times|k|=k^2$,$S_{\triangle AOB}\leqslant1$ 即 $k^2\leqslant1$ 且 $k^2\neq0\Rightarrow-1\leqslant k\leqslant1$ 且 $k\neq0$. 故本题选择 D.

6.C　【解析】根据两直线垂直的公式 $A_1A_2+B_1B_2=0$ 得 $(a+2)(a-1)+(1-a)(2a+3)=0\Rightarrow a=\pm1$. 故本题选择 C.

7.B　【解析】根据题意可设直线 l_2 的方程为 $ax+y+b=0$,代入 $(1,2)$ 得 $a+2+b=0$,由两平行线间距离公式得 $\dfrac{|-5-b|}{\sqrt{a^2+1}}=1$,两方程联立得 $a=\dfrac{4}{3}$,$b=-\dfrac{10}{3}$,则 $\dfrac{4}{3}x+y-\dfrac{10}{3}=0$,整理得 $4x+3y-10=0$. 故本题选择 B.

8.E　【解析】根据题意联立两方程得 $x^2 + 5x + k^2 = 0$,只有一个交点即 $\Delta = 0 \Rightarrow 25 - 4k^2 = 0 \Rightarrow k = \pm\dfrac{5}{2}$.

故本题选择 E.

9.D　【解析】根据题意可设圆心坐标为 $\left(a, \dfrac{a}{3}\right)$,与 y 轴相切,则 $r = |a|$,圆心到直线 $y = x$ 的距离为

$d = \dfrac{\left|\dfrac{a}{3} - a\right|}{\sqrt{2}}$,弦长的一半为 $\sqrt{7}$,由勾股定理得 $\left(\dfrac{\left|\dfrac{a}{3} - a\right|}{\sqrt{2}}\right)^2 + (\sqrt{7})^2 = a^2$,解得 $a = \pm 3$,所以圆的方

程为 $(x + 3)^2 + (y + 1)^2 = 9$ 或 $(x - 3)^2 + (y - 1)^2 = 9$. 故本题选择 D.

10.C　【解析】根据题意可得圆 $(x + 2)^2 + (y - 3)^2 = 1$ 的圆心为 $(-2, 3)$,半径为 1,圆心到直线

$4x + 3y - 21 = 0$ 的距离为 $d = \dfrac{|-2 \times 4 + 3 \times 3 - 21|}{\sqrt{4^2 + 3^2}} = \dfrac{20}{5} = 4$, $|PQ|$ 的最小值为圆心到直线的距

离减半径,即 $|PQ|_{\min} = 4 - 1 = 3$. 故本题选择 C.

11.B　【解析】根据题意可知点 $P(1,1)$ 在圆 $x^2 + y^2 - 4x + my = 0$ 上,则 $1^2 + 1^2 - 4 \times 1 + m = 0 \Rightarrow m = 2$,圆

的方程为 $(x - 2)^2 + (y + 1)^2 = 5$,所以切线方程为 $(1 - 2)(x - 2) + (1 + 1)(y + 1) = 5$,即

$x - 2y + 1 = 0$,令 $x = 0$, $y = \dfrac{1}{2}$,所以直线在 y 轴上的截距为 $\dfrac{1}{2}$. 故本题选择 B.

12.C　【解析】根据题意可知集合 A 表示平面内圆心为 $(0,0)$,半径为 2 的圆,集合 B 表示平面内圆心

为 $(3,4)$,半径为 r 的圆,集合 $A \cap B$ 有且只有一个元素,则两圆相切. 当两圆外切时,圆心距为

$d = r + 2 = \sqrt{(3 - 0)^2 + (4 - 0)^2} = 5 \Rightarrow r = 3$;当两圆内切时,圆心距 $d = r - 2 = 5 \Rightarrow r = 7$. 所以 r 为

3 或 7,故本题选择 C.

13.D　【解析】根据题意可知对称直线斜率为 1,则可得点 $(1,2)$ 关于直线 $x - y - 1 = 0$ 的对称点坐标

为 $(3,0)$,则 $\begin{cases} a - 2 = 3 \\ b + 1 = 0 \end{cases} \Rightarrow \begin{cases} a = 5 \\ b = -1 \end{cases}$,所以 $a + b = 4$. 故本题选择 D.

14.B　【解析】根据题意,圆 $M: x^2 + y^2 + 4x + 2y + 1 = 0$ 的标准方程式为 $(x + 2)^2 + (y + 1)^2 = 2^2$,所

以圆 M 的圆心为 $(-2, -1)$ 半径为 2,代入直线 $l: ax + by + 1 = 0$ 可以得到 $2a + b - 1 = 0$,所以

$(a - 2)^2 + (b - 2)^2$ 的最小值即为点 $(2,2)$ 到直线 $2a + b - 1 = 0$ 的最短距离的平方,根据点到直

线的距离公式有:$\dfrac{|2 \times 2 + 2 - 1|}{\sqrt{1^2 + 2^2}} = \sqrt{5}$,所以 $(a - 2)^2 + (b - 2)^2$ 的最小值为 5. 故本题选择 B.

15.B　【解析】根据题意可知不等式 $(x - 2)^2 + (y - 3)^2 \leq 9$ 表示圆心为 $(2,3)$,半径为 3 的圆内的区

域,不等式 $|x - 2| + |y - 3| \geq 3$ 表示中心为 $(2,3)$,对角线为 6 的正方形区域以外部分,如图

10-49所示,平面区域 D 的面积为 $S = \pi \cdot 3^2 - \dfrac{1}{2} \times 6 \times 6 = 9\pi - 18$. 故本题选择 B.

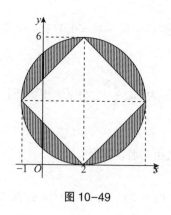

图 10-49

二、条件充分性判断

16.D 【解析】根据题意可知直线经过圆心,圆的方程可转化为 $(x+1)^2 + (y-3)^2 = 10 - m$,则圆心
坐标为 $(-1,3)$, $10 - m > 0$, $m < 10$, $(-1,3)$ 代入直线方程得 $-1 - 3n + 4 = 0$,解得 $n = 1$.
条件(1): $m = 1$, $n = 1$ 是转化结论的非空子集,所以条件(1)充分;
条件(2): $m = 6$, $n = 1$ 是转化结论的非空子集,所以条件(2)充分. 故本题选择 D.

17.D 【解析】根据题意原式整理可得 $2m(x - 4) - (y + 3) = 0$,则 $\begin{cases} x - 4 = 0, \\ y + 3 = 0, \end{cases} \Rightarrow \begin{cases} x = 4, \\ y = -3, \end{cases}$ 直线恒过点
$(4, -3)$,代入得 $(4 - 1)^2 + (-3 + 6)^2 < 25$,说明点在圆内,所以直线 l 与圆恒相交,即 $m \in R$.
条件(1): $m > 0$ 是转化结论的非空子集,所以条件(1)充分;
条件(2): $m < 0$ 是转化结论的非空子集,所以条件(2)充分. 故本题选择 D.

18.A 【解析】根据题意可知原式转化为标准方程得 $(x - 1)^2 + (y + 2)^2 = 5$,圆心为 $(1, -2)$,半径
$r = \sqrt{5}$.

条件(1):圆心到直线的距离 $d = \dfrac{|1 + 4|}{\sqrt{1 + 4}} = \sqrt{5} = r$,直线 l 与圆相切,所以条件(1)充分;

条件(2):圆心到直线的距离 $d = \dfrac{|2 + 2|}{\sqrt{1 + 4}} = \dfrac{4}{\sqrt{5}} < \sqrt{5} = r$,直线 l 与圆相交,所以条件(2)不充分. 故

本题选择 A.

19.C 【解析】条件(1):根据条件可设直线 l 的方程 $y - 3 = k(x - 2) \Rightarrow kx - y + 3 - 2k = 0$,圆的方程为

$(x-1)^2 + y^2 = 1$,圆心为 $(1,0)$,半径为 1,则圆心到直线 l 的距离等于半径,即 $d = \dfrac{|k + 3 - 2k|}{\sqrt{k^2 + 1}} = 1$,

解得 $k = \dfrac{4}{3}$,直线 l 的方程为 $4x - 3y + 1 = 0$;当直线 l 的斜率不存在时,即直线 $x = 2$,与圆

$(x - 1)^2 + y^2 = 1$ 也相切,则直线 l 的方程为 $4x - 3y + 1 = 0$ 或 $x = 2$,所以条件(1)不充分;

条件(2):根据条件可得直线 l 的斜率存在,无法确定直线 l 的方程,所以条件(2)不充分;

(1)+(2)：两个条件联合可得直线 l 的方程为 $4x - 3y + 1 = 0$，所以条件(1)+(2)联合充分. 故本题选择 C.

20.B　【解析】根据题意可知圆 $C_1:(x-a)^2 + (y+2)^2 = 9$，$C_1(a, -2)$，半径 $r_1 = 3$，圆 $C_2:(x+1)^2 + (y-a)^2 = 4$，$C_2(-1, a)$，半径 $r_2 = 2$，则 $|C_1C_2| = \sqrt{(a+1)^2 + (2+a)^2} = \sqrt{2a^2 + 6a + 5}$，因为两圆有交点，所以 $|r_1 - r_2| \leq |C_1C_2| \leq r_1 + r_2$，即 $1 \leq \sqrt{2a^2 + 6a + 5} \leq 5$，解得 $-5 \leq a \leq -2$ 或 $-1 \leq a \leq 2$.

条件(1)：根据条件可得 $-2 \leq a \leq -1$，不是转化结论的非空子集，所以条件(1)不充分；

条件(2)：根据条件可得 $-1 \leq a \leq 2$，是转化结论的非空子集，所以条件(2)充分. 故本题选择 B.

21.A　【解析】根据题意可知圆 $C_2:(x+2)^2 + (y-2)^2 = 5$ 的圆心为 $(-2, 2)$，半径为 $\sqrt{5}$，而点 $(-2, 2)$ 关于直线 $x - y + 3 = 0$ 对称的点为 $(-1, 1)$，即 $C_1(-1, 1)$，则 $-\dfrac{a}{2} = 1 \Rightarrow a = -2$.

条件(1)：根据条件可知 $a = -2$，与转化结论一致，所以条件(1)充分；

条件(2)：根据条件可知 $a = 2$，与转化结论不一致，所以条件(2)不充分. 故本题选择 A.

22.B　【解析】根据题意可知，直线 l_1 与直线 l 平行，直线 l_2 与直线 l_1 关于直线 l 对称，则直线 l_2 与直线 l_1 平行，且直线 l_1 到直线 l 的距离等于直线 l_2 到直线 l 的距离. 所以设直线 l_2 方程为 $x - y + c = 0$，且直线 l_1 与直线 l 之间的距离 $d = \dfrac{|3 - (-1)|}{\sqrt{1+1}} = 2\sqrt{2}$，则直线 l_2 与对称直线 l 之间的距离 $\dfrac{|c - (-1)|}{\sqrt{1+1}} = 2\sqrt{2} \Rightarrow c = -5$ 或 $c = 3$(舍，与 l_1 重合)，所以直线 l_2 的方程为 $x - y - 5 = 0$.

条件(1)：根据条件可得 $l_2: x - y - 15 = 0$，与转化结论不一致，所以条件(1)不充分；

条件(2)：根据条件可得 $l_2: x - y - 5 = 0$，与转化结论一致，所以条件(2)充分. 故本题选择 B.

23.D　【解析】条件(1)：根据条件可知，圆的方程为 $(x-4)^2 + (y-4)^2 = 16$，抛两次骰子基本事件总数为 $6 \times 6 = 36$，点落入圆外，即 $(x-4)^2 + (y-4)^2 > 16$，只有 $(1,1)$ 这一种情况，因此落在圆内的事件共有 $36 - 1 = 35$ 种，概率为 $\dfrac{35}{36}$，所以条件(1)充分；

条件(2)：根据条件可知，圆的方程为 $(x-3)^2 + (y-3)^2 = 16$，首先抛两次骰子基本事件总数为 $6 \times 6 = 36$，点落入圆外，即 $(x-3)^2 + (y-3)^2 > 16$，只有 $(6,6)$ 这一种情况，因此落在圆内的事件共有 $36 - 1 = 35$ 种，概率为 $\dfrac{35}{36}$，所以条件(2)充分. 故本题选择 D.

24.D　【解析】根据题意可画出三角形区域，如图 10-50 所示，将直线 $3x - y - 3 = 0$ 和 $x - y + 1 = 0$ 联立解得 $\begin{cases} x = 2, \\ y = 3, \end{cases}$ 即点 $A(2, 3)$，令 $z = 2x + y$，即 $y = -2x + z$，斜率为 -2 的直线进行平移，z 为纵轴截距，当直线经过点 $A(2, 3)$ 时，纵截距最大，此时 $2x + y = 7$，即 $2x + y$ 在点 A 取最大值，直线 $x + ay - 3 = 0$ 恒过定点 $Q(3, 0)$，所以在直线在转动过程中，斜率比 $k_{AQ} = \dfrac{3-0}{2-3} = -3$ 大，同时逆时针绕点 $Q(3, 0)$

旋转,与 $x-y+1=0$ 平行时,不会构成三角形,所以直线 $x+ay-3=0$ 的斜率满足 $-3<-\dfrac{1}{a}<1$ 且 $a\neq 0\Rightarrow -1<\dfrac{1}{a}<0$ 或 $0<\dfrac{1}{a}<3$,解得 $a>\dfrac{1}{3}$ 或 $a<-1$.

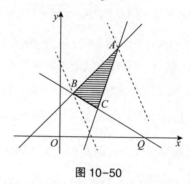

图 10-50

条件(1):根据条件可得 $a\in\left(\dfrac{1}{3},+\infty\right)$,是转化结论的非空子集,所以条件(1)充分;

条件(2):根据条件可得 $a\in(-\infty,-1)$,是转化结论的非空子集,所以条件(2)充分. 故本题选择 D.

25.A 【解析】根据题意画出不等式组所表示的区域,如图 10-51 所示,$\dfrac{y-1}{x+2}$ 表示动点 (x,y) 和定点 $Q(-2,1)$ 的斜率,点 $A(1,2)$,点 $B(a,3-a)$,点 $C\left(a,\dfrac{a+3}{2}\right)$,则最小值为 $k_{QB}=\dfrac{3-a-1}{a+2}=-\dfrac{1}{5}\Rightarrow a=3$,最大值为 $k_{QC}=\dfrac{\dfrac{3+a}{2}-1}{a+2}=\dfrac{2}{5}\Rightarrow a=3$,所以 $a=3$.

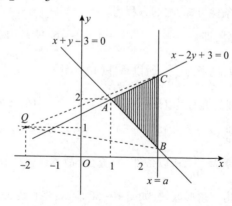

图 10-51

条件(1):根据条件可得 $a=3$,与转化结论一致,所以条件(1)充分;

条件(2):根据条件可得 $a=\dfrac{6}{7}$,与转化结论不一致,所以条件(2)不充分. 故本题选择 A.